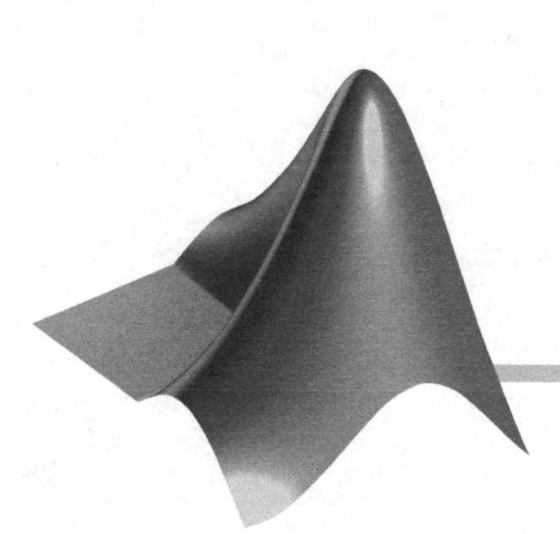

计算方法及其 MATLAB实现

石辛民　翁　智　编著

清华大学出版社
北　京

内 容 简 介

本书将计算方法理论与 MATLAB 软件进行了有机结合，在简单介绍软件功能之后，分章讲述数值计算的基本原理和方法，并用 MATLAB 软件予以实现。按照"重视实用性和可操作性"的工程教育理念，本着"少而精"的原则，以计算方法为基础、MATLAB 软件为工具、实现数值计算为目的，对全书内容进行精心组织和编排。

本书主要包括 MATLAB 基础、误差和 MATLAB 的计算精度、插值和数据拟合、非线性方程组、线性代数方程组、数值微积分、常微分方程组等共 7 章内容。既可用作普通高等院校各类专业计算方法（数值计算）课程的教材，也可作为科技工作者初学 MATLAB 软件和进行数值计算的参考书。

图书在版编目（CIP）数据

计算方法及其 MATLAB 实现/石辛民，翁智编著.—北京：清华大学出版社，2013(2025.5 重印)
ISBN 978-7-302-32230-6

Ⅰ.①计… Ⅱ.①石… ②翁… Ⅲ.①算法语言－程序设计 Ⅳ.①TP312

中国版本图书馆 CIP 数据核字(2013)第 084550 号

责任编辑：石 磊 赵从棉
封面设计：傅瑞学
责任校对：王淑云
责任印制：刘 菲

出版发行：清华大学出版社
网 址：https://www.tup.com.cn, https://www.wqxuetang.com
地 址：北京清华大学学研大厦 A 座 **邮 编**：100084
社 总 机：010-83470000 **邮 购**：010-62786544
投稿与读者服务：010-62776969，c-service@tup.tsinghua.edu.cn
质量反馈：010-62772015，zhiliang@tup.tsinghua.edu.cn
印 装 者：三河市君旺印务有限公司
经 销：全国新华书店
开 本：185mm×230mm **印 张**：13.25 **字 数**：288 千字
版 次：2013 年 8 月第 1 版 **印 次**：2025 年 5 月第 14 次印刷
定 价：39.00元

产品编号：052095-04

前言

FOREWORD

实验研究、理论分析和科学计算是当代科学研究中不可或缺的三种主要手段。处于信息时代的今天,科学计算则是以数学模型为基础、计算机及其软件为工具进行的一种模拟研究,也是当今盛行的计算机仿真技术的重要基石。理工类高等教育中,已经越来越重视如何培养学生的科学计算能力。高校的许多理工财经类专业都开设有"计算方法"或"数值计算"课程,它已成为一门重要的基础技术课。

与数学和计算机类专业不同,对于大多数应用类学科,学习这门课程不是为了"研究"和"创造"算法,而是为了"选择"和"使用"算法。本书的选材和内容安排都定位于应用类学科,同时兼顾了一般科技工作者的实际需求。

当今的数值计算,一定需要理论上的指导,但落脚点则必然是计算。在计算机高度发展和普及的今天,科技工作者科学算法意识的建立和计算能力的培养,必须在计算机环境下、在适当的平台上进行实际操作演练,只有这样才符合"重视实用性和可操作性"的工程教育思想。我们从20世纪末就开始进行把计算方法和MATLAB软件结合起来的教学探索,在多次完善修改讲义和积累经验的基础上,2006年出版了《基于MATLAB的实用数值计算》一书(参考文献[6])。转眼又过去6年多了,这次本着"少而精"的原则,"以计算方法为基础,MATLAB软件为工具,实现数值计算为目的",对原书进行了较大幅度的"减肥"和改写。同时参照了许多国内外同类书籍,与个别同类教材追求"洋、典、全"不同,本书着重结合我国实际情况,以"实用"为主线进行了重新编写,使其条理更清晰,叙述更简洁,内容更丰富。

虽然书名改成《计算方法及其MATLAB实现》,摒弃了过分强调软件功能之嫌,但也并不局限于传统"计算方法"的内容,而是将两者做了适当的融合。比如,增强了有实用价值的MATLAB符号计算功能;在使用软件进行数值计算时,基本上都只使用"指令"完成,尽量不用编程,使数值计算像使用计算器一样方便;为了实用,本书尽量不涉及编辑永久文件类的内容,在必须编程的地方,也尽量使用新增的"临时文件",因为它的编辑和使用都是在指令窗中完成的,快捷方便,……如果读者学完这本书,能在今后的学习和工作中,不再用繁琐耗时费力的手工演算做数值计算,而改用计算机进行,那就是本书的最大成功。

本书不仅可以用作非计算数学类专业学习“计算方法”课程的教材，也可作为学习MATLAB软件的入门书，同时可供科技工作者进行数值计算时参考。

由于编者水平所限，书中不当与错误之处在所难免，恳请广大读者不惜赐教！

编　者

2013年5月

（电子信箱：aushixm@126.com，wzhi@imu.edu.cn）

目录

CONTENTS

MATLAB基础

MATLAB 是英文 Matrix Laboratory(矩阵实验室)的缩写,它集数值计算、符号运算、形象绘图和建模仿真等功能于一身,适用范围几乎涵盖了工程数学的各个方面。该软件的功能强大,语法简单,使用方便,界面友好,又具有强大的开放性,以它为基础已经开发出的几十个专用工具箱(如信号处理、控制系统、神经网络、财经统计等)为解决不同专业的实际需求带来了极大的方便,深受科技工作者的广泛青睐。因此,它已成为高等院校理工财经类本科生和研究生必须掌握的软件之一,其中许多工具箱也成了不少科研和设计部门解决具体问题的标准。

MATLAB 软件设有许多视窗,常用的有指令窗、图形窗、演示窗和编辑调试窗。软件的各种功能都是通过这些视窗实现的,指令窗是各个视窗的基础,下面先予介绍。①

1.1 指令窗

打开计算机进入 Windows 平台,双击桌面上的 MATLAB 小图标,或者逐个单击屏幕左下角"开始"→"所有程序(P)"命令,再单击弹出的" MATLAB"选项,就进入了 MATLAB 指令窗,如图 1-1 所示。

指令窗界面的左上角标有" MATLAB",界面的第二行有 6 个主菜单:File(文件)、Edit(编辑)、Debug(调试)、Desktop(桌面)、Window(视窗)和Help(帮助)。单击其中任何一个,都会弹出其下一级子菜单,根据需要单击它们,就可打开相应的界面。图 1-1 显示的界面,是在指令窗界面上依次单击菜单Desktop→Desktop Layout,得到下一级菜单后的界面。

指令窗中部写有"To get started,…",下面的">>"是输入提示符,右侧闪跳着光标"|",提示在其右侧可以输入指令、数据或编写临时文件。输入的每条指令相当于一个函数,指令

① 本章部分内容可在以后各章中穿插介绍。

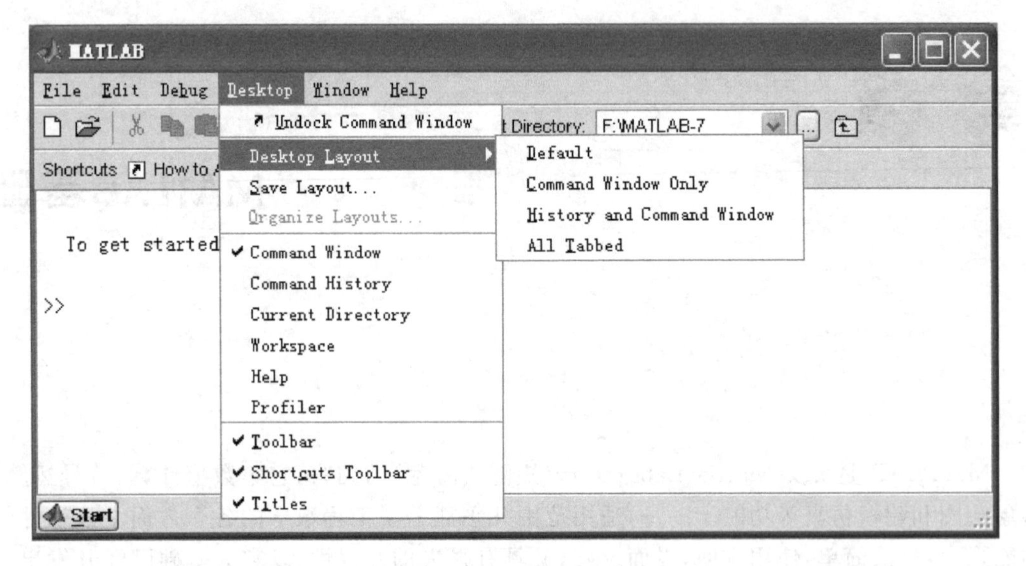

图 1-1 MATLAB 指令窗

中输入的参数相当于函数的“自变量”，输完指令必须按一下键盘上的回车键(Enter 键)↵ Enter，予以确认。于是光标就跳到下一行，并显示出指令运行的结果，同时又出现新的输入提示符。本书中仅在需要显示运行结果时，才在指令后面标上回车键符号↵，表示回车得出。

MATLAB 软件的多数运算都可在指令窗中通过输入一条条指令完成。输入指令的算式和得出的运算结果，形式与数学中的相差无几。一般情况下的运算都不需要编程和进行程序调试，像使用计算器一样方便。例如，求解方程 $ax^2+bx+c=0$，可选用解方程指令 solve，在指令窗中输入：

```
>> x = solve('a*x^2+b*x+c=0') ↵
   x =
                          1/2/a*(-b+(b^2-4*a*c)^(1/2))
                          1/2/a*(-b-(b^2-4*a*c)^(1/2))
```

整理上述结果就得出方程的解：

$$x=\frac{a}{2}(-b\pm\sqrt{b^2-4ac})$$

1.1.1 快捷按钮

指令窗界面的第三行设有一排小图标，它们是快捷按钮，其功能对应于相应的主、子菜单。表 1-1 列出了较为常用的 8 个快捷按钮和相应菜单的功能。单击快捷按钮，相当于依次单击对应的主、子菜单，但操作要快捷、方便很多。

表 1-1 指令窗中部分菜单与相应快捷按钮的功能

快捷按钮								?
主菜单	File（文件）		Edit（编辑）					Help（帮助）
子菜单	New M-File	Open File	Cut	Copy	Paste	Undo	Redo	help
功能	创建文件	打开文件	剪切	复制	粘贴	撤销操作	恢复操作	帮助

1.1.2 功能键

用好键盘上的功能键是进入 MATLAB 后进行操作的关键，它能提高操作效率，节省时间。几个常用功能键及其作用都列在表 1-2 中，以备查看。

表 1-2 功能键的作用

功能键	作 用	功能键	作 用
↲ Enter	运行输入的指令并换行	Esc	删除光标所在行的全部内容
Shift + ↲ Enter	不运行指令仅使光标换行	PgUp (PgDn)	翻出前(后)一页
↑ (↓)	调出前(后)一个指令	Delete (Backspace)	删掉光标右（左）侧一个字符
← (→)	使光标向左(右)移动	Home (End)	使光标移到行首(尾)

1.2 查询方法

使用 MATLAB 软件需要熟知它的内容、指令和函数等，仅靠记忆很难掌握它们，学会在线查询是用好这个软件的重要捷径。通过在线查询，可以很快找出需要的指令及其使用方法，甚至可以查出指令的源程序。

1.2.1 常用查询指令

在线查询方法之一，是在指令窗中通过常用的查询指令“help”、“type”和“lookfor”等进行，其使用格式是在指令窗中输入：

```
>> help 标识符      ↲   显示出关于“标识符(见 1.3.2 节)”的信息。
>> type 指令名      ↲   显示出该“指令”的所有信息，包括源程序。
>> lookfor 关键词   ↲   显示出一批含有“关键词”的指令或文件的功能。
```

例 1.1 帮助指令 help 应用举例。

解 (1) 想了解 MATLAB 系统中所有的函数库和工具箱,可在指令窗中输入:

```
>> help ↵
HELP topics
matlab\general    -  General purpose commands.(通用命令)
matlab\ops        -  Operators and special characters.(算子和特殊字符)
matlab\lang       -  Programming language constructs.(程序语言结构)
matlab\elmat      -  Elementary matrices and matrix manipulation.(基本矩阵及其操作)
matlab\elfun      -  Elementary math functions.(初等函数)
matlab\specfun    -  Specialized math functions.(特殊函数)
matlab\matfun     -  Matrix functions - numerical linear algebra.(矩阵函数-线性代数)
matlab\datafun    -  Data analysis and Fourier transforms.(数值分析和傅里叶变换)
matlab\polyfun    -  Interpolation and polynomials.(插值和多项式)
matlab\funfun     -  Function functions and ODE solvers.(功能函数和常微分方程)
matlab\sparfun    -  Sparse matrices.(稀疏矩阵)
matlab\graph2d    -  Two dimensional graphs.(二维图形)
matlab\graph3d    -  Three dimensional graphs.(三维图形)
matlab\specgraph  -  Specialized graphs.(特殊图)
matlab\graphics   -  Handle Graphics.(手控图)
matlab\uitools    -  Graphical user interface tools.(图形用户接口工具)
matlab\strfun     -  Character strings.(字符串)
matlab\iofun      -  File input/output.(文件输入/输出)
matlab\timefun    -  Time and dates.(时间\日期)
matlab\datatypes  -  Data types and structures.(数据类型/结构)
matlab\winfun     -  Windows Operating System Interface Files (DDE/ActiveX).
                                          (Windows 操作系统接口文件)
matlab\demos      -  Examples and demonstrations.(举例和演示)
     … …
```

注:函数库和工具箱名称右侧的中文是编者加上去的,便于读者了解和查询。

由以上所列内容可知,MATLAB 软件包含的内容是很丰富的。

(2) 想了解某个函数库中包含的具体指令,例如要了解"基本矩阵及操作(matlab\elmat)"中的内容,可在指令窗中输入:

```
>> help elmat  ↵
     Elementary matrices and matrix manipulation.
     Elementary matrices.
     zeros        - Zeros array.
     … …
     Basic array information.
     size         - Size of array.
     … …
```

显示出了函数库 elmat 中包含的子库及其所含指令的名称。

(3) 想了解某个指令的功能和用法,如"disp",可在指令窗中输入:

```
>> help disp ↵
    DISP Display array.
    DISP(X) displays the array, without printing the array name.   In
    all other ways it's the same as leaving the semicolon off an
    expression except that empty arrays don't display.
    … …
```

显示出了指令 disp 的功能和用法的说明。

例 1.2 查看指令 rank 的源程序。

解 要了解某个指令的源程序,可用 type 指令。在指令窗中输入:

```
>> type rank ↵
function r = rank(A,tol)
 % RANK   Matrix rank.
 %    RANK(A) provides an estimate of the number of linearly
 %    independent rows or columns of a matrix A.
 %    RANK(A,tol) is the number of singular values of A
 %    that are larger than tol.
 %    RANK(A) uses the default tol = max(size(A)) * eps(norm(A)).
 %
 %    Class support for input A:
 %        float: double, single
 %    Copyright 1984 - 2004 The MathWorks, Inc.
 %     $ Revision: 5.11.4.3 $    $ Date: 2004/08/20 19:50:33 $
s = svd(A);
if nargin == 1
   tol = max(size(A)') * eps(max(s));
end
r = sum(s > tol);
```

注:(1) 程序中的%号表示其后的内容是注释文字,不参与程序运行。

(2) %号后的全空行,起着隔离作用,如用"help rank"只能调出注释文字中第一个空行之前的内容,而用"type rank"则可调出程序的全部内容,这是两个查询指令功能上的差异。

由以上关于指令的说明和源程序,可知"rank"指令的功能是求出矩阵的"秩"。若在指令窗中输入 rank(A),回车就得出矩阵 **A** 的秩。

另外,查询指令"lookfor"用得较少,在此仅举一例,由此可见一斑:若查看含有关键词"inverse"(相反)的文件和指令,可在指令窗中输入:

```
>> lookfor inverse    ↵
INVHILB Inverse Hilbert matrix.
IPERMUTE Inverse permute array dimensions.
ACOS    Inverse cosine, result in radians.
    … …
```

屏幕显示出该软件中所有包含关键词"inverse"的文件或指令的名称。

1.2.2 演示窗

MATLAB软件的范例演示窗，相当于软件的“使用说明书”，除了介绍该软件的内容，还有多个示例，以帮助使用者了解软件的全部内容。进入演示窗的方法是在指令窗界面上单击主菜单Help下的子菜单Demos，或者在指令窗中输入：

```
>> demos↵
```

屏幕上就出现Help窗口界面(图1-2)。界面左侧第3行Help Navigator(导引)之下，有4个主菜单：Contents(目录)、Index(索引)、Search(查询)和Demos(示例)，它们之下都包含着MATLAB的所有内容，只是分类方法不同。单击Demos菜单，可弹出4个子菜单：MATLAB(MATLAB基础内容)、Toolboxes(工具箱)、Simulink(仿真)和Blocksets(模块)。双击其中之一就会弹出下一级的子菜单，逐级双击子菜单，直到出现左侧有小图标💡的条目，就是具体示例。双击某个示例名称，右侧范例演示说明框就显示出相关的内容。这时按界面中给出的提示操作，便会出现具体示例的说明或图文并茂的演示图。双击已经打开的菜单，会隐去其下面被打开的子菜单。

例如，在界面上依次双击菜单MATLAB→Graphics→Vibrating Logo，界面上就会出现一个含有飘动立体方格画面Figure 1(图1-2中右下角)，背景文字是关于它的说明。

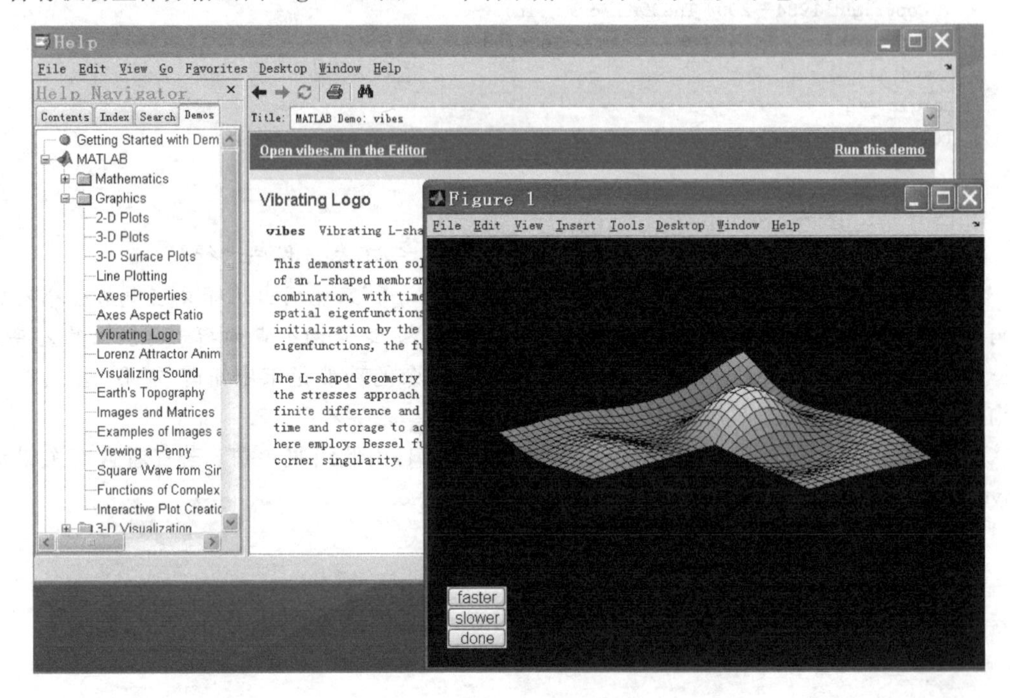

图1-2 演示窗中的动态画面

1.3 数据类型及其显示

1.3.1 数据类型

MATLAB 软件中的所有数据,可以分为三类:

(1) 数值型,也称数值量。它包含实数、复数等。

(2) 字符型,也称字符量。在指令中把一串符号、字母、文字、数值或表达式等置于英文单引号之间,回车就被定义成字符量(character array 或 string)。

(3) 符号型,也称符号量。在指令窗中用 sym 或 syms 将字符、表达式、方程、矩阵等定义过的符号称为符号量。多个符号量用四则运算符连接起来,就构成符号表达式。

能够代表上述三类数据的符号称为标识符(identifier),它必须以英文字母开头,后跟顺序不限的阿拉伯数字、大小写英文字母和下划线等符号。所有标识符都可被定义成字符量,但不是所有字符量都能成为标识符。例如,符号"8ty"、"f(x)"、"k-q"、"文_01"等可以被定义成字符量,但却不能用做标识符,因为不符合其要求。

1.3.2 标识符与数据显示

1. 标识符的赋值

让某个标识符等价地代表确定的数据(数值、字符或符号量),就称为给该标识符赋值。通常给标识符赋值的格式为:

```
>>标识符 = 数据 ↵
```

赋过值的标识符称为变量名。根据变量名代表的内容,分别称为数值变量、字符变量和符号变量。用指令 class 可查询某个变量名代表哪类变量,如查询 a,则在指令窗中输入:

```
>> class(a)↵
```

根据回车输出的是 double(数值型)、char(字符型)或 sym(符号型),便可知道变量名 a 属哪类变量。

2. 数据的显示

使用显示指令 disp,可以把三类数据按需求显示在屏幕上,它的使用格式为:

```
>> disp(Zf) ↵
```

指令中输入的参数 Zf 若是字符，回车后就照其原样显示；Zf 若是变量名，回车后就显示该变量名代表的内容。例如，在指令窗中输入：

```
>> a5b_c = '中国,aB - 5    6cd_e(x)。';    % 把标识符 a5b_c 定义成字符变量名
>> disp('a5b_c = '),disp(a5b_c)  ↵
    a5b_c =
                                    中国,aB - 5    6cd_e(x)。
```

第 2 条指令中前一个 disp 中的输入参量“a5b_c=”是字符量；后一个 disp 中输入的参量“a5b_c”是(字符)变量名。实际上，若去掉第 1 条指令右侧的分号“;”，回车便和第 2 条指令得出同样结果。这里使用第 2 条指令是为了显示指令 disp 里写入不同参量的差异。

MATLAB 语言中规定各类数据都以矩阵为基本单元，所以与上述三类数据相对应，便有数值矩阵、字符矩阵和符号矩阵，它们是进一步进行运算操作的基本数据单元。单个元素、向量等都可以看作是矩阵的特例，自然以矩阵为基本单元进行的创建、运算和变换等方法也适用于单个数值量、单个字符量或单个符号量以及由它们构成的向量。

不同数据类型的矩阵之间，在进行运算时的规律和使用的运算符号不尽相同，下面分别予以介绍。

1.4 数值矩阵

数值矩阵的基本形式是复数矩阵，下面的规则都是针对复数矩阵(简称矩阵)介绍的。单个数值(无论是实数、虚数或复数)、一个向量或实数矩阵，都可以看作是复数矩阵的特例，下面介绍的规则自然都是适用的。

1.4.1 输入与删改

1. 矩阵的输入

矩阵的创建分为键盘法和指令法两种。

1) 键盘输入法

创建数值矩阵的基本方法是按照下述规则由键盘直接输入矩阵元素。

(1) 在指令窗中输入矩阵时，它的所有元素必须置于同一个方括号“[]”内；两个相邻元素之间用逗号或空格分开；相邻两行之间用分号间隔，或回车换行。

(2) 数值矩阵的元素可以是实数、虚数、复数、向量、数值矩阵等数值量或其变量名，但每行元素的个数必须相同。

(3) 如果因为矩阵元素太多、屏幕宽度限制等原因需要换行，必须在矩阵元素的两行之间进行，方法是在两行之间输入续行号“…”再回车换行，然后继续输入下一行元素。

(4) 完成矩阵输入后，若在其方括号右侧不加符号或加写逗号，回车则显示出矩阵的内容；若加写分号，回车后虽然完成矩阵的创建，但不显示矩阵内容。输完一个矩阵后，无论光标在行内何处，回车的效果一样。

例 1.3 创建数值矩阵 $\boldsymbol{a}=\begin{bmatrix}1 & 2 & 3\\5 & 4 & 1\end{bmatrix}$和 $\boldsymbol{b}=\begin{bmatrix}1 & 2 & 3\\5 & 4 & 1\\2\mathrm{i} & 9 & 3-\mathrm{i}\end{bmatrix}$。

解 (1) 创建数值矩阵 ***a***。在指令窗中输入：

```
>> a = [1,2 3;5 4,1]; ↵
```

指令中输入矩阵 ***a*** 的元素时，交叉混用逗号和空格是为了熟悉输入元素的方法。若去掉该指令末尾的分号，回车将得出：

```
a =

        1     2     3
        5     4     1
```

(2) 创建数值矩阵 ***b***。对照题设中的 ***b*** 和 ***a*** 可知，矩阵 ***b*** 比 ***a*** 仅多最后一行。所以输入 ***b*** 时可以借用 ***a***，在指令窗中输入：

```
>> b = [a;2i 9 3 - i] ↵
   b =
            1.0000              2.0000              3.0000
            5.0000              4.0000              1.0000
            0 + 2.0000i         9.0000              3.0000 - 1.0000i
```

创建复数矩阵时除了用上述方法外，也可以用实数矩阵和虚数矩阵相加的方法。如创建矩阵 ***b*** 也可在指令窗中输入：

```
>> b = [a;0 9 3] + [0 0 0;0 0 0;2i 0 - i] ↵
```

同样得出复数矩阵 ***b***。

2) 指令输入法

创建某些特殊矩阵时，可用该软件中设置的专用指令。表 1-3 中列出了创建特殊矩阵的一些专用指令。

例 1.4 创建一个 2×4 的全零阵 ***A***。

解 用创建全零矩阵指令 zeros，在指令窗中输入：

```
>> A = zeros(2,4) ↵
  A =
          0     0     0     0
          0     0     0     0
```

全零阵是行、列数一定(此题为 2×4)、元素皆为零的矩阵。

表 1-3 创建特殊矩阵的专用指令

指　令	功　能	指　令	功　能
zeros(n)	输出 n 阶全零方阵	rand(n)	输出 n 阶均匀分布随机方阵
zeros(m,n)	输出 $m\times n$ 全零矩阵	rand(m,n)	输出 $m\times n$ 均匀分布随机矩阵
ones(n)	输出 n 阶全 1 方阵	randn(n)	输出 n 阶正态分布随机方阵
ones(m,n)	输出 $m\times n$ 全 1 矩阵	randn(m,n)	输出 $m\times n$ 正态分布随机矩阵
eye(n)	输出 n 阶单位方阵；$n=1$ 时可以省略	magic(n)	输出 n 阶魔方阵（各行、列及两主对角线元素和均为 $(n^3+n)/2$ 的方阵）
diag(a,k)	输出矩阵 $\boldsymbol{a}$ 主对角线右移 k 列时的元素构成的列向量。$k=0$ 时可省略	tril(a) (triu(a))	输出矩阵 $\boldsymbol{a}$ 主对角线下（上）方的元素构成的下（上）三角矩阵

例 1.5 创建一个元素取值为[0,1]间随机数的 2×3 型矩阵。

解 用创建随机矩阵指令 rand，在指令窗中输入：

```
>> as = rand(2,3) ↵
   as =
            0.9501    0.6068    0.8913
            0.2311    0.4860    0.7621
```

如果紧接着再一次输入指令 rand(2,3)，得出的矩阵未必和它相同。

3）向量的增量输入法

通常把 n 维向量看作 $1\times n$ 或 $n\times 1$ 矩阵，可以用上述数值矩阵的输入方法创建。但是，如果向量各分量的取值正好构成“等差数列”，则可以用下述“增量输入法”创建，其输入格式为：

```
>> a:h:b %(或 t= [a:h:b]或 t = (a:h:b)) % 其中 a、h 和 b 均为具体数值 ↵
   t =
                      a  a+h  a+2h  a+3h … b*-h  b*
```

指令中输入的参数 a、b 分别为等差数列的初值和期望终值，得出的等差数列终值 $b^*\leqslant b$；h 为公差，公差 h 的取值可正可负也可是小数，两边用冒号间隔；省略公差 h 时，默认取公差 $h=1$；回车输出一个分量为等差数列的向量。例如，若在指令窗中输入：

```
>> t1 = 0: 0.2: 2.1  ↵
              t1 = 0  0.2  0.4  0.6  0.8  1.0  1.2  1.4  1.6  1.8  2.0
```

得出的数列初值 $a=0$，公差 $h=0.2$，期望终值 $b=2.1$，实际终值 $b^*=2.0<b=2.1$。

若在指令窗中输入：

```
>> t2 = 1:8.6  ↵
```

则得到：

```
t2 =
       1     2     3     4     5     6     7     8
```

也可用线性等分指令 linspace 创建等差数列型向量，使用格式为：

```
>> t = linspace(a,b,n) ↵
```

得出如下数列 t：

$$t = a,\quad a+\frac{b-a}{n-1},\quad a+2\frac{b-a}{n-1},\quad \cdots\quad ,\quad b-\frac{b-a}{n-1},b$$

此外，经常用指令 length 查验向量的维数，使用格式为：

```
>> length(a) ↵
```

得出向量 a 的维数。

4）常数的输入

一个复常数可以看作一行一列的矩阵，也可以看作是只有一个分量的向量，因此既可以用输入矩阵的方法输入，也可以用给一个变量赋值的方法。假设给三个常数变量 a_2、b_2 和 c_2 分别赋予数值 4＋3i、3 和 6－5i，则可以采用下述方法中的任何一种。在指令窗中输入：

```
>> a2 = 4 + 3i, b2 = (3), c2 = [6 - 5i] ↵
   a2 =
                                     4.0000 + 3.0000i
   b2 =
                                            3
   c2 =
                                     6.0000 - 5.0000i
```

5）永久性数值变量

该软件中设有一类“永久性数值变量”，它们是系统预先定义好的，系统一经启动就已存在，而且总是代表着固定的数值，通常不要再给它们赋予新值。表 1-4 列出了几个常用的永久性数值变量。

表 1-4　常用永久变量名

变量名	意　义	变量名	意　义
i、j	虚数单位，代表 $\sqrt{-1}$	INF 或 Inf	正无穷大
pi	圆周率 π	NaN	不定值（Not a Number）如：$\frac{0}{0}$、$\frac{\infty}{\infty}$、$0\cdot\infty$
ans	临时变量的名称		

2. 矩阵的删改

1) 矩阵元素的标识

用一个符号代表已输入数值矩阵的单个或部分元素，称为对矩阵元素的标识。规定用符号 a(m,n)表示矩阵 **a** 的第 m 行、第 n 列元素；若把矩阵 **a** 的各列元素顺序相接，形成一个列阵时，规定符号 $a(p)$表示排序为正整数 p 的元素。据此，用符号 $b(p)$代表向量 b 的第 p 个分量。

把标识矩阵 **a** 中元素的常用符号及其意义列在表 1-5 中。

另外，该软件中还设置有三维矩阵，它相当于若干个平面矩阵的叠合。若把三维矩阵 **A** 看作一本书，则书的每一页相当于一个平面矩阵，用符号 A(:,:,n)表示第 n 页的平面矩阵。

表 1-5　矩阵 *a* 中元素的标识符号及其意义(表中 m、n、p 均为正整数)

标识符号	符 号 意 义
a(p)	代表矩阵 **a** 中排序为 p 的元素
a(:)	代表把矩阵 **a** 的各列顺序相接构成的列阵
a(m,n)	代表矩阵 **a** 的第 m 行、第 n 列的元素
a(m,:)	代表由矩阵 **a** 的第 m 行(各列)元素构成的行阵
a(:,n)	代表由矩阵 **a** 的(各行)第 n 列元素构成的列阵
a([p,q,r],n)	代表由矩阵 **a** 的第 p、q 和 r 行，第 n 列元素构成的列阵
a(m, [p, q, r])	代表矩阵 **a** 的第 m 行，第 p、q 和 r 列元素构成的行阵
a([p,q,r],[w,s])	代表由矩阵 **a** 的第 p、q 和 r 行与第 w、s 列交点上元素构成的矩阵
a(p:q, n)	代表矩阵 **a** 的第 p 到 q 行、第 n 列的所有元素构成的列阵
a(m, p:q)	代表矩阵 **a** 的第 m 行中第 p 到 q 列所有元素构成的行阵

下面通过例题熟悉矩阵元素的标识方法。

例 1.6　已知数值矩阵 $\boldsymbol{a}=\begin{bmatrix}1 & 2 & 3\\5 & 4 & 1\\2\mathrm{i} & 3-\mathrm{i} & 9\end{bmatrix}$，在指令窗中输入的下列各符号代表什么矩阵？

(1) d1=a(:,3)；(2) d2=a(1:2,:)；(3) d3=a([1,3],[2,3])。

解　在指令窗中输入：

```
>> a = [1 2 3;5 4 1;2i 3 - i 9];
>> d1 = a(:,3),d2 = a(1:2,:),d3 = a([1,3],[2,3]) ↵
    d1 =

                    3
                    1
                    9
```

```
d2 =
        1     2     3
        5     4     1
d3 =
     2.0000              3.0000
     3.0000 - 1.0000i    9.0000
```

2) 矩阵的增删修改

要想对已输入矩阵 ***a*** 的个别或部分元素进行修改，首先对 ***a*** 中待修改部分予以标识，然后再对其标识符赋予新值。对矩阵的增删修改，实际上就是对被修改部分元素的标识和重新赋值。

例 1.7 对例 1.6 给出的矩阵 ***a***，增加一个数值为 3,6,8 的第四行。

解 在指令窗中输入：

```
>> a = [1 2 3;5 4 1;2i 3 - i 9]
>> a(4,:) = [3 6 8] 或 a = [a;[3 6 8]] ↵
   a =
     1.0000          2.0000              3.0000
     5.0000          4.0000              1.0000
     0 + 2.0000i     3.0000 - 1.0000i    9.0000
     3.0000          6.0000              8.0000
```

例 1.8 使例 1.7 中最后所得矩阵 ***a*** 的第二行元素全部消失。

解 使矩阵 ***a*** 的一行(列)消失，即使该行(列)为空行(列)。在指令窗中输入：

```
>> a = [1 2 3;5 4 1;2i 3 - i 9;3 6 8];
>> a(2, : ) = [ ] ↵
   a =
     1.0000          2.0000              3.0000
     0 + 2.0000i     3.0000 - 1.0000i    9.0000
     3.0000          6.0000              8.0000
```

例 1.9 把例 1.8 中最后所得矩阵 ***a*** 的第 2 列变成 4,5,7，然后再增加元素为 0,5,6 的第四列。

解 在指令窗中输入：

```
>> a = [1 2 3;2i 3 - i 9;3 6 8];
>> a(:,2) = [4 5 7];   % 把 a 的第 2 列变成 4,5,7
>> a(:,4) = [0;5;6] 或 a = [a [0;5;6]]  ↵
  a =
  1.0000           4.0000      3.0000      0
  0 + 2.0000i      5.0000      9.0000      5.0000
  3.0000           7.0000      8.0000      6.0000
```

这时，如果再一次输入指令 a = [a [0;5;6]] ↵，将得出什么样的矩阵？

1.4.2 矩阵算法

在 MATLAB 软件中，一个数值矩阵就是按一定规则排列的一组数据，复数矩阵是它的基本数据单元。该软件中对于数值矩阵间的四则运算提供了两种算法：矩阵算法和数组算法。本节先介绍“矩阵算法”，1.4.3 节再介绍“数组算法”。

1. 表征矩阵特性的量

1）查询矩阵维数

进行矩阵运算时，需要知道矩阵的维数。查验矩阵维数的指令是 size，使用格式为

```
>> size(a,r) ↵
```

指令中输入的参量 $\boldsymbol{a}$ 为待查询维数的矩阵；输入的参量 r 可取 1 或 2：若取 1，回车得出 $\boldsymbol{a}$ 的行数；若取 2，回车得出矩阵 $\boldsymbol{a}$ 的列数；省略 r 时，回车得出二维向量[m n]，表明 $\boldsymbol{a}$ 是$m\times n$ 矩阵，即矩阵 $\boldsymbol{a}$ 有 m 行 n 列。例如，已知矩阵：

$$\boldsymbol{a}=\begin{bmatrix}1 & 2 & 3 & 0\\ 2\mathrm{i} & 5 & 9 & 5\\ 2 & 9 & 9 & 7\end{bmatrix}$$

要查验 $\boldsymbol{a}$ 的行数 H、列数 L 和维数 w 时，可在指令窗中输入：

```
>> a = [1 2 3 0;2i 5 9 5;2 9 9 7];
>> H = size (a,1), L = size(a,2), w = size(a)   ↵
        H =

                               3

        L =

                               4

        w =

                           3   4
```

表明 $\boldsymbol{a}$ 是一个 3×4 的数值矩阵，有三行四列。

2）查询矩阵的秩

矩阵的秩是刻画矩阵内在性质的一个重要特征量，定义为矩阵 $\boldsymbol{a}$ 的线性无关最大行数或列数，记作 R($\boldsymbol{a}$)，并规定零矩阵的秩等于 0。在矩阵的初等变换中，矩阵的秩是个不变量，利用它可以方便地讨论向量间的线性相关与无关性，并可用它判断线性方程组解的性质等。MATLAB 软件中求矩阵秩的指令是 rank，使用格式为：

```
>> R = rank(a) ↵
```

输出量 R=R($\boldsymbol{a}$)。

例 1.10 求矩阵 $\boldsymbol{a}=\begin{bmatrix} 2 & 2 & 1 \\ -3 & 12 & 3 \\ 8 & -2 & 1 \\ 2 & 12 & 4 \end{bmatrix}$的秩 $\mathrm{R}(\boldsymbol{a})$。

解 在指令窗中输入：

```
>> a = [2 2 1; - 3 12 3;8  - 2 1;2 12 4];
>> R = rank(a)  ↵
    R =

                    2
```

$\boldsymbol{a}$ 的秩 $\mathrm{R}(\boldsymbol{a})=2$，表明矩阵 $\boldsymbol{a}$ 的最大线性无关行(列)数是 2。

3）矩阵的转置

(1) 用指令 conj 可以求出矩阵的共轭矩阵，使用格式为：

```
>> conj(a) ↵
```

得出 $\boldsymbol{a}$ 的共轭矩阵 $\bar{\boldsymbol{a}}$。

(2) 求矩阵 $\boldsymbol{a}$ 的转置矩阵$\boldsymbol{a}^{\mathrm{T}}$时，指令中在 a 的右侧加写“. '”符号，使用格式为：

```
>> a.' ↵
```

若查验方阵 $\boldsymbol{a}$ 是否为对称矩阵时，也可用这个符号，在指令窗中输入：

```
>> a.' = = a % 符号 = = 是逻辑关系中的相等符号(见 1.7.3 节) ↵
```

若得出与 $\boldsymbol{a}$ 同维数的单位阵 ones(size(a))，则 $\boldsymbol{a}$ 是对称矩阵，否则就不是。

(3) 求复数矩阵的共轭转置矩阵时，可在该矩阵的右上角加写“ '”号，使用格式为：

```
>> a' ↵
```

得出矩阵 $\boldsymbol{a}$ 的共轭转置矩阵$\bar{\boldsymbol{a}}^{\mathrm{T}}$；如果 $\boldsymbol{a}$ 是实数矩阵，则得出 $\boldsymbol{a}$ 的转置矩阵$\boldsymbol{a}^{\mathrm{T}}$。

例 1.11 已知矩阵 $\boldsymbol{a}=\begin{bmatrix} 1 & \mathrm{i} & 3 \\ 9\mathrm{i} & 2-\mathrm{i} & 8 \\ 7 & 4 & 8+\mathrm{i} \end{bmatrix}$，求 $\boldsymbol{a}$ 的共轭矩阵 $\bar{\boldsymbol{a}}$ 和共轭转置矩阵$\bar{\boldsymbol{a}}^{\mathrm{T}}$。

解 令 $\mathrm{a1}=\bar{\boldsymbol{a}}$，$\mathrm{a2}=\bar{\boldsymbol{a}}^{\mathrm{T}}$，在指令窗中输入：

```
>> a = [1 i 3;9i 2 - i 8;7 4 8 + i];
>> a1 = conj(a),   a2 = a'    ↵
    a1 =

                1.0000              0 - 1.0000i          3.0000
                0 - 9.0000i         2.0000 + 1.0000i     8.0000
                7.0000              4.0000               8.0000 - 1.0000i
a2 =

                1.0000              0 - 9.0000i          7.0000
```

```
0 - 1.0000i        2.0000 + 1.0000i   4.0000
3.0000             8.0000             8.0000 - 1.0000i
```

2. 矩阵算法的四则运算

"矩阵算法"是把每个数值矩阵都看作一个整体，运算完全按照线性代数中矩阵的运算法则进行。运算的书写形式和运算符号都跟数学理论中的几乎一样。

1）矩阵算法的加、减和乘法

（1）两个矩阵做加、减和乘法运算时，运算符号分别为"＋"、"－"和"*"。

（2）两个矩阵做加、减运算时，它们的维数必须完全相同。

（3）两个矩阵相乘时，其内维数必须相等，即左边矩阵的列数等于右边矩阵的行数。

（4）方阵 $\boldsymbol{a}$ 的 n 次幂 $\boldsymbol{a}^n$ 运算，其符号是在 $\boldsymbol{a}$ 的右侧加写"^n"。具体使用格式为：

```
>> a^n ↵
```

若整数 $n>0$，回车输出 n 个方阵 $\boldsymbol{a}$ 连乘的结果；若整数 $n<0$，回车输出的方阵等于 n 个 $\boldsymbol{a}$ 连乘结果的逆阵；若 n 是非整数，则输出按"矩阵分析"中运算规则得出的结果。

*（5）该软件中还设置有数值矩阵 $\boldsymbol{a}$ 与常数 d 间进行加或减的运算，其规则定义为：

$$a \pm d \equiv a \pm d * \text{ones(size(a))}$$

即，矩阵 $\boldsymbol{a}$ 与数 d 相加减，结果为 $\boldsymbol{a}$ 的每个元素都与数 d 进行一次加减运算。

例 1.12 已知矩阵 $\boldsymbol{a}=\begin{bmatrix}1&2&3\\5&4&1\\2&5&9\end{bmatrix}$，$\boldsymbol{b}=\begin{bmatrix}3&5\\6&1\\2&9\end{bmatrix}$，$\boldsymbol{c}=\begin{bmatrix}6&1&2\\5&2&8\\4&7&1\end{bmatrix}$，求 $\boldsymbol{a}+\boldsymbol{c}$、$\boldsymbol{ab}$ 和 $\boldsymbol{ac}$、$\boldsymbol{ca}$。

解 在指令窗中输入：

```
>> a = [1 2 3;5 4 1;2 5 9]; b = [3 5;6 1;2 9]; c = [6 1 2;5 2 8;4 7 1];
>> a1 = a + c, a2 = a * b, a3 = a * c, a4 = c * a ↵
    a1 =
              7          3          5
              10         6          9
              6          12         10
    a2 =
                         21         34
                         41         38
                         54         96
    a3 =
              28         26         21
              54         20         43
              73         75         53
    a4 =
              15         26         37
```

```
        31              58                    89
        41              41                    28
```

例 1.13 已知方阵 $a=\begin{bmatrix}1 & 1-2i & 3\\ 4+5i & 4 & 1\\ 2 & 5 & 9i\end{bmatrix}$，计算 a 的幂乘：a^2 和 a^{-3}。

解 在指令窗中输入：

```
>> a = [1 1 - 2i 3;4 + 5i 4 1;2 5 9i];
>> a5 = a^2, a6 = a^( - 3) % 为防误识别,习惯上把 a^ - 3 写成 a^( - 3) ↵
    a5 =
          21.0000 - 3.0000i   20.0000 - 10.0000i  4.0000 + 25.0000i
          22.0000 + 25.0000i  35.0000 - 3.0000i   16.0000 + 24.0000i
          22.0000 + 43.0000i  2.0000 - 41.0000i            - 70.0000
    a6 =
        - 14.1688 + 1.0140i   2.7604 - 1.6471i     0.0249 - 4.4244i
          15.9971 + 14.1263i - 4.6676 - 1.2293i   - 4.7685 + 4.6284i
        - 8.3077 + 5.4108i    1.1303 - 1.9393i    - 1.4797 - 2.7074i
```

2）除法和方阵的逆阵

对于"矩阵算法"的除法，该软件定义了左除和右除两种，它们都源于矩阵的逆阵。

（1）求方阵的逆阵

维数相同的方阵 a 和 b，如果满足 $ab=ba=E$（与 a 同维数的单位阵），则称 a 和 b 互为逆阵，记作 $b=a^{-1}$ 或 $a=b^{-1}$。该软件中求方阵 a 逆阵 a^{-1} 的指令是 inv，调用格式为：

```
>> inv(a)  ↵ 得出方阵 a 的逆阵a^-1
```

（2）左除

求解矩阵方程 $ax=b$ 时，得出 $x=a^{-1}b$，该软件实现这个运算是在指令窗中输入：

```
>> x = a\b ↵
```

把这种作为除数的矩阵 a 从左边去除矩阵 b 的运算称为 a 左除 b，记作 $a\backslash b$，它与 inv(a) * b 的结果是一样的。

（3）右除

求解矩阵方程 $xa=b$ 时，得出 $x=ba^{-1}$。该软件实现这个运算是在指令窗中输入：

```
>> x = b/a  ↵
```

把这种作为除数的矩阵 a 从右边去除矩阵 b 的运算称为 a 右除 b，记作 b/a，它与 b * inv(a) 的结果是一样的。

例 1.14 已知方阵 $a=\begin{bmatrix}5 & 1+2i & 8\\ 4-5i & 6 & 1\\ 3 & 5 & 9i\end{bmatrix}$，求 a 的逆阵 $g=a^{-1}$。

解 在指令窗中输入：

```
>> a = [5 1 + 2i 8;4 - 5i 6 1;3 5 9i];
>> g = inv(a)  ↵
    g =
      - 0.9538 + 0.3006i      0.5672 + 0.9218i   - 0.3696 - 0.7848i
        0.3121 - 0.9711i    - 0.9364 - 0.0867i   0.8728 + 0.1734i
        0.4393 - 0.1445i    - 0.2591 - 0.3312i   0.1652 + 0.2506i
```

验证方阵 $\boldsymbol{g}=\boldsymbol{a}^{-1}$ 确为方阵 $\boldsymbol{a}$ 的逆阵，可在指令窗中输入：

```
>> g * a 或 a * g  ↵
```

都得出同样的 3 阶单位阵。

例 1.15 已知 $\boldsymbol{a}=\begin{bmatrix}-4 & -3 & -2\\ 0 & -1 & -4\\ -3 & 0 & 4\end{bmatrix}$ 和 $\boldsymbol{b}=\begin{bmatrix}1\\2\\3\end{bmatrix}$，求解矩阵方程 $\boldsymbol{ax}=\boldsymbol{b}$ 和 $\boldsymbol{ya}=\boldsymbol{b}^{\mathrm{T}}$。

解 由题设可知 $\boldsymbol{x}=\boldsymbol{a}^{-1}\boldsymbol{b}, \boldsymbol{y}=\boldsymbol{b}^{\mathrm{T}}\boldsymbol{a}^{-1}$。在指令窗中输入：

```
>> a = [ - 4  - 3  - 2;0  - 1  - 4; - 3 0 4]; b = [1 2 3]';
>> x = a\b  ↵
        x =
                                         - 3.5714
                                           5.7143
                                         - 1.9286
```

再在指令窗中输入：

```
>> y = b'/a  ↵
    y =
                          - 0.7857       0.3571       0.7143
```

*3) 矩阵函数

定义域和值域都属于方阵的函数称为矩阵函数。它有多种定义方法，若用方阵幂级数的和函数来定义时，方阵 $\boldsymbol{a}$ 的函数 $f(\boldsymbol{a})=\sum_{k=0}^{\infty} C_k \boldsymbol{a}^k$，其中自变量 $\boldsymbol{a}$ 和函数值 $f(\boldsymbol{a})$ 都是 n 阶方阵，C_k 是系数。表 1-6 列出了 MATLAB 软件中常用的几个求矩阵函数值的指令。

表 1-6 常用矩阵函数求值指令

指　令	数学意义
funm(a,@f)	得出方阵 $\boldsymbol{a}$ 的任意函数 $f(\boldsymbol{a})$
expm(a)	得出 $e^{\boldsymbol{a}}=\boldsymbol{E}+\frac{\boldsymbol{a}}{1!}+\frac{\boldsymbol{a}^2}{2!}+\frac{\boldsymbol{a}^3}{3!}+\cdots$
logm(a)	得出 $\ln(\boldsymbol{a})$
sqrtm(a)	得出矩阵 $\boldsymbol{a}$ 的平方根

例 1.16 设方阵 $\boldsymbol{a}=\begin{bmatrix}4&1&7\\4&7&9\\1&5&3\end{bmatrix}$,求矩阵函数 sin$\boldsymbol{a}$。

解 根据矩阵函数的定义,有:

$$\sin\boldsymbol{a}=\sum_{k=0}^{\infty}\frac{(-1)^k\boldsymbol{a}^{2k+1}}{(2k+1)!}=\begin{bmatrix}4&1&7\\4&7&9\\1&5&3\end{bmatrix}-\frac{1}{3!}\begin{bmatrix}4&1&7\\4&7&9\\1&5&3\end{bmatrix}^3+\frac{1}{5!}\begin{bmatrix}4&1&7\\4&7&9\\1&5&3\end{bmatrix}^5+\cdots$$

用 MATLAB 软件计算时,在指令窗中输入:

```
>> a = [4 1 7;4 7 9;1 5 3];
>> sina = funm(a, @sin)   或 sina = funm(a,'sin') ↵
   sin a =
                              1.9448     -1.9449      2.7397
                              0.3355      0.2606      0.8323
                             -0.7679      1.3640     -1.0660
```

1.4.3 数组算法

把数值矩阵看作按一定规则排列的一组数据,也称为数组。为了对一批数据进行处理,定义了矩阵间的数组算法。用该算法可以快速有效地处理大批数据,一次算出多个自变量的函数值,并可用于数据作图。

1. 数组算法的四则运算

数组算法规定:两个矩阵间的四则运算,为它们对应元素之间做四则运算。因此,两个参与数组运算矩阵的维数必须完全相同,运算结果是一个与参与运算矩阵同维数的矩阵,其运算规律和符号规定如下:

(1) 数值矩阵间的“数组算法”和“矩阵算法”,其加减运算符号和结果是一样的。

(2) “数组算法”与“矩阵算法”的乘除运算,其定义和运算符号不尽相同:“数组算法”的乘除运算符号是在“矩阵算法”乘除运算符号左侧加写英文句号,即数组乘法的符号为“. *”,数组除法符号为“. /”。“数组算法”中的乘除运算符号及其意义列在表 1-7 中。

表 1-7 数组算法中乘除运算的符号、格式及意义(表中 s 是复常数)

运算格式	算法意义	运算格式	算法意义
a. * b	***a*** 与 ***b*** 的对应元素相乘	a. /b,b. \a	***a*** 中各元素除以 ***b*** 中对应的元素
a. ^n	***a*** 中每个元素都作 *n* 次方运算	s. /a,a. \s	***s*** 除以 ***a*** 中各元素
a. /s,s. \a	***a*** 中每个元素除以 ***s***	表中 ***a*** 和 ***b*** 是两个同维数的数值矩阵	

例 1.17 已知$\boldsymbol{a}=\begin{bmatrix}1 & 2 & 3\\5 & 4 & 1\\2 & 5 & 9\end{bmatrix}$，$\boldsymbol{c}=\begin{bmatrix}6 & 1 & 2\\5 & 2 & 8\\4 & 7 & 1\end{bmatrix}$，计算 a. * c、a * c 以及 a.^3 和 a^3。

解(1) 根据数组算法定义可知：a. * c=c. * a，用 ac 表示其结果。在指令窗中输入：

```
>> a = [1 2 3;5 4 1;2 5 9]; c = [6 1 2;5 2 8;4 7 1];
>> ac = a. * c 或 c. * a ↵
    ac =
                                  6          2          6
                                 25          8          8
                                  8         35          9
```

(2) 用 ac1 表示 $\boldsymbol{a}*\boldsymbol{c}$(注意 $\boldsymbol{a}*\boldsymbol{c}\neq\boldsymbol{c}*\boldsymbol{a}$)。在指令窗中输入：

```
>> ac1 = a * c ↵
    ac1 =
                                 28         26         21
                                 54         20         43
                                 73         75         53
```

可见，矩阵 $\boldsymbol{a}$ 和 $\boldsymbol{c}$ 间的数组乘法 a. * c 和矩阵乘法 a * c 得出的结果完全不同。

(3) 用 a3 表示 a.^3，a4 表示 a^3。在指令窗中输入：

```
>> a3 = a.^3,  a4 = a^3 ↵
  a3 =
                                  1          8         27
                                125         64          1
                                  8        125        729
a4 =
                                206        294        364
                                238        318        364
                                574        826       1032
```

可见，a.^3 和 a^3 的结果也完全不同。

例 1.18 已知方阵$\boldsymbol{a}=\begin{bmatrix}1 & 8 & 27\\125 & 64 & 1\\8 & 125 & 216\end{bmatrix}$，求方阵 $\boldsymbol{a}$ 的平方$\boldsymbol{a}^2$ 及其每个元素的立方根。

解 (1) 方阵 $\boldsymbol{a}$ 的平方是指对方阵 $\boldsymbol{a}$ 作平方运算，即 $\boldsymbol{a}*\boldsymbol{a}$。令 $\boldsymbol{A}=\boldsymbol{a}^2$，在指令窗中输入：

```
>> a = [1 8 27;125 64 1;8 125 216];
>> A = a^2 ↵
    A =
                               1217       3895       5867
```

```
        8133        5221        3655
       17361       35064       46997
```

(2) 求 $\boldsymbol{a}$ 中每个元素的立方根，可用数组算法求出。设 $\boldsymbol{B}$ 为所求矩阵，在指令窗中输入：

```
>> B = a.^(1/3)  ↵
   B =

          1.0000    2.0000    3.0000
          5.0000    4.0000    1.0000
          2.0000    5.0000    6.0000
```

注意：求矩阵 $\boldsymbol{a}$ 中每个元素的立方根时，指令不得写成 B=a^1/3 或 B=a.^1/3。

2. 初等函数运算

数组算法中的函数运算，就是对矩阵的每个元素都作函数运算。设数值矩阵 $\boldsymbol{x}=[x_p]$，元素 x_p 的下标 p 表示矩阵元素的序号。若 $f(*)$ 表示任意一个函数，则数值矩阵 $\boldsymbol{y}=f(\boldsymbol{x})=(y_p)$ 是一个与矩阵 $\boldsymbol{x}$ 同维数的数值矩阵，它的每个元素 $y_p=f(x_p)$。

把数学中初等函数的自变量 x 扩充成数值矩阵 $\boldsymbol{x}$，就可得出数组算法中的初等函数。表 1-8 中列出了常用基本初等函数的求值指令，用它们可以求出自变量为数值矩阵（组数）时的函数值，方便于对大批数据的处理。

表 1-8 常用数组算法中的基本初等函数表

函数指令	数学意义	函数指令	数学意义	函数指令	数学意义
sin(x)	$\sin x$	cot(x)	$\cot x$	sign(x)	数 x 的正负号
asin(x)	$\arcsin x$	sinh (x)	双曲正弦 $\sinh x$	round(x)	x 的四舍五入取整
cos(x)	$\cos x$	cosh (x)	双曲余弦 $\cosh x$	fix(x)	输出 x 最接近零的整数
sec(x)	$\sec x$	real(x)	x 的实部	floor(x)	输出 x 靠向 $-\infty$ 的整数
tan(x)	$\tan x$	imag(x)	x 的虚部	ceil(x)	输出 x 靠向 ∞ 的整数
atan(x)	$\arctan x$	abs(x)	x 的绝对值或模	rem(x1, x2) 或 mod(x1, x2)	输出 x_1 除以 x_2 对应元素的余数，其中 x_2 是与 x_1 同维的矩阵或数
exp(x)	e^x	angle(x)	复数 x 的辐角		
log(x)	$\ln x$	pow2 (x)	2^x		
log2(x)	$\log_2 x$	max(x)	x 各列元素中最大值	median(x)	输出 x 各列元素的中间值
log10(x)	$\log_{10} x$	mean(x)	x 各列元素之平均值	prod(m:n)	$m(m+1)\cdots(n-1)n, m<n$
sqrt (x)	$\sqrt{x}$	sum(x)	x 各列元素之和	factorial (x)	$x!$

注：表中 x、x1 和 x2 为数值或数值矩阵，m 和 n 是整数。

例 1.19 求出当 x 分别等于 1、2、3、5、4 和 9 时，$\sqrt{x}$ 和 2^x 的取值。

解 把所给 x 的数据构成一个矩阵，用数组算法一次就可得出全部结果。

在指令窗中输入：

```
>> x = [1 2 3 5 4 9]; sqrt(x)  ↵
    ans =
            1.0000     1.4142     1.7321     2.2361     2.0000     3.0000
```

计算 x 取值不同时 2^x 的值，可在指令窗中输入：

```
>> x = [1 2 3 5 4 9]; pow2(x)  ↵
    ans =
            2          4          8          32         16         512
```

整理得出：

$$\sqrt{1}=1,\quad \sqrt{2}=1.4142,\quad \sqrt{3}=1.7321,\quad \sqrt{5}=2.2361,\quad \sqrt{4}=2,\quad \sqrt{9}=3$$
$$2^1=2,\quad 2^2=4,\quad 2^3=8,\quad 2^5=32,\quad 2^4=16,\quad 2^9=512$$

例 1.20 造一张函数表，在表头下面显示出变量 $t=\pi/16, \pi/8, 3\pi/16$ 和 $\pi/4$ 时，函数 $\sin t$、$\tan t$、e^t、$\ln t$ 和 $\sqrt{t}$ 的相应取值。

解 在指令窗中输入：

```
>> t = [ pi/16: pi/16: pi/4].'; % 转置符号也可写成“'”
>> s = '     t          sin t      tan(t)     exp(t)     ln t       sqrt(t)'; % 定义字符串 s
>> disp(s), disp([t sin(t) tan(t) exp(t) log(t) sqrt(t)])  ↵
         t          sin t      tan(t)     exp(t)     ln t       sqrt(t)
         0.1963     0.1951     0.1989     1.2170     -1.6279    0.4431
         0.3927     0.3827     0.4142     1.4810     -0.9347    0.6267
         0.5890     0.5556     0.6682     1.8023     -0.5292    0.7675
         0.7854     0.7071     1.0000     2.1933     -0.2416    0.8862
```

注：最后一条指令中第 1 个 disp 的输入参数 s 是字符变量，回车将显示出表格的表头；第 2 个 disp 的输入参数是变量名称构成的矩阵，回车显示出矩阵各元素的取值。

例 1.21 求 C_{10}^5、C_8^3、C_7^2 和 C_6^4，这些 C_m^n 表示 m 个元素中取 n 个的组合数。

解 由于 $C_m^n=\dfrac{A_m^n}{P_n}=\dfrac{m(m-1)(m-2)\cdots[m-(n-1)]}{1\times2\times3\times\cdots\times n}$，式中 A_m^n 为 m 个元素中取 n 个元素的排列数，P_n 为 n 个元素的全排列。先计算 C_{10}^5，在指令窗中输入：

```
>> C1 = prod(10 - (5 - 1):10)./factorial(5)  ↵
    C1 =
                         252
```

同理，在指令窗中输入：

```
>> C2 = prod(8 - (3 - 1):8)./factorial(3)  ↵
```

```
C2 =
                                    56
```

表明$C_8^3=56$。用同样的方法可以分别算出$C_7^2=21$,$C_6^4=15$,…。

又因为$C_m^n=C_m^{m-n}=\frac{m!}{n!\,(m-n)!}$,可以用下述指令一次求出 4 个组合的数值:

```
>> a = [5 3 2 4];b = [10 8 7 6];
>> C = factorial(b)./(factorial(a). * factorial(b - a))   ↵
    C =
          252        56         21         15
```

整理得出:

$C_{10}^5=252$, $C_8^3=56$, $C_7^2=21$, $C_6^4=15$

也可输入>> C = factorial(b)./factorial(a)./factorial(b - a),一次求出 4 个组合的值。

3. 向量间的点积和叉积

在 MATLAB 软件中,设有专门计算两个向量间点积(数量积)和叉积(向量积)的指令,介绍如下:

1) 两个向量的数量积

该软件中用指令 dot 计算向量 $\boldsymbol{a}$ 和 $\boldsymbol{b}$ 的数量积(点积),使用格式为:

```
>> dot(a,b)   ↵
```

输入向量 $\boldsymbol{a}$ 和 $\boldsymbol{b}$ 的维数必须相等;回车输出向量 $\boldsymbol{a}$ 和 $\boldsymbol{b}$ 的内积(数量积,线性代数中记为 $a \cdot b$),是一个数值;输入参量 $\boldsymbol{a}$ 和 $\boldsymbol{b}$ 都是三维向量时,回车输出向量 $\boldsymbol{a}$ 和 $\boldsymbol{b}$ 的数量积,即 $\boldsymbol{a} \cdot \boldsymbol{b}$。

2) 两个向量的向量积

该软件中计算向量 $\boldsymbol{a}$ 和 $\boldsymbol{b}$ 间向量积(叉积)的指令为 cross,使用格式为:

```
>> c = cross(a, b)   ↵
```

若 $\boldsymbol{a}$ 和 $\boldsymbol{b}$ 是三维向量时,回车输出的 $\boldsymbol{c}$ 是一个三维向量,它等于 $\boldsymbol{a}$ 和 $\boldsymbol{b}$ 的向量积,$\boldsymbol{c}=\boldsymbol{a}\times\boldsymbol{b}$,即叉积。若 $\boldsymbol{a}$ 和 $\boldsymbol{b}$ 是同维数矩阵,且其行或列必有一项是三维时,回车输出的 $\boldsymbol{c}$ 为一个矩阵,它是把矩阵 $\boldsymbol{a}$ 和 $\boldsymbol{b}$ 视为多个三维向量,分别计算出的向量积结果。

例如,已知四个向量:$\boldsymbol{a}=3.2\boldsymbol{i}+5.1\boldsymbol{j}+6\boldsymbol{k}$,$\boldsymbol{b}=7.1\boldsymbol{i}+4\boldsymbol{j}+2.4\boldsymbol{k}$,$\boldsymbol{c}=3\boldsymbol{i}+5\boldsymbol{j}+6\boldsymbol{k}$,$\boldsymbol{d}=8\boldsymbol{i}+7\boldsymbol{j}+4\boldsymbol{k}$,求向量积 $\boldsymbol{a}\times\boldsymbol{b}$ 和 $\boldsymbol{c}\times\boldsymbol{d}$。这时可以在指令窗中输入 cross(a,b)和 cross(c,d)分两次求出,也可以用下述方法一次求出。在指令窗中输入:

```
>> a = [3.2 5.1 6]; b = [7.1 4 2.4];c = [3 5 6];d = [8 7 4];
```

```
>> A=[a;c]; B=[b;d];  cross(A,B) ↵
ans =
                              -11.7600    34.9200    -23.4100
                              -22.0000    36.0000    -19.0000
```

整理得出：

$$\boldsymbol{a}\times\boldsymbol{b}=-11.7600\boldsymbol{i}+34.9200\boldsymbol{j}-23.4100\boldsymbol{k};$$
$$\boldsymbol{c}\times\boldsymbol{d}=-22.0000\boldsymbol{i}+36.0000\boldsymbol{j}-19.0000\boldsymbol{k}。$$

1.4.4 多项式算法

多项式是最简单而用途广泛的一种一元函数，在数据拟合等问题中特别有用。在MATLAB软件中，关于多项式有着特殊的表示形式和运算法则。

1. 多项式形式

1）多项式向量

该软件中，多项式是用其按降幂排列时的系数向量表示的，称为系数向量。例如，多项式代数式 $P(x)=3x^4+5x^3-7x+9$，其系数向量可表示为：

```
P=[3 5 0 -7 9]
```

系数向量 $\boldsymbol{P}$ 等价地代表着多项式代数式 $P(x)$，所以也常把 $\boldsymbol{P}$ 称为多项式。为防止对 $\boldsymbol{P}$ 的误判，常在两个系数之间加上逗号，缺项的系数必须用零补齐，如上面的 $P(x)$ 常被写成：

```
P=[3,5,0,-7,9]
```

2）特殊多项式

一般情况下，多项式系数向量的创建用键盘输入，但是有些特殊多项式可以用指令poly创建，调用格式为：

```
>> p1 = poly(P) ↵
```

若指令中输入的参量P是向量，则回车得出的p1是以向量 $\boldsymbol{P}$ 的分量为根的多项式系数向量；系数向量p1与输入 $\boldsymbol{P}$ 时的各分量排顺序无关。

若指令中输入的参量P是方阵，则回车得出的p1是方阵 $\boldsymbol{P}$ 的特征多项式 $|\boldsymbol{P}-\lambda\boldsymbol{E}|x$ 的系数向量。例如，在指令窗中输入：

```
>> P=[-2 1 1; 0 2 0; -4 1 3]
>> p1=poly(P) ↵
P1 =
                    1          -3      0      4
```

得出方阵 $\boldsymbol{P}$ 的特征多项式 $|\boldsymbol{P}-\lambda\boldsymbol{E}|x=x^3-3x^2+4$ 的系数向量 $\boldsymbol{P}_1$。

例 1.22 求一个根为 3、5、−7、9 和 0 的多项式系数向量。

解 此题即求多项式 $(x-3)(x-5)(x+7)(x-9)(x-0)$ 的系数向量 p_f。在指令窗中输入：

```
>> P = [3 5 -7 0 9];
>> pf = poly(P) ↵
   pf =
          1          -10        -32       474          -945       0
```

即 $p_f=x^5-10x^4-32x^3+474x^2-945x$。若在输入参量中改变根的排列顺序，结果不变。

3）把系数向量转换成多项式

把“系数向量”转换成“多项式”的代数表达式，可使用指令 poly2str，其格式为：

```
>> Pf = poly2str(P,'t') ↵
```

指令中输入的参数 P 为多项式系数向量；输入参量 t(或用其他字母)是输出多项式的变量名(必须界定成为字符)，不得缺省。

回车输出一个变量为 t、系数向量为 $\boldsymbol{P}$ 的多项式。

例如，将系数向量 $p_f=[1\ -10\ -32\ 474\ -945\ 0]$转换成多项式代数表达式，可在指令窗中输入：

```
>> pf = [1 -10 -32 474 -945 0];
>> ps = poly2str(pf,'s') ↵
   ps =
                          s^5 - 10 s^4 - 32 s^3 + 474s^2 - 945s
```

2. 多项式运算

1）求多项式函数值

把多项式中的变量用“数或数值矩阵”代替，便可得出其值，求值用的指令是 polyval，使用格式为：

```
>> polyval (P, x0) ↵
```

指令中输入的参数 P 为多项式系数向量；输入参数 x_0 为数值时，回车得出多项式函数 $P(x)$在$x=x_0$ 处的值 $P(x_0)$；输入参数 x_0 为矩阵(或向量)时，输出按数组算法得出的矩阵多项式“值”，即与 $\boldsymbol{x}_0$ 同维数的数值矩阵(或向量)。

例 1.23 已知多项式 $P_1(x)=x^4+2x^2-7x-2$，求当 $x=-2$，$(4,2,3)$和$\begin{bmatrix}2 & 4\\3 & -2\end{bmatrix}$时 $P_1(x)$的取值。

解 求当 $x=-2$ 时 $P_1(x)$的值，即求 $P_1(-2)$的值，在指令窗中输入：

```
>> P1 = [1 0 2 -7 -2];
>> K1 = polyval(p1, -2)↵
   K1 =
                    36
```

求当 $x=4,2,3$ 时 $P_1(x)$的值，即求 $P_1([4,2,3])$的值，在指令窗中输入：

```
>> K2 = polyval(p1,[4 2 3])↵
   K2 =
              258     8    76
```

求当 $x=\begin{bmatrix}2 & 4\\3 & -2\end{bmatrix}$时 $P_1(x)$的值，即求 $P_1\left(\begin{bmatrix}2 & 4\\3 & -2\end{bmatrix}\right)$的值，在指令窗中输入：

```
>> K3 = polyval(p1,[2 4;3 -2])↵
   K3 =
               8      258
              76       36
```

整理得出：

$$P_1(-2)=36,\quad P_1([4\ 2\ 3])=[258\ 8\ 76],\quad P_1\left(\begin{bmatrix}2 & 4\\3 & -2\end{bmatrix}\right)=\begin{bmatrix}8 & 258\\76 & 36\end{bmatrix}$$

在 MATLAB 软件中，多项式间的运算必须完全转换成系数向量间的运算进行，不同的运算对多项式系数向量的要求也不尽相同。

2）多项式的四则运算

(1) 加减法运算：维数相同的系数向量之间方可进行加减运算。如果系数向量的维数不等，必须在低维数系数向量的前面加零补至维数相等。

例 1.24 已知 $P_1=3x^2+2x+6$，$P_2=3x^4+5x^3-7x+9$，求两个多项式的和。

解 由于多项式 P_1 的最高阶数比 P_2 的低 2 次，需要在 P_1 系数向量前补两个零。

在指令窗中输入：

```
>> P1 = [0 0 3 2 6]; P2 = [3,5,0,-7,9];
>> P = P1 + P2 ↵
   P =
           3          5          3          -5          15
```

把这个系数向量 $\boldsymbol{P}$ 转换成多项式代数表达式 p_f 时，可在指令窗中输入：

```
>> pf = poly2str(P,'x') ↵
   pf =
              3 x^ 4 + 5x^3 + 3x^2 - 5x + 15
```

整理得出：

$$P_1+P_2=3x^4+5x^3+3x^2-5x+15$$

(2) 乘法：两个多项式相乘称为求它们系数向量的卷积，其指令是 conv。使用格式为

```
>> P = conv(P1, P2) ↵
```

指令中输入的参数 P1 和 P2 都是多项式系数向量；回车得出多项式系数向量 $\boldsymbol{P}$ 的维数比 $\boldsymbol{P}_1$ 与 $\boldsymbol{P}_2$ 的维数之和少 1。

例 1.25 已知两个多项式分别为 $P_1=3x^4+2x^3-7x+2$，$P_2=3x^3-x^2+6$，求这两个多项式的乘积。

解 在指令窗中输入：

```
>> P1 = [3 2 0 -7 2]; P2 = [3 -1 0 6];
>> pp = conv(P1,P2) ↵
   pp =
                        9     3    -2    -3    25    -2   -42    12
```

为了把系数向量 pp 转换成相应的代数多项式，可在指令窗中输入：

```
>> pf = poly2str(pp,'x')↵
   pf =
                       9x^7 + 3x^6 - 2x^5 - 3x^4  + 25x^3 - 2x^2 - 42x + 12
```

整理得出：

$$\begin{aligned}P_1 * P_2 &= (3x^4+2x^3-7x+2)(3x^3-x^2+6)\\&= 9x^7+3x^6-2x^5-3x^4+25x^3-2x^2-42x+12\end{aligned}$$

(3) 除法：两多项式相除称多项式系数向量的解卷积，其指令是 deconv。使用格式为：

```
>>[Q, r] = deconv(P1, P2) ↵
```

输出的 Q 是多项式 P1 被 P2 除得出之商的代数多项式系数向量，r 为余数多项式系数向量。

例 1.26 利用例 1.25 中的向量 pf，$P1$ 和 $P2$，计算多项式之商 $pf/P1$ 和 $Pf/P2$。

解 利用 deconv 求出两多项式之商，例 1.25 中 pf 的系数向量为 pp。在指令窗中输入：

```
>> pp  = [9 3 -2 -3 25 -2 -42 12]; P1 = [3 2 0 -7 2];
>> [Q, r] = deconv(pp, P1)↵
   Q =
         3.0000     -1.0000        0      6.0000
   r =
         1.0e-014 *
         0   0   0   0.3553   0   0   -0.7105   0.1776
```

为求 $pf/P2$，在指令窗中输入：

```
>> P2 = [3 -1 0 6]; [Q, r] = deconv(pp, P2)  ↵
   Q =
```

```
        3.0000    2.0000         0   -7.0000    2.0000
r =
        1.0e-014 *
        0    0    0    0    0.3553    -0.0888    0    0.5329
```

与例1.25中的数据对比，可验证其结果。余数 r 的数量级很小，仅为 10^{-14}，可以忽略。

3）多项式求导

对多项式求导的指令是 polyder，其使用格式为：

```
>> K = polyder(P) ↵
```

指令中输入的参数P是多项式系数向量；回车得出的K是对 $\boldsymbol{P}$ 求一阶导数得出的多项式系数向量。

例 1.27 已知多项式 $P(x)=8x^5+3x^2+2x+6$，求 $P'(x)$。

解 在指令窗中输入：

```
>> P = [8 0 0 3 2 6];
>> K = polyder(P) ;
>> pf = poly2str(K,'x') ↵
    pf =
                            40 x^4 + 6 x + 2
```

于是得出：

$$P'(x) = 40x^4 + 6x + 2$$

1.5 符号矩阵

1.5.1 符号变量和符号表达式

在自然科学和工程技术的理论研究中，经常出现各种公式、符号表达式以及相应的推导演算，它们都是通过符号运算完成的。在 MATLAB 软件中，把表示变量的符号叫符号量，它们是用专用指令 syms 和 sym 创建的，代表它们的标识符，称为符号变量名。

1）用 syms 创建符号量

创建符号量的指令是 syms，其使用格式为：

```
>> syms a1 a2 a3 … flag1  ↵
```

指令中的 a1，a2，a3，…是标识符，回车就被定义成符号量；参量 a1，a2，a3，…，flag1 之间只能用空格分隔，不得添加任何其他符号；指令中输入的参数 flag1 为属性符，它规定了被定义符号量的属性，可供选用的内容及其意义列在表1-9中。

表 1-9 参数 flag1 的选项

flag1 选成	unreal 或省略	real	negative	positive	Nonzero
符号量被定义成	复数型	实数型	负实数型	正实数型	非零型

把数字和符号量用四则运算符+、−、*、/ 连接起来，就构成符号表达式。

2) 用 sym 创建符号量

另一个用于创建符号量的指令是 sym，使用格式为：

```
>>标识符 = sym (A, flag) ↵
```

(1) 指令中输入的参量 A 可以是数字或字符，也可以是字符变量名、字符表达式或字符方程式，甚至可以是界定成字符的汉字，但每次只能定义一项。

(2) 回车后输入参量 A 将被定义成符号量，并把它赋值给等号左边的标识符。例如，在指令窗中输入 a1=sym('a1')，与输入 syms a1 等价。

(3) 输入参量 flag 按下述规则选用：

若指令中输入的 A 为字符，flag 可选取的内容与 syms 中的 flag1 完全相同，但选定的 flag1 内容必须用单引号加以界定。若省略 flag 则默认为选取了'unreal'。

若指令中输入的 A 为数值，flag 可取下述内容之一：

选用'd'——把数字 A 定义成最接近的十进制浮点精确表示形式。

选用'e'——把数字 A 定义成带估计误差的有理数表示形式。

选用'f '——把数字 A 定义成十六进制数的浮点表示形式。

选用'r'——把数字 A 定义成最接近有理数的表示形式，如 p/q 等；省略输入参量 flag，则默认为选用'r'。

例 1.28 用 ad 代表符号表达式 ax^2+c，用 af 代表符号方程式 $bx^3+cx^2-c=5$。

解 为使 ad 代表 ax^2+c，在指令窗中输入：

```
>> syms a x c
>> ad = a * x ^2 + c ↵
    ad =
                          a * x ^ 2 + c
```

为使 af 代表符号量方程 $bx^3+cx^2-c=5$，在指令窗中输入：

```
>> as = 'b * x ^ 3 + c * x ^ 2 - c = 5' ↵
    as =
                       b * x ^ 3 + c * x ^ 2 - c = 5
>> af = sym(as) % 或输入 af = sym('b * x ^ 3 + c * x ^ 2 - c = 5') ↵
    af =
                       b * x ^ 3 + c * x ^ 2 - c = 5
```

虽然 as 和 af 的形式一样，但它们属于不同性质的变量名称。

1.5.2 输入和删改

一个矩阵的元素中,如果含符号变量、符号性数据或表达式(symbolic expression),则称其为符号矩阵。

1. 符号矩阵的创建

1) 直接创建

首先定义一些符号量、符号变量名、符号表达式或符号方程,然后与创建数值矩阵的方法和规则一样,把它们置于方括号内,就构成了符号矩阵。但符号矩阵的显示格式与数值矩阵不同,它的每行元素都被显示在一个方括号内,两个元素之间还用逗号间隔。

例如,在指令窗中输入:

```
>> syms c1 c2 c3
>> B = [c1   3 * c2; c3 - cos(c1), c2]   % 两元素间可用逗号或空格分隔 ↵
  B =
                          [          c1,         3 * c2]
                          [ c3 - cos(c1),            c2]
```

2) 用指令创建

用指令 sym 也可创建符号矩阵,其格式为:

```
>> sym ( A )  ↵
```

指令中输入的参量 A,可以是数值矩阵、字符矩阵、符号矩阵,或者是它们的变量名称;A 的元素可以用字符、符号量表达式或方程;两个元素之间最好用逗号分隔,以防误判。

例 1.29 创建符号矩阵 $\boldsymbol{A}=\begin{bmatrix}\dfrac{a}{\sin x} & \cos x\\ b-\dfrac{x}{5} & a\sin x\end{bmatrix}$ 和 $\boldsymbol{B}=\begin{bmatrix}\dfrac{1}{3} & 5.12 & 6.45\\ \sin 4 & \sqrt{3} & 9\end{bmatrix}$。

解 (1) 创建符号矩阵 $\boldsymbol{A}$,在指令窗中输入:

```
>> A = sym ('[a/sin(x),cos(x); b - x/5, a * sin(x)]') % 单引号不可缺 ↵
   A =
                          [ a/sin(x),    cos(x)]
                          [ b - x/5,   a * sin(x)]
```

(2) 创建符号矩阵 $\boldsymbol{B}$,有两种方法:

① 先把 $\boldsymbol{B}$ 创建成数值矩阵 $\boldsymbol{B}_1$,再把 $\boldsymbol{B}_1$ 定义成符号矩阵。在指令窗中输入:

```
>> B1 = [1/3  5.12, 6.45; sin(4), sqrt(3), 9]  ↵
   B1 =
```

```
          0.3333   5.1200     6.4500
        - 0.7568   1.7321     9.0000
```

下面再把 $\boldsymbol{B}_1$ 定义成符号矩阵。在指令窗中输入：

```
>> B = sym(B1) ↵
    B =
          [1/3,                           128/25,        129/20]
          [ - 6816670871723694 * 2 ^ ( - 53),  sqrt(3),        9     ]
```

② 直接把 $\boldsymbol{B}$ 定义成符号矩阵 $\boldsymbol{B}_2$。在指令窗中输入：

```
>> B2 = sym('[1/3, 5.12, 6.45; sin(4), sqrt(3), 9]') ↵
    B2 =
                       [1/3,     5.12,       6.45]
                       [sin(4), sqrt(3),     9   ]
```

仅从形式上看，似乎 $\boldsymbol{B}_1$ 和 $\boldsymbol{B}_2$ 都是数值矩阵，但在 MATLAB 软件中，它们的属性却不相同。为了说明这点可在指令窗中输入：

```
>> a1 = class(B1),a2 = class(B2) ↵
    a1 =
                          double
    a2 =
                          sym
```

可见，$\boldsymbol{B}_1$ 是数值矩阵，而 $\boldsymbol{B}_2$ 是符号矩阵。

2. 符号矩阵的增删修改

符号矩阵和数值矩阵的增删修改方法一样：先把待修改部分加以标识，再赋予新值，这个方法不再赘述。不过也可以用置换指令 subs 进行删改，subs 的使用格式为：

```
>> C = subs(B, old, new) ↵
```

得出的符号矩阵 $\boldsymbol{C}$ 是把 $\boldsymbol{B}$ 中指定部分 old 的内容，换成新内容 new 的阵。

例 1.30 创建符号矩阵 $\begin{bmatrix} a\sin bx & a+b \\ e^{ax} & \sqrt{x} \end{bmatrix}$，并将它的第一个元素 $a\sin bx$ 换成 $v2c$。

解 在指令窗中输入：

```
>> g = sym('[a * sin(b * x), a + b; exp(a * x), sqrt(x)]'); % 定义符号矩阵 g
>> g = subs(g,g(1,1),'v2c') 或 g(1,1) = 'v2c' % 用 v2c 置换掉 g(1,1)的元素 ↵
    g =
                       [ v2c,           a + b]
                       [exp(a * x),     x ^ (1/2)]
```

例 1.31 用三阶魔方矩阵 magic(3)替换掉代数表达式 $f(x)=a^2\sin(x)$中的 a。

解 在指令窗中输入：

```
>> syms a x, f = a^2 * sin(x) ;
>> F = subs(f, a, magic(3)) ↵
    F =
                       [ 64 * sin(x),      sin(x), 36 * sin(x)]
                       [  9 * sin(x), 25 * sin(x), 49 * sin(x)]
                       [ 16 * sin(x), 81 * sin(x),  4 * sin(x)]
```

这里符号量 a 被三阶魔方矩阵所替换，把原来的符号表达式 $f(x)$，变换成符号矩阵 $\boldsymbol{F}$。

1.5.3 运算和显示

MATLAB 软件中的基本数据单元是矩阵，下述的指令都是针对符号矩阵的每个元素而言的，同样也适用于符号表达式——符号矩阵的特例。

1. 函数运算

符号矩阵中的基本函数运算，与数值矩阵中的规则基本相同，只是关于对数的运算不同。符号矩阵只有以自然数 e 为底的对数指令 log 运算(对应于数学中的 ln)，而没有其他数为底的对数运算。

下面介绍几个符号矩阵特有的函数运算指令，它们常用于公式的推导和变换。

1) 级数求和

级数求和指令 symsun 的使用格式为：

```
>> symsum (s, n, n0, nk) ↵
```

指令中输入的参数 s 是级数通项的符号表达式；输入的参数 n 是通项中被认定的项数变量，缺省时默认项数变量为“x”；式中变量较多且不易辨识时，可用指令 findsym(s)查询，回车输出 s 中包含的符号变量；n_0 和 n_k 为项数的初值和终值，其中 n_0 可取小数，但步长总是 1。缺省 n_0 和 n_k 时，默认 $n_0=1, n_k=n-1$。

回车得出通项为 s 的级数从$n=n_0$ 项到 $n=n_k$ 项之和。

例 1.32 求 $S_1=\sum\limits_{n=0}^{\infty}(-1)^n\dfrac{x^{n+1}}{n+1}$ 和 $S_2=\sum\limits_{x=1}^{k-1}x^2$。

解 (1) 用 symsum 指令求 S_1 时，可在指令窗中输入：

```
>> syms x n
>> S1 = symsum ((-1)^n * x^(n+1) / (n+1), n, 0, inf)↵
    S1 =
                                  log (1 + x)
```

整理得出：

$$S_1 = \sum_{n=0}^{\infty} (-1)^n \frac{x^{n+1}}{n+1} = \ln(1+x)$$

(2) 用 symsum 指令求 S_2 时，在指令窗中输入：

```
>> syms k
>> S2 = symsum(k^2,1,k-1)或  symsum(k^2) ↵
   S2 =
                       1/3*k^3-1/2*k^2+1/6*k
```

整理得出：

$$S_2 = \sum_{x=1}^{k-1} x^2 = \frac{1}{3}k^3 - \frac{1}{2}k^2 + \frac{1}{6}k$$

2) 求函数极限

求函数 $f(x)$极限的指令是 limit，使用格式为：

```
>> limit(f,x,a,'right'或'left') ↵
```

指令中输入的参数 f 是函数的符号表达式；x 是函数中的自变量；回车得出$\lim\limits_{x\to a} f(x)$的表达式，省略 a 时默认为 $a=0$；输入的最后一个参数取 right 表示当 x 向右趋近于 a 的极限，即 $\lim\limits_{x\to a+0} f(x)$；输入参数取 left 表示当 x 向左趋近于 a 的极限，即 $\lim\limits_{x\to a-0} f(x)$；省略这项参数时，表示左右极限相等。

例 1.33 求极限 $A=\lim\limits_{x\to a}\frac{\sqrt[m]{x}-\sqrt[m]{a}}{x-a}$。

解 在指令窗中输入：

```
>> syms x m a
>> A = limit((x^(1/m) - a^(1/m))/(x-a),x,a) ↵
   A =
                       a^(1/m)/a/m
```

整理得出：

$$\lim_{x\to a}\frac{\sqrt[m]{x}-\sqrt[m]{a}}{x-a} = A = \frac{\sqrt[m]{a}}{am}$$

3) 求导函数

在 MATLAB 软件中求函数导数的指令是 diff，使用格式为：

```
>> ds = diff ( S, 'v', n ) ↵
```

指令中输入的参数 S 是函数矩阵的符号表达式；参数 v 是指定的求导自变量，省略时默认为取约定俗成的 x 或 t；参数 n 为求导的阶数，缺省时默认 $n=1$，求出一阶导函数。

输出量 ds 是函数矩阵 $\boldsymbol{S}$ 中各元素对变量 v 的 n 阶导函数，即 $ds=\frac{d^n\boldsymbol{S}}{d\,v^n}$。

由于求导函数时可以自行指定自变量(此处是 v)，所以该指令可用于求偏导函数。

例 1.34 已知二元函数 $z(x,y)=xy\,e^{\sin(\pi xy)}$，求$\frac{\partial z}{\partial x}$和$\frac{\partial z}{\partial y}$。

解 在指令窗中输入：

```
>> syms x y, z = x * y * exp(sin(pi * x * y));
>> dzdx = diff (z) , dzdy = diff (z,'y') % 自变量取 x 时可省略,取其他时不可省略 ↵
   dzdx =
         y * exp(sin(pi * x * y)) + x * y ^ 2 * cos(pi * x * y) * pi * exp(sin(pi * x * y))
   dzdy =
         x * exp(sin(pi * x * y)) + x ^ 2 * y * cos(pi * x * y) * pi * exp(sin(pi * x * y))
```

整理得出：

$$\frac{\partial z}{\partial x}=y\,e^{\sin(\pi xy)}[1+\pi xy\cos(\pi xy)],\quad \frac{\partial z}{\partial y}=x\,e^{\sin(\pi xy)}[1+\pi xy\cos(\pi xy)]$$

例 1.35 已知函数矩阵 $\boldsymbol{A}=(a_{ij})_{2\times2}=\begin{bmatrix}\ln z & \sin z\\ -\cos z & e^{2z}\end{bmatrix}$，求出 $\boldsymbol{A}$ 中每个元素对 z 的 1 阶和 2 阶导数。

解 在指令窗中输入(指令中用 DA 和 D2A 分别表示$\boldsymbol{A}'$和$\boldsymbol{A}''$)：

```
>> syms z, A = [log(z), sin(z); - cos(z), exp(2 * z)];
>> DA = diff(A,z),D2A = diff(A,z,2)  ↵
   DA =
                              [1/z,              cos(z)]
                              [ sin(z),      2 * exp(2 * z)]
   D2A =
                              [ - 1/z ^ 2,         - sin(z)]
                              [cos(z),        4 * exp(2 * z)]
```

4) 方阵的逆阵

求非奇异符号方阵 B 的逆阵，用指令 inv，使用格式为：

```
>> inv(B) ↵
```

得出方阵 $\boldsymbol{B}$ 的逆阵$\boldsymbol{B}^{-1}$。

例 1.36 计算方阵 $\boldsymbol{s}_1=\begin{bmatrix}\frac{a}{b} & \sin a\\ b^3 & 5\end{bmatrix}$被 $\boldsymbol{s}_2=\begin{bmatrix}\frac{4}{b} & \cos b\\ a^2 & 8\end{bmatrix}$除的结果，并求出 $\boldsymbol{s}_1$ 的逆阵。

解 求矩阵之比 $\boldsymbol{s}_1$ 被 $\boldsymbol{s}_2$ 除，即计算两矩阵之比 $\boldsymbol{s}_1/\boldsymbol{s}_2$，用指令 inv 可求出 $S=s_1^{-1}$。在指令窗中输入：

```
>> s1 = sym('[a/b sin(a);b^3 5]'); s2 = sym('[4/b,cos(b);a^2,8]') ;
>> s1/s2, S = inv(s1) ↵
   ans =
   [a*(a*b*sin(a)-8)/(cos(b)*a^2*b-32),(cos(b)*a-4*sin(a))/(cos(b)*a^2*b-32)]
   [b*(5*a^2-8*b^3)/(cos(b)*a^2*b-32),(cos(b)*b^4-20)/(cos(b)*a^2*b-32)]
   S =
   [ 5/(5*a-sin(a)*b^4)*b,   -sin(a)/(5*a-sin(a)*b^4)*b]
   [ -b^4/(5*a-sin(a)*b^4),        a/(5*a-sin(a)*b^4)]
```

符号阵 $\boldsymbol{S}$ 就是 $\boldsymbol{s}_1$ 的逆阵 $\boldsymbol{s}_1^{-1}$，由指令>> simple(S * s1) ↵得出单位阵可予验证。

整理得出：

$$\frac{\boldsymbol{s}_1}{\boldsymbol{s}_2}=\begin{bmatrix}\dfrac{a(ab\sin a-8)}{a^2b\cos b-32} & \dfrac{a\cos b-4\sin a}{a^2b\cos b-32}\\[2ex] \dfrac{b(5a^2-8b^3)}{a^2b\cos b-32} & \dfrac{b^4\cos b-20}{a^2b\cos b-32}\end{bmatrix}$$

$$\boldsymbol{s}_1^{-1}=\boldsymbol{S}=\begin{bmatrix}\dfrac{5b}{5a-b^4\sin a} & \dfrac{b\sin a}{b^4\sin a-5a}\\[2ex] \dfrac{b^4}{b^4\sin a-5a} & \dfrac{a}{5a-b^4\sin a}\end{bmatrix}$$

5）函数展开成泰勒级数

这里只介绍一元函数的泰勒级数展开法。在 MATLAB 软件中，把一元函数 $f(x)$展开成泰勒级数的专用指令是 taylor，使用格式为：

```
>> taylor(f, n,'v', a) ↵
```

指令中输入的参数 f 是函数 $f(x)$的符号表达式，不可省略；指令中输入的参数 n 取正整数；参数 v 是函数中被指定的变量名称，缺省时默认取 x 或 t，若 $f(x)$中只有一个可视为变量的符号量，则可省略该项；a 表示函数 $f(x)$在 $v=a$ 点被展开，即展开成$(x-a)$的幂级数；缺省 a 时默认取 $a=0$，函数在 $v=0$ 点被展开，即展开成麦克劳林级数，此时若省略 n，则默认取 $n=6$，函数 $f(x)$展开成 x 的最高幂次为 5 的幂级数。

回车输出把 $f(x)$ 展开的幂级数，即 $f(x)=\sum_{n=0}^{\infty}(v-a)^n$。

例 1.37 把e^{-x}展开成麦克劳林级数，x 的最高幂次数为 5。

解 在指令窗中输入：

```
>> syms x, F = taylor (exp ( - x) ) ↵
   F =
             1 - x + 1/2 * x^2 - 1/6 * x^3 + 1/24 * x^4 - 1/120 * x^5
```

整理得出：

$$e^{-x} \approx 1 - x + \frac{1}{2}x^2 - \frac{1}{3!}x^3 + \frac{1}{4!}x^4 - \frac{1}{5!}x^5$$
$$= 1 - x + \frac{1}{2}x^2 - \frac{1}{6}x^3 + \frac{1}{24}x^4 - \frac{1}{120}x^5$$

例 1.38 把函数 $f(x,y)=\ln(xy)$ 展开成 $(y-1)$ 的最高幂次为 5 的幂级数。

解 在指令窗中输入：

```
>> syms x y
>> Fy = taylor(log(x * y),6,'y',1) ↵
   Fy =
        log(x) + y - 1 - 1/2 * (y - 1)^2 + 1/3 * (y - 1)^3 - 1/4 * (y - 1)^4 + 1/5 * (y - 1)^5
```

整理得出：

$$\ln(xy) = \ln x + y - 1 - \frac{1}{2}(y-1)^2 + \frac{1}{3}(y-1)^3$$
$$- \frac{1}{4}(y-1)^4 + \frac{1}{5}(y-1)^5 - \cdots$$

2. 符号表达式的化简

该软件中设有许多用于整理化简符号表达式或符号矩阵的指令。例如，用于合并同类项的指令 collect，进行因式分解的指令 factor，进行代数式展开的指令 expand 等，这里仅举几个例子。需要时可用 help 命令查询详情。

例 1.39 对符号矩阵 $\boldsymbol{S}=\begin{bmatrix} \frac{x}{x^2-5x-6} & \frac{2x}{x^2-2x+1} \\ \frac{x^2+x}{x^2+2x+1} & \frac{x+1}{x^2+x} \end{bmatrix}$ 的各元素进行因式分解。

解 先把 $\boldsymbol{S}$ 定义成符号矩阵，再进行因式分解。在指令窗中输入：

```
>> S = '[x/(x^2 - 5 * x - 6),2 * x/(x^2 - 2 * x + 1);(x^2 + x)/(x^2 + 2 * x + 1),(x + 1)/(x^2 + x)]';
>>k = factor(sym(S)) ↵
  k =
                    [ x / (x+1) / (x-6),   2 * x / (x-1)^2]
                    [          x/(x+1),             1/x]
```

得出的符号矩阵 $\boldsymbol{k}$ 是对矩阵 $\boldsymbol{S}$ 的各元素都进行过因式分解后的矩阵，即：

$$\boldsymbol{S} = \begin{bmatrix} \frac{x}{x^2-5x-6} & \frac{2x}{x^2-2x+1} \\ \frac{x^2+x}{x^2+2x+1} & \frac{x+1}{x^2+x} \end{bmatrix} = \begin{bmatrix} \frac{x}{(x+1)(x-6)} & \frac{2x}{(x-1)^2} \\ \frac{x}{x+1} & \frac{1}{x} \end{bmatrix}$$

例 1.40 把符号矩阵 $\boldsymbol{A}=\begin{bmatrix}(x+1)^3 & \sin(x+y)\\ e^{x+y} & \cos(x+y)\end{bmatrix}$ 的各元素展开。

解 在指令窗中输入：

```
>> A = sym('[(x+1)^3,sin(x+y);exp(x+y),cos(x+y)]');
>> A = expand(A)↵
   A =
              [ x^3+3*x^2+3*x+1,  sin(x)*cos(y)+cos(x)*sin(y)]
              [exp(x)*exp(y),       cos(x)*cos(y)-sin(x)*sin(y)]
```

整理得出：

$$\boldsymbol{A}=\begin{bmatrix}(x+1)^3 & \sin(x+y)\\ e^{x+y} & \cos(x+y)\end{bmatrix}=\begin{bmatrix}x^3+3x^2+3x+1 & \sin x\cos y+\cos x\sin y\\ e^x\ e^y & \cos x\cos y-\sin x\sin y\end{bmatrix}$$

该软件中除了上述几个化简指令外，这里特别推荐介绍一个极为实用的“化简优选”指令 simple，它的使用格式为：

```
>> simple(S)↵
```

则输出用多种方法对符号表达式或矩阵 ***S*** 化简后，机器认为最简的表达式。表 1-10 列出了几个用该指令化简的实例，本书以后会多次使用该指令，应予以注意。

表 1-10 用 simple 化简符号表达式举例(表中的 S 为符号表达式)

在指令窗中输入>> syms x y, S=(选下式之一)	再输入>> simple(S) ↵得出(最简表达式)
(2 * cos(x)^2−sin(x)^2) ↵	3 * cos(x)^2−1
(cos(x)+(−sin(x)^2)^(1/2)) ↵	cos(x)+i * sin(x)
(cos(x)+i * sin(x)) ↵	exp(i * x)
((x+1) * x * (x−1)) ↵	x^3−x
(cos(3 * acos(x))) ↵	4 * x^3−3 * x

3. 符号矩阵的显示

如果符号表达式或矩阵非常冗长，特别是有的分数表达式让人很难看出其真实形式，这时可用指令 pretty 把它显示成“准印刷”格式。例如，某次运算得出的结果为：

```
y = -(-pi-2+t^2)/pi-2/5*(2*pi+5)/pi*cos(t)+1/2*sin(t)
```

很难看出其真形。这时若用 pretty 指令可使其显示为准印刷格式，即在指令窗中输入：

```
>> y = sym('-(-pi-2+t^2)/pi-2/5*(2*pi+5)/pi*cos(t)+1/2*sin(t)');
>> disp('y='),pretty(y) ↵
```

```
y =

                                                          2
                     cos(t) (2 pi + 5)       2 + pi - t
1/2 sin(t) - 2/5     ----------------- + -------------
                            pi                 pi
```

(上式已通过 Word 中的“行距选项…”把“行距(N)”调为“固定值”,并把“设置值(A)”调为“9 磅”)于是很容易看出 $y(t)$的表达式为:

$$y(t) = 1 + \frac{\sin t}{2} - \frac{2(2\pi + 5)\cos t}{5\pi} + \frac{2 - t^2}{\pi}$$

例 1.41 已知函数矩阵 $\boldsymbol{A}(x) = \begin{bmatrix} \ln\sqrt{\dfrac{a-x}{a+x}} & \operatorname{argsin}\dfrac{x-1}{x+1} \\ x^{2x} & \sqrt{1-x} \end{bmatrix}$,求出每个元素对 x 的二阶导数。

解 在指令窗中输入(用 D2A 代表$\boldsymbol{A}''(x)$):

```
>> syms a x
>> A = [log(sqrt((a - x)/(a + x))),asin((x - 1)/(x + 1)) ; x ^ (2 * x),sqrt(1 - x)];
>> D2A = diff(A,2) ↵
    D2A =
[1/2/(a - x)^2 * (a + x) * ( - 1/(a + x) - (a - x)/(a + x)^2) + 1/2/ … …
```

这个结果非常冗长,如果用 pretty 指令把它显示成“准印刷”格式,便可一目了然。为此,在指令窗中输入(指令中先用 simple 对 D2A 式加以化简):

```
>> disp('A"(x) = '), pretty(simple(D2A)) ↵
    A"(x) =
        [            xa                                    3x+1     ]
        [-2 -------------------,                   -1/2 ------------]
        [            2        2                          3/2        2 ]
        [     (a-x)  (a+x)                          x    (1+x)      ]

        [  (2x)          2                                          ]
        [ x    (2xlog(x) +4xlog(x)+2x+1)                 1          ]
        [2 ------------------------------------------ , 1/4 ---------------- ]
        [                      x                                   1/2 ]
        [                                           (x-1)(-x+1)     ]
```

很容易整理成下式:

$$\boldsymbol{A}''(x) = \begin{bmatrix} \dfrac{-2ax}{(a-x)^2(a+x)^2} & \dfrac{-(3x+1)}{2(1+x)^2\sqrt{x^3}} \\ 2[2x\ln(x^2) + 4x\ln x + 2x + 1]x^{2x-1} & \dfrac{1}{4(x-1)\sqrt{1-x}} \end{bmatrix}$$

1.6 基本绘图方法

利用 MATLAB 软件可以绘制二维、三维等各种图形，还能控制图线的点型、线型和颜色，并能控制图形的视角、光照等品质，使画面充分表现出数据间的函数关系和图形特征。

1.6.1 图形窗

用 MATLAB 软件绘图时，只要在指令窗中输入绘图指令，回车便弹出图形窗并在其中画出相应的图线。例如，在指令窗中输入：

```
>>[x,y,z] = sphere(30); surf(x,y,z), box ↵
```

屏幕上就出现图 1-3 所示的 MATLAB 图形窗，并画出了执行上述指令的图线。

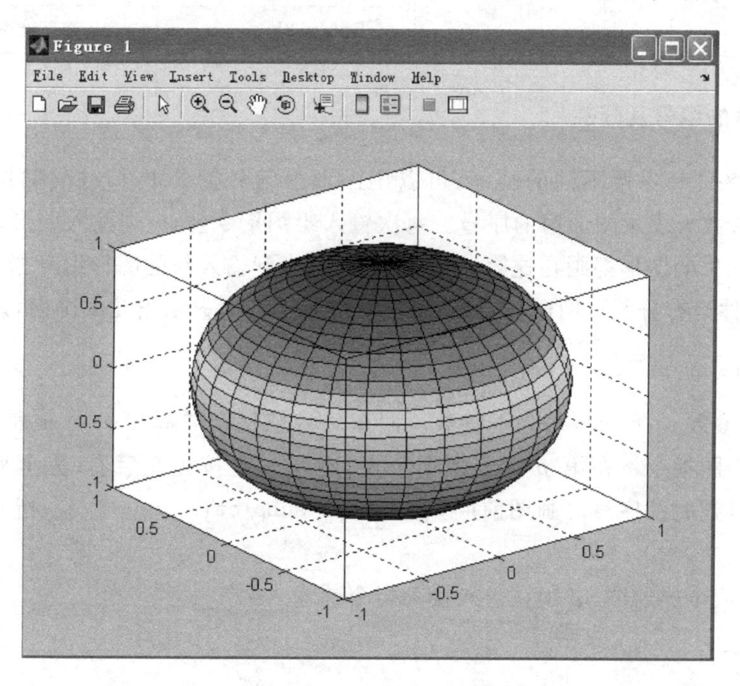

图 1-3 MATLAB 图形窗

由图 1-3 可知，图形窗上面的两排菜单，第一排为主菜单：File(文件)、Edit(编辑)、View(查看)、Insert(插入)、Tools(工具)、Desktop(桌面)、Window(窗口)、Help(帮助)。单击其中任何一项，都会弹出相应的下级子菜单。第二排的 14 个小图标是子菜单的快捷按钮,单击它们相当于打开某些子菜单,但操作比逐级调用菜单方便很多。表 1-11 列出了几个常用的快捷按钮及相应菜单的功能。

表 1-11 图形窗快捷按钮功能

快捷按钮小图标	对应的菜单		功　能
	主 菜 单	子 菜 单	
	File(文件)	New Figure	创建新图形
		Open File	打开图形文件
		Save Figure	图形存盘
		Print Figure	打印图形
	Tools(工具)	Edit Plot	图形编辑
		Zoom In	局部放大
		Zoom Out	局部缩小
		Rotate 3D	旋转三维图(变视角)

1. 图形窗的编号及分割

(1) 为了区别和保留不同的画面,可以用图形窗编号指令 figure(n)对图形窗进行编号,其中的正整数 n 表示图形窗的序号。每次输入绘图指令前,应先输入图形窗的编号指令 figure(n),使此后的图形都画在这第 n 个图形窗上,直到输入新的图形编号指令。

(2) 该软件设有分割绘图窗口指令,可以在屏幕上同时显示出几幅画面,调用格式是:

```
>> subplot(m, n, p) ↵
```

指令中输入的参数 m、n 和 p 均为正整数。回车后将把整个屏幕按 m 行 n 列分成 $m\times n$ 个子图,此后的绘图指令将在第 p 幅子图中实现,序号 p 是按先左后右、先上后下的顺序把 $m\times n$ 个子图排列时的序号。画图前应该先输入>> subplot(m, n, p) ↵,指明在第 p 幅子图中绘制。

若想恢复成全屏绘图,必须在输入绘图指令前输入:

```
>> subplot(1,1,1) ↵
```

2. 图形的存储与调出

想把画好的图形存盘以备后用,可单击图形窗界面上的快捷按钮(Save Figure),在弹出的 Save As 对话框下边"文件名(N):"右侧的栏内,把 untitled 改成图形的文件名称,再单击其右侧的 保存(S) 按钮,则自动加上扩展名". fig"后予以存盘。

想调出已存盘的图形,可单击图形窗或指令窗中的快捷按钮[打开(Q)],在弹出的对话框中单击需调出的图形文件名,再单击[打开(Q)]按钮即可。

1.6.2　二维图的绘制

绘制平面图有两种方法:根据数据绘图和根据函数绘图,下面分别予以介绍。

1. 根据数据绘图

根据数据绘制平面图的基础指令是 plot,调用格式为:

```
>> plot(xn,yn, 'S ') % 下标 n 取正整数 ↵
```

(1) 输入数据 x_n 和 y_n 如果是同维向量,则绘制出 x_n 的分量值为横坐标、与 x_n 对应的分量值 y_n 为纵坐标的折线图。

若缺省参数 y_n,指令变成 plot(x_n,'S'),则绘出以向量 x_n 各分量的序号为横坐标、分量值为纵坐标的连线图;若 x_n 为复向量,则绘制出以 x_n 各分量的实部为横坐标、虚部为纵坐标的连线图。

(2) 若 x_n 是向量、y_n 是矩阵,且向量 x_n 的维数与矩阵 y_n 的行(或列)数相等,则绘制出 n 条不同颜色的曲线。曲线(实为折线)拐点的横坐标为 x_n 的分量,纵坐标为与 x_n 分量对应的 y_n 的值。

(3) 若 x_n 和 y_n 是同维数矩阵,则以 x_n 的列元素值为横坐标、与 x_n 列元素对应的 y_n 的列元素值为纵坐标绘制一条曲线,曲线条数等于矩阵列数。

缺省矩阵 y_n 时,变成 plot(x_n,'S'),这时若 x_n 为 $m \times n$ 实数矩阵,则相当于 n 个列向量,绘制出 n 条折线,每个列向量数据绘制一条折线,列元素值为折线拐点的纵坐标,列元素的行序号为横坐标。如果 x 为 $m \times n$ 复数矩阵,相当于 n 个复列向量,x 的每列元素对应于一条折线,折线拐点值的横坐标为元素 x 的实部值,纵坐标为相应的虚部值。

(4) 输入参数 S 是修饰图线的标记符号,用于标识数据点的点型、曲线的线型和颜色等特性。这些符号都置于一对单引号之间,排序随意,不加分隔,可以部分或全部缺省。缺省颜色标识符时,默认取蓝色;同时缺省点和线标志符时,默认为实线;画实线时可以在参数 S 后面加写线宽参数"'linewidth',n",整数 n 表示线宽等级。

这些标记符号(称标识符)及其代表的意义都列在表 1-12 中。

表 1-12 标记曲线点型、线型和颜色的标识符

点标识符	意义	点标识符	意义	线标识符	意义	色标识符	意义
.	点	V	倒三角形▽	—	实线	r	红
O	圈	^	三角形△	— —	虚线	m	品红
X	叉	>	右尖三角形	—.	点划线	y	黄
+	十字	<	左尖三角形	:	点线	g	绿
*	花星	H	六角星			c	青
S	方框	P	准五星			b	蓝
D	菱形					k	黑
						w	白

MATLAB软件是根据"数据描点法"原理绘制图线的。如果用数据绘图指令 plot 根据给出的函数画图,需要先把自变量 x 离散化,即取 $x=x_1,x_2,x_3,\cdots$,函数 $y=f(x)$的表达式中变量间的运算符换用数组算法符号,这样就把函数 y 的取值也离散化了,然后用指令 plot 画图。

例 1.42 在同一幅画面上画出下列图线:

(1) 三条图线 $y_1=10\cos x, x\in[0\ 3\ \pi]$; $y_2=e^{\pi-3x}, x\in[0.5,8]$; $y_3=\dfrac{6}{x}, x\in[1,9]$。

(2) 分段函数的曲线 $y(x)=\begin{cases}0, & -1\leqslant x<0\\ 1, & 0\leqslant x<1.5\end{cases}$。

(3) 用复数作图方法画一个单位圆。

解 (1) 三条图线函数的定义域不同,可以在各自定义域内离散自变量,也可以在三个函数中最大定义域内离散自变量,这里采用第一种方法。在指令窗中输入:

```
>> x1 = 0:0.2:3 * pi;y1 = 10 * cos(x1);
>> x2 = 0.5:0.3:8;y2 = exp(pi - 3 * x2);
>> x3 = 1:0.3:9;y3 = 6./x3;
>> subplot(2,1,1), plot(x1,y1,'r * - ',x2,y2,' + g:',x3,y3,' - .sk')
>> legend('10cosx','exp(pi - 3x)','6./x') % 画出注释文字框 ↵
```

在图形窗中用鼠标指针点住线型注释文字框,把它拖到适当位置,得出图 1-4(a)。

(2) 在指令窗中输入:

```
>> subplot(2,2,3), plot([ - 1 0],[0 0],[0 0],[0 1],[0 1],[1 1],'linewidth',3)
>> axis([ - 1.2 1.5  - 0.5 2])  ↵
```

得出图 1-4(b)。

(3) 在指令窗中输入:

```
>> t = 0:pi/100:2 * pi; y = exp(i * t);
>> subplot(2,2,4),plot(y),axis('square')
```

```
>> axis([ - 1.2 1.2  - 1.2 1.2]),grid ↵
```

得出图 1-4(c)。

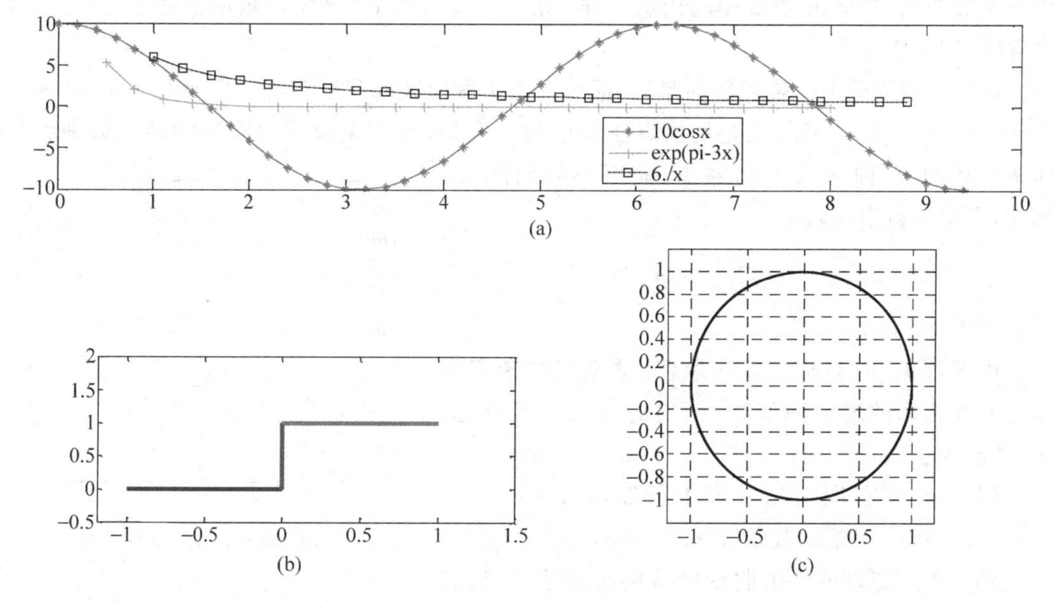

图 1-4 指令 plot 画图实例

注:(1) legend 为线型标注指令,详见 1.6.3 节辅助指令一节中的 6. 线型标注指令。

(2) axis([xmin, xmax, ymin, ymax])是规定图形的 x 轴和 y 轴坐标范围指令;axis('square')表示坐标的横轴和纵轴取值相等。

(3) 图中子图下面的(a)、(b)和(c),是在画好图后依次单击子菜单Insert→TextBox 加写上的。

2. 根据函数绘图

若已知统计数据或实验数据,利用指令 plot 绘图是很方便的。但是,若已知函数使用 plot 绘图就很麻烦,需要先对函数进行离散化处理(如例 1.42)。实际上,该软件中还设有函数绘图指令,它可以用解析函数直接绘图,软件能据给出的函数自动分割取点,方便地绘出各种解析函数图线,这对于函数的分析、观察和研究都很方便。下面仅介绍 fplot、ezplot 两个函数绘图指令。

1) 解析函数绘图指令

解析函数绘图指令 fplot 的使用格式为:

```
>> fplot( 'fun', lims, 'S ', tol )  ↵
```

指令中输入的参数 fun 是解析函数的字符表达式、临时文件或永久文件名; fun 也可以是多个字符表达式等构成的向量；指令中输入的 lims=[a, b, c, d]，规定了绘图区间，即自变量 x 和函数 y 的取值范围分别是 $x\in[a,b]$，$y\in[c,d]$，通常省略 c、d；指令中输入的 S 用于修饰图线，与 plot 指令中的用法一样；指令中输入的 tol 规定函数取值的相对误差，经常省略，默认值为 2e-3。

指令中输入的 fun 是函数向量时，回车则画出取值区间和线型都一样的几条曲线。

该指令与 plot 一样，也是用描点法画图的。但是，自变量取值间隔却能随函数曲线的曲率自动调节，曲率大处间隔小，曲率小处间隔大。例如，在指令窗中输入：

```
>> fplot('sin', [ - pi pi], 'r + ')  ↵
```

则得出图 1-5。

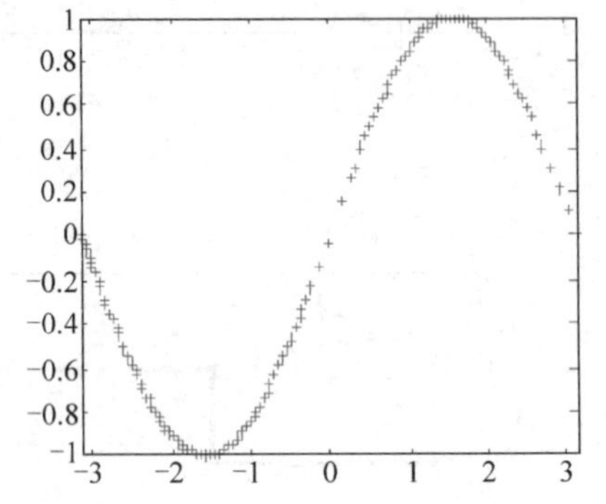

图 1-5 用 fplot 绘出的正弦函数曲线

由图可见，因为是自适应取值，数据点的疏密程度随曲线曲率的增大而变小，画出的曲线较光滑、美观，还减少了取点的数目。

例 1.43 在同一幅画面上绘制出 $y=e^x$，$y=3\sin x$ 和 $y=x^2$ 三条函数曲线，$x\in[-\pi,\pi]$。

解 先用题设的三条曲线函数解析表达式，构成一个向量，用 fplot 一次就能画出三条曲线。在指令窗中输入：

```
>> fplot ('[exp(x), 3 * sin(x), x^2]', pi * [ - 1 1  - 1 1])
>> legend('exp(x)','3sin(x)','x^2')  ↵
```

直接得出的三条曲线的线型完全相同，仅颜色不同。为了使其有所差异，相继单击Edit→Figure Properties...选项，再单击图中曲线，在下拉出菜单中的 Line 项里改变三条曲线的线型，得出图 1-6。

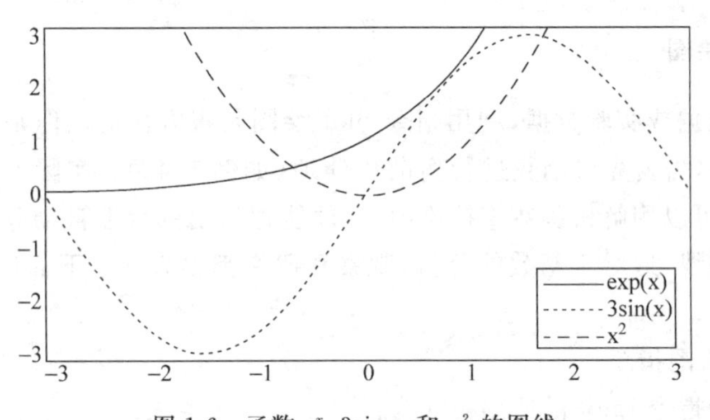

图 1-6 函数 e^x、$3\sin x$ 和 x^2 的图线

2）隐函数绘图指令

常用的隐函数绘图指令是 ezplot，使用格式为：

```
>> ezplot ( 'func', lims)
```

指令中输入的参数 func 是描述函数的字符表达式、临时或永久文件名，分下述几种情况：

(1) 参数 func 是一元函数 $f(x)$时，回车画出 $y=f(x)$的几何图形。这时指令 ezplot 后可以直接写上 func，省去括号和引号，但函数表达式的第一个符号不能是括号，指令中不用写 lims，默认绘图范围为 $x\in[-2\pi,2\pi]$。

(2) 参数 func 为二元函数 $f(x,y)$时，回车画出方程 $f(x,y)=0$ 的几何图形。变量取值范围由 lims=[a,b,c,d]确定，指明 $x\in[a,b]$，$y\in[c,d]$，省略 y 的范围时，y 与 x 取相同范围。

(3) 参数 func 为参数方程$\begin{cases}x(t)=0\\y(t)=0\end{cases}$时，写成“ 'x(t) '， 'y(t) '”形式，回车按参数方程画出参变量 $t\in$ lims=$[a,b]$的函数图线。

(4) 参数 lims 用于确定自变量 x 的取值范围，省略时默认为 $x\in[-2\pi,2\pi]$。

该指令每次只能绘制一条曲线，并能自动在图的上侧加注函数解析式，下侧加注自变量名称，图线的色型、线型无法控制，只能靠手工改变。由于用 ezplot 绘制函数图时非常简单、方便，所以也把它称为简易绘图指令。

例 1.44 绘制叶形线$u^3+v^3=9uv$ 和三叶玫瑰线 $r=\sin 3t$(极坐标方程)。

解 (1) 把叶形线方程移项，变成 $f(u,v)=0$ 的形式$u^3+v^3-9uv=0$(隐函数方程)。

在指令窗中输入：

```
>> ezplot( 'u^3 + v^3 - 9 * u * v ')   或   >> ezplot u^3 + v^3 - 9 * u * v ↵
```

得出图 1-7。

(2) 把三叶玫瑰线的极坐标方程 $r=\sin(3t)$，通过$\begin{cases}x=r\cos t\\y=r\sin t\end{cases}$转换成直角坐标系方程：

$$\begin{cases}x(t)=\sin 3t\cos t\\y(t)=\sin 3t\sin t\end{cases}$$

在指令窗中输入：

```
>> ezplot ('sin(3 * t) * cos(t)', 'sin(3 * t) * sin(t)', [0,pi])   或   >> ezplot (sin(3 * t) *
cos(t)   sin(3 * t) * sin(t))↵
```

得出图 1-8。

3) 特殊图形及非直角坐标系绘图

MATLAB 软件中设有一些满足特殊需求的平面绘图指令，可用 help 从“graph2d”图形库中查询。表 1-13 列出绘制部分特殊图及非直角坐标系图形的指令。

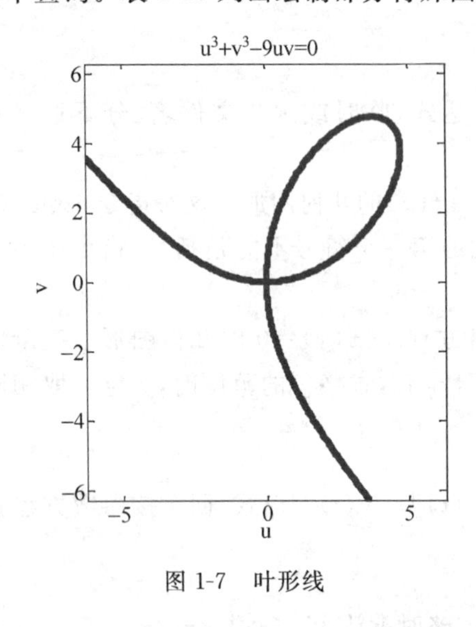

图 1-7 叶形线

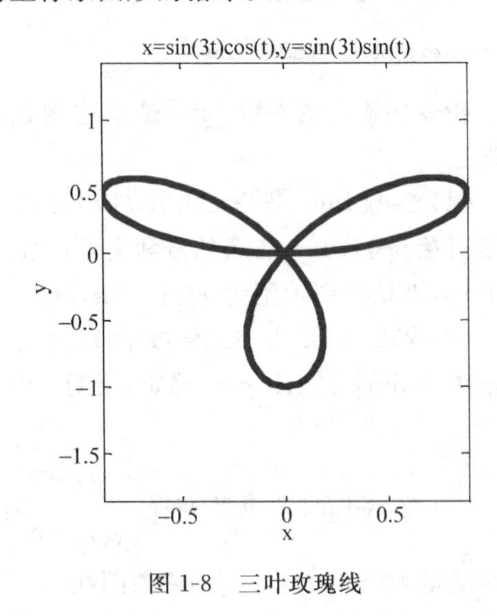

图 1-8 三叶玫瑰线

表 1-13 绘制特殊图及非直角坐标系图的指令

特殊图		非直角坐标图	
指令格式	功能	指令格式	功能
stem (x,y)	脉冲图	polar(θ,ρ)	极坐标绘图，θ—极角，ρ—矢径
stairs (x,y)	阶梯图	loglog(x, y)	绘制以 log10 为坐标刻度的 x-y 图线
pie (x)	饼状图	semilogx(x,y)	绘制半对数刻度图，x 轴以 log10 刻度，y 轴为线性刻度
bar (x,y)	条形图		
fill (x,y)	填色图	semilogy(x,y)	绘制半对数刻度图，x 轴为线性刻度，y 轴以 log10 刻度
plotyy (x1,y1,x2,y2)	双 y 坐标图		

1.6.3 辅助指令

绘制平面图形时，经常使用一些控制画面、修饰图线的指令，以使图形丰富多彩。

1. 保留图线指令

在指令窗中输入一条画图指令后，加上 hold on（或 hold），就会使画出的图线得以保留。此后画出的图线会继续在这一界面上，直到输入 hold off（或 hold）。

hold 是一个"拉线开关"式指令,第二次输入 hold 相当于输入 hold off。

2. 擦去画面上图线的指令

要想擦净图形窗中已有的图线,可在指令窗中输入指令 clf ↵。在编程绘图时,一开始往往需要加上>> clf…,去掉以前的所有图线。

3. 加画坐标网格线指令

在指令窗中输入:

```
>> grid on(或 grid)↵
```

就会在画面上加画直角坐标网格线。想去掉已画上的网格线,可输入:

```
grid off(或再一次输入 grid)↵
```

4. 加注图名指令

在指令窗中输入:

```
>> title(' ')↵
```

就会把单引号之间的内容作为图名加在图的上侧。

5. 加注坐标轴名称指令

在画图指令之后,接着输入:

```
>> xlable(''),ylable('')↵
```

可将单引号内的内容加写在相应坐标轴的旁边。

6. 线型标注指令

在一幅图中画有多种不同线型的曲线时,可以用下述指令,加注说明:

```
>> legend(' ',' ',…,k)
```

指令中输入的参数均用单引号界定,两者之间用逗号分隔。单引号内可写入说明曲线意义的中文或英文注释,其排序与程序中绘图指令出现的顺序必须一致。如果只有一条曲线,在 legend 之后的参数可省略括号、引号等。

指令中输入的参数 k,若取−1,则注释文字写在图框外部右侧;取 0 写在图中最佳位置;取 1、2、3 和 4 时,则分别写在相应坐标象限的最外角;省略参数 k 时默认 k=1。

画面上的注释文字框,可以用鼠标左键点住拖移到适当位置。在指令窗中输入指令:

```
legend off ↵
```

可使画面上的线型注释说明框消失。

7. 复制图形指令

欲把MATLAB中画好的图形复制到其他文件时，可在图形窗中依次单击菜单Edit→Copy Figure，就将图送入了剪贴板，然后将它粘贴到需要图的地方。

8. 图形窗中菜单的应用

利用图形窗中子菜单的功能，可对图形进行修饰、加写、加画和改动。例如，单击图形窗中菜单Insert(插入)下属的不同子菜单，可实现多种功能：Textbox(加写文字)，Line(画直线)，Arrow(画箭头)，Rectangle(画矩形)，Ellipse(画椭圆)等。

又如，单击图形窗中编辑图形快捷按钮 (Edit Plot)，再单击弹出的菜单Edit，可利用弹出菜单中的项目对画好的图形进行编辑：Cut(剪切)、Copy(复制)、Paste(粘贴)、Clear(删除)、加写或隐去标注，并可变换图形颜色、线型、线宽等。

1.6.4 三维图的绘制

MATLAB软件中绘制三维图的指令非常丰富，这里仅介绍最基本、最常用的三个：绘制三维曲线、三维网线和三维曲面图的指令。

1. 根据数据绘图

与绘制平面图的指令plot类似，根据数据绘制三维图的基本原理是空间一点由三个坐标(x_p,y_p,z_p)确定。据此原理绘制三维图的常用指令是plot3，使用格式为

```
>> plot3(x,y,z, 'S')↵
```

指令中输入的参量x、y、z是维数相同的向量时，由三个向量对应分量构成的数组(x_p,y_p,z_p)确定空间的一点，所有数据连成一条空间曲线。

输入参量x、y、z是维数相同的矩阵时，由三个矩阵相同位置上的对应元素确定空间一点，同一列上的元素确定一条空间曲线。

输入参量S是控制构成曲线的点型、线型和颜色的符号，均可省略。

例1.45 绘制两条空间折线：第一条线上拐点坐标为(1,3,5)、(2,5,1)、(5,4,5)；第二条线上的拐点为(5,1,5)、(5,4,4)、(1,2,1)。

解 用给出的数据构成三个3×2矩阵，再用plot3画图。在指令窗中输入：

```
>> x1 = [1 5;2 5;5 1]; y1 = [3 1;5 4;4 2]; z1 = [5 5;1 4;5 1];
>> subplot(1,2,1), plot3(x1,y1,z1,'r'), grid, box ↵
```

得出图 1-9。

注：(1) 指令 box 的功能是在图上加画三维箱体边框，增加立体感。

(2) 图中的坐标值是画好图后加写上的，方法是：依次单击图形窗上的菜单 Insert→TextBox 命令写上文字，然后再依次单击 Edit→Current Object Properties…命令，在下拉出的 Property Editor-TextBox 中，再用 Edge Color 功能消去 Box 的边框得出。

例 1.46 绘制空间曲线方程 $\begin{cases} y=\sin x \\ z=\cos x \end{cases}$，$x\in[0, 20]$的空间曲线，并画坐标网格。

解 在指令窗中输入：

```
>> x = 0:0.05:20; y = sin(x); z = cos(x);
>> subplot(1,2,2),plot3 (x,y,z, 'r .' ), grid ↵
```

得出图 1-10 所示的空间螺旋线，这里 x 分点间隔取为 0.05。实际上从不同角度看过去，间隔并不均匀，间隔变大时曲线的折线化程度非常明显。

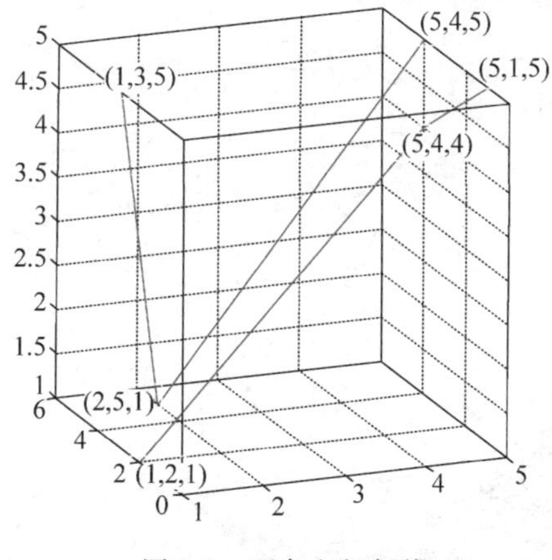

图 1-9 两条空间折线

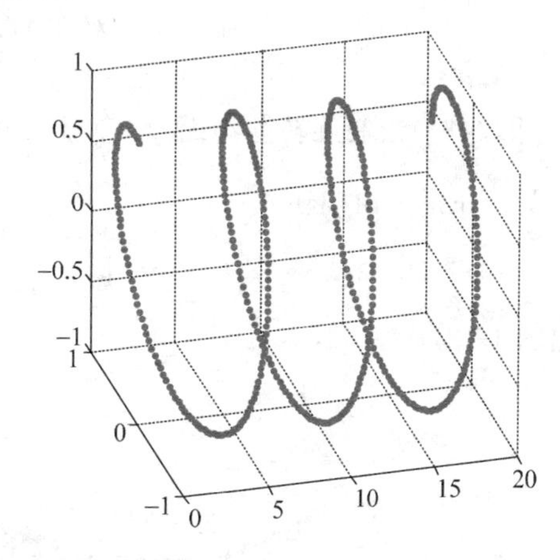

图 1-10 空间螺旋线

2. 根据函数绘图

常用的三维隐函数绘图指令有两个：ezmesh 和 ezsurf，其调用格式分别为：

```
>> ezmesh('fun', lims)      % 绘制空间网线图 ↵
>> ezsurf('fun' lims)       % 绘制空间曲面图 ↵
```

指令中的输入参数 fun，是函数的解析表达式或它们的变量名称。指令中输入的参数 lims=[xmin,xmax,ymin,ymax]，规定了绘图范围，前两个参数规定 x 的范围，后两个规定 y 的范围，省略 y 的范围时视 y 与 x 范围相匹配，全省略时默认取为[－2＊pi，2＊pi，－2＊pi，2＊pi]。

例 1.47 绘制出双曲抛物面(鞍形曲面)$z=\frac{x^2}{2}-\frac{y^2}{3}$的网线图。

解 在指令窗中输入：

```
>> ezmesh('x^2/2 - y^2/3'),box ↵
```

得出图 1-11。

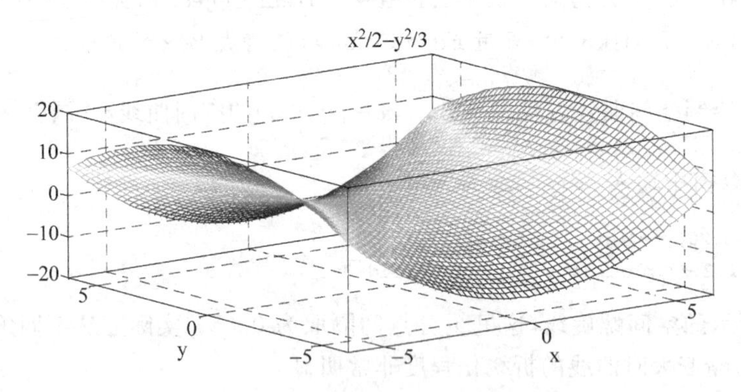

图 1-11 双曲抛物面网线图(网格间镂空)

例 1.48 绘制旋转抛物面 $z=\frac{x^2}{3}+\frac{y^2}{4}$ 的曲面图。

解 在指令窗中输入：

```
>> ezsurf('x^2/3 + y^2/4'),box ↵
```

得出图 1-12。

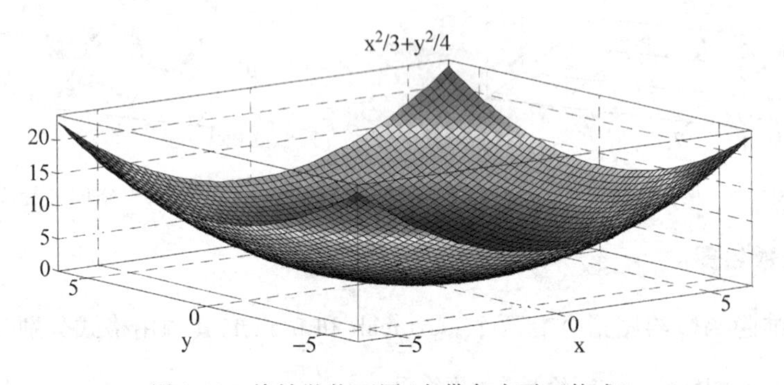

图 1-12 旋转抛物面图(由带色小平面构成)

3. 三维图色彩的控制

一些常用的典型颜色,可用表 1-14 中的标识符控制。

表 1-14 典型色图及其标识符

色图名称	标识符	色图名称	标识符	色图名称	标识符
蓝色调图	bone	黑红黄白图	hot	线性灰度色图	gray
青色调图	cool	变体色图	jet	红白蓝黑色图	flag
铜色调图	copper	饱和色图	hsv	若想使图线为青色,输入:	
粉红色图	pink	光谱色图	prism	>> colormap(cool) ↵	

这些标识符是颜色配比的英文名称或缩写,只要在指令窗中输入>> colormap(色调名),以后画出的图线就是典型的色图。例如,在指令窗中输入:

```
>> colormap (gray) % 使图线成为灰色 ↵
```

此后便会画出灰色图线。

实际上指令 colormap 本身也代表着一个默认的 64×3 的色度矩阵。另外,该指令也用于查询当前绘图色度设置矩阵,只需输入>> colormap ↵ 便可得知。

1.7 MATLAB 语言编程

MATLAB 语言是建立在 C、C++语言基础之上的,其运算单元是矩阵,这使得它的编程形式、程序结构和语法规则都比较简单,使用非常方便。

在 MATLAB 软件中可以编辑两类文件:临时文件和永久文件,下面分别予以简介。

1.7.1 临时文件

临时文件是在指令窗中随用随编的简单"行程序"文件,不能存盘,关机即逝。不过由于编辑和使用简单方便,求解代数或微分方程组时也常用到它们。它分为两种:内联函数文件和匿名函数文件。

1. 内联函数

内联函数是在指令窗中用指令 inline 定义的行程序文件,定义的格式为:

```
>> 标识符 = inline(函数表达式) ↵
```

于是指令中输入的标识符被定义成文件名;函数内容是用字符表达式描述的函数。回车则定义成功,关机前可以多次反复调用,其调用格式为:

```
>>内联函数文件名(变量值)↵
```

输出用“变量值”代换了内联函数里“函数表达式”中的“变量”结果。

例 1.49 把函数 $f(x)=x^2+\sin^3 x-e^{-x}$ 编辑成名为“li1_49”的内联函数，并求出当 $\boldsymbol{x}=\boldsymbol{a}=\begin{bmatrix}3\pi & 5 & 2\\ 7 & 10 & e\end{bmatrix}$ 时 $\boldsymbol{A}=f(\boldsymbol{a})$ 的值。

解 由于变量值 $\boldsymbol{a}$ 是数值矩阵，函数表达式中必须使用数组运算符号。

在指令窗中输入：

```
>> li1_49 = inline('x.^2 + sin(x).^3 - exp( - x)'); % 编辑临时文件
>> a = [3 * pi 5 2;7 10 log(1)]; % 给矩阵 a 赋值
>> A = li1_49 (a) % 把矩阵 a 代入内联函数 ↵
   A =
            88.8264    24.1115      4.6165
            49.2827    99.8389    - 1.0000
```

表明当 $\boldsymbol{x}=\boldsymbol{a}=\begin{bmatrix}3\pi & 5 & 2\\ 7 & 10 & e\end{bmatrix}$ 时，函数 $f(x)=x^2+\sin^3 x-e^{-x}$ 为一数值矩阵 $\boldsymbol{A}$，于是可得：

$$f(3\pi)=(3\pi)^2+\sin^3(3\pi)-e^{-3\pi}=88.8264,\quad f(5)=24.1115$$

$$f(2)=4.6165,\quad f(7)=49.2827,\quad f(10)=99.8389,\quad f(e)=-1$$

2. 匿名函数

匿名函数是在指令窗中用符号@定义的临时文件，它的定义格式为：

```
>>标识符 = @(变量列表) 函数内容 ↵
```

指令中输入的“变量列表”应列出“函数内容”里用到的变量，但不包括工作空间中已有的变量，因为匿名函数可以直接使用它们。回车后，指令中的“函数内容”被定义成名称为“标识符”的匿名函数。

匿名函数比内联函数更简洁、更容易掌握和便于使用，它的运行速度也更快，比编辑成永久文件方便实用。例如，要定义函数 $f(x,y)=ax^2+a^2y^3$，若工作空间中已经用过变量 a 和 b，则可在指令窗中输入：

```
>>标识符 = @(x,y) a * x.^2 + a^2 * y.^3 ↵
```

这个标识符就代表函数 $f(x,y)=ax^2+a^2y^3$。关机前可以随意给变量 x 和 y 赋值，甚至可赋予它们数值矩阵，回车便可得出函数 $f(x,y)$ 的值。例如，在指令窗中输入：

```
>> a_b1 = @(x,y)5 * x.^2 + 3 * y.^3;
>> x = [2 1;5 8];y = [3 4;6 9];
>> A = a_b1(x,y) ↵
   A =
```

```
101        197
773        2507
```

1.7.2 永久文件

为使编写的程序能够存盘，便于长期使用，则需要在编辑调试窗中编辑永久文件，它只能在编辑(调试)窗中编辑、调试和保存，关机依然存在，开机即可调用。

1. 编辑调试窗

在指令窗中单击快捷按钮 ，或者依次单击菜单命令File→New→M-File，屏幕上就会出现图1-13所示的编辑调试窗，简称编辑窗。该视窗界面最上一行是主菜单，从左向右共9个，常用的依次为：File(文件)、Edit(编辑)、Text(正文)、Debug(调试)和Help(帮助)等。每个主菜单下面都含有若干个子菜单，调用方法与指令窗中的一样。

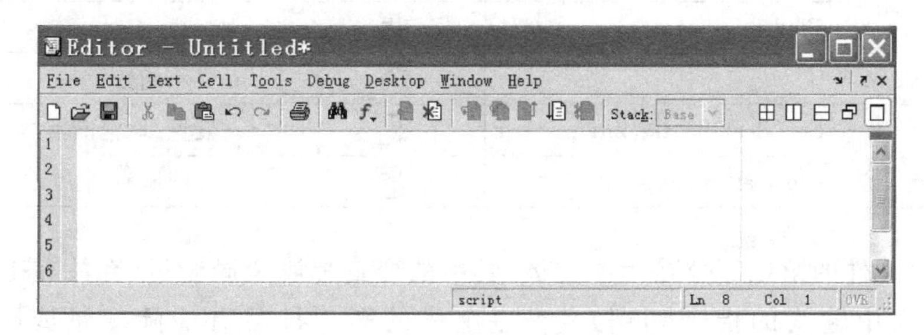

图1-13 MATLAB的编辑调试窗

界面上主菜单下面一行有一排小图标，将常用的13个小图标及其相应的子菜单列在表1-15中。

在编辑窗中完成的文件，加以调试并予以保存，然后单击编辑窗界面右上角的小图标 ，则可退出编辑窗。

凡在编辑窗中用MATLAB语言编写的程序，统称为M-文件(属于永久文件)，其扩展名为“.m”。这种文件又分为两类：M-指令文件(script file，也叫脚本文件)和M-函数文件(function file)，下面分别予以介绍。

2. M-指令文件

M-指令文件由一连串的MATLAB指令集合而成，如果在指令窗中调用它，相当于调用文件中的一批指令，当执行完所有指令后，就返回指令窗。指令文件具有以下特点：

(1) 指令文件第一部分的每行都以“%”开头，是一些英语或汉语的注释文字，用于说明文件的功能和用法，运行中不予执行。

表 1-15 编辑调试窗中的快捷按钮与相应菜单功能对照表

菜单		快捷按钮小图标	功能
主菜单	子菜单		
File(文件)	New/M-File		新建 M-文件
	Open...		打开 M-文件
	Save		把编辑的 M-文件存盘
	Print...		打印
Edit(编辑)	Undo		撤销刚才的操作
	Redo		恢复刚撤销的操作
	Cut		剪切
	Copy		复制选定的内容
	Paste		粘贴剪下或复制的内容
	Find text		查找
Show functions			显示函数
De bug (调试)	Set/clear breakpoint		设置/取消断点
	Clear all breakpoints		取消所有断点

(2) 指令文件的第二部分是程序主体,其中的变量都属全局变量(存放在工作空间中,可以被指令窗中输入的指令调用)。程序主体的第一行写有清除变量或图形的指令"clear"、"clf"等,以便清除原存的变量和图线。

下面通过实例说明编制 M-指令文件的步骤和格式。

例 1.50 编写一个 M-指令文件,由键盘输入矩阵变量 $\mathbf{A}=[a]$时,求出 $\mathbf{A}$ 中各元素 a 的函数值 $y(a)=a^2+(\sin a)^3-e^{-a}$。

解 编写 M-指令文件一般都按下述步骤进行。

(1) 编辑程序

打开编辑窗,在编辑窗中输入如下程序(小字部分):

第 1 部分:

```
%求出矩阵 A 中各元素的函数值
% 函数为 y = a² + (sina)³ - e⁻ᵃ
```

第 2 部分:

```
clear
  A = input('输入自变量(数值、向量或矩阵)A = ')
  disp('[A.^2 + sin(A).^3 - exp( - A)] = ')
  disp([A.^2 + sin(A).^3 - exp( - A)])
```

(2) 将上述程序存盘

单击编辑窗中的快捷按钮，在弹出的 Save File As 对话框下面的文件名(N)栏内填写“Li1_50”(也可另起它名)，单击右下方的[保存(S)]按钮。

(3) 退出编辑窗，回到指令窗。

在指令窗中输入：

```
>> Li1_50 ↲
输入自变量 A = (由键盘输入数值矩阵:[3 * pi 5 2;7 10 sqrt(5)]) ↲
    A =
                            9.4248      5.0000     2.0000
                            7.0000      10.0000    2.2361
    A.^2 + sin(A).^3 - exp( - A) =
                            88.8264     24.1115    4.6165
                            49.2827     99.8389    5.3801
```

3. M-函数文件

在编辑窗中用 MATLAB 语言编写的具有函数功能，即“输入自变量便可得出函数值”的文件，称为 M-函数文件。函数文件的结构较为复杂，需要学习专用的编程语法和规律。这里只介绍 M-函数文件的结构，其他内容在“1.7.3 编程知识”一节中介绍。

M-函数文件的格式是固定的，其结构分为两部分：

第 1 部分是函数功能的说明文字，每行都以%开头。

第 2 部分是运行程序：第一行用“function”开头，然后用函数通用格式“$y=f(x)$”的形式，明确定义函数的自变量为 x、函数值为 y 和函数名称为 f。此处的 x、y 和 f 均可自行选用，但是函数名 f 必须用标识符，这里的自变量 x 是“局部变量”，即只在该文件内部起作用的变量，在工作空间中不起作用，除非写入 global x 使 x 成为全局变量。

把编写完成的文件用已确定的标识符 f 为文件名称存盘。

例 1.51 编写 M-函数文件，用它可以求出矩阵 **A** 中各元素 a 的函数值：函数为 $y=f(a)=a^2+\sin^3 a-\mathrm{e}^{-a}$。

解 通常按下述步骤编写 M-函数文件：

(1) 编写程序

打开编辑调试窗，在其中输入下述内容：

```
% 求出矩阵 A 中各元素 a 的函数值，函数为:
% y = f(a) = a² + sin³a - e⁻ᵃ
function f1 = Li1_51(A)     % 可以写入多个输入参量
f1 = A.^2 + sin(A).^3 - exp( - A);
```

(2) 将文件存盘

单击编辑窗中的快捷按钮，在弹出的 Save File As 对话框下面的文件名(N)栏目内填写“Li1_51”(也可另起它名),单击右下方的保存(S)按钮。

(3) 回到指令窗

这时欲求出$\boldsymbol{A}=\begin{bmatrix}3\pi & 5 & 2\\ 7 & 10 & \sqrt{5}\end{bmatrix}$中各元素$a$为自变量时函数$y=f(a)$的取值,可在指令窗中输入:

```
>> y = Li1_51([3 * pi 5 2;7 10 sqrt(5)])
    y =
                    88.8264      24.1115     4.6165
                    49.2827      99.8389     5.3801
```

表明:

$$f(\boldsymbol{A})=\boldsymbol{A}^2+\sin^3\boldsymbol{A}-e^{-\boldsymbol{A}}=\begin{bmatrix}88.8264 & 24.1115 & 4.6165\\ 49.2827 & 99.8389 & 5.3801\end{bmatrix}$$

*1.7.3 编程知识

用MATLAB语言编辑程序时,需要掌握一些基础知识方可编辑复杂程序,下面对此略加介绍。

1. 关系与逻辑运算

编程中经常要对两个变量或数值的大小进行比较,以便判断和确定下一步运算程序。把这种比较判断称为关系运算,关系运算的结果是个二值逻辑量,即只取1或0:取1表示真(T),取0表示假(F)。

关系运算的符号及其意义列在表1-16中。

表1-16 关系运算符号及意义

符 号	==	~=	<	<=	>	>=
意 义	相等	不相等	小于	小于等于	大于	大于等于

两个同维数矩阵间也可以进行关系运算,规定为它们对应元素间的关系运算。运算结果仍然是一个矩阵,与参与运算矩阵的维数一样,其元素只能取0或1,这种矩阵称为布尔矩阵。

MATLAB软件中还允许“数”与“数值矩阵”间进行关系运算,规定为这个数与矩阵的每个元素进行关系运算,运算结果是一个与矩阵维数相同的布尔矩阵。

该软件还规定,两个逻辑量之间可以进行“与”、“或”和“非”三种基本逻辑运算以及由它们组合而成的“异或”逻辑运算。逻辑运算中非零元素的逻辑量是1(或T),表示“真”;零元素的逻辑量是0(或F)，表示“假”。常用的逻辑运算符列在表1-17中。

表1-17 逻辑运算符号及其意义

符号	&	|	～	xor
意 义	与	或	非	异或

MATLAB软件中允许数与数值矩阵间进行逻辑运算，运算规则与关系运算相同，是数与矩阵中各个元素间的逻辑运算。设 A 和 B 为两个逻辑量(只取0和1)，对它们进行逻辑“与”、“或”、“非”和“异或”运算时，所得结果列于表1-18中。

表1-18 逻辑运算真值表

逻辑量及其运算	A	B	$\sim A$	$\sim B$	$A\&B$	$A\|B$	xor(A,B)
真值(逻辑量)	1	1	0	0	1	1	0
	1	0	0	1	0	1	1
	0	1	1	0	0	1	1
	0	0	1	1	0	0	0

2. 控制流程指令

编写M-函数文件时，常常需要在程序中设置一些查看、检验、修改和人机对话等的控制指令，用于控制流程的暂停及运行等，它们在文件的编辑、使用，特别是在调试和修改中非常重要。表1-19中列出了一些常用的流程控制指令。

表1-19 控制流程指令

控 制 指 令	作 用
a=input('Please input a number:')	等待由键盘输入变量 a 的数据
pause(n)	暂停 n 秒，然后继续运行程序
echo on	运行并显示程序，直到出现echo off才不再显示
break	中止循环，跳到包含它的最小循环体外
keyboard	暂停运行并切换到指令窗，直到输入return回车才继续运行

3. 程序结构

组成计算机程序的各种语句可以分成两类：运算语句和控制语句，前者是程序的基础，后者为程序所必需。编写程序的主要任务是安排和控制运算语句顺序，使它的运算简捷，顺序合理，节省机时。常用程序语句的结构分为三类：顺序结构、循环结构和分支结构。顺序结构语句就是从前到后，依照计算语句排序自然地逐条执行，像 M-指令文件一样，这里不再赘述。循环和分支结构语句则不全按计算语句的排序执行，通过控制语句可使中途变更运行顺序，它们是学习编程中需要重点关注的内容，下面分别加以介绍。

1) 循环语句

程序运行中，经常遇到一些有规律的重复演算，在程序中就是多次反复执行同一条语句，即反复循环使用同一组运算指令，直到满足某个条件才结束循环。该软件中设有两种循环结构的语句。

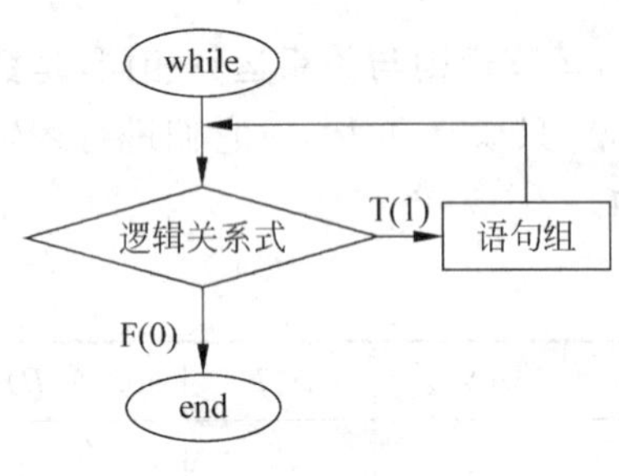

图 1-14 条件循环语句流程图

(1) 条件循环语句

该语句以 while 开始 end 结束，流程如图 1-14 所示。在 while 之后的逻辑关系式规定了执行语句组的条件：逻辑关系式得 1(真)，则执行语句组，然后再返回逻辑关系式；逻辑关系式得 0(假)，则向后执行 and 结束循环，跳出 while-end 循环体，往后运行。

例 1.52 编一个 M-函数文件，使其求出 $\sum_{n=1}^{m} n^2 > 10^4$ 的最小整数 m。

解 由于 $\sum_{n=1}^{m} n^2 = 1 + 2^2 + 3^2 + \cdots + m^2$，用条件循环语句 while-end 实现。

在编辑窗中输入：

```
clear
a = 0; n = 1;
while  a < 1e4                    % 规定继续执行语句组的条件,1e4 即 10^4
  a = a + n^2; n = n + 1;          % 语句组
end,m = n - 1,a                    % 结束循环,显示 m 和 a 的得数
```

单击编辑窗上的按钮，在弹出的 Save File As 对话框下面的文件名(N)栏内填写"Li1_52"(也可另起它名)，单击界面右下方 保存(S) 按钮，完成保存后回到指令窗中。

在指令窗中输入：

```
>> Li1_52 ↵
```

得出 $m=31$ 和 $a=10416$。

(2) 次数循环语句

该语句以 for 开始 end 结束，流程如图 1-15 所示。在 for 之后执行的循环次数表达式规定了运行语句组的次数，完成之后则到达 end，结束循环。

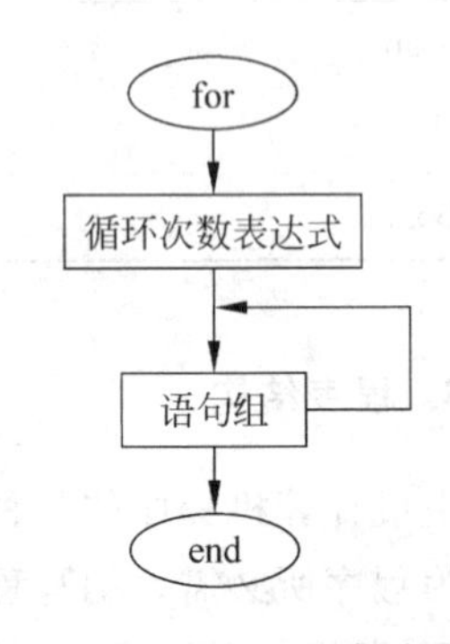

图 1-15 次数循环语句流程图

例 1.53 建一个 M-函数文件，使其能输出范德蒙德矩阵：

$$D=\begin{bmatrix}1&1&1&1\\4&5&2&3\\4^2&5^2&2^2&3^2\\4^3&5^3&2^3&3^3\end{bmatrix}=\begin{bmatrix}1&1&1&1\\4&5&2&3\\16&25&4&9\\64&125&8&217\end{bmatrix}$$

解 根据范德蒙德矩阵的特点，应首先输入它的基本向量 $\boldsymbol{a}=[4\ 5\ 2\ 3]$，第 n 行各元素的取值是 $\boldsymbol{a}$ 的 $(n-1)$ 次方，即 a.^(n−1)。所以在编辑窗中输入如下程序：

```
clear
a = input('输入范德蒙德矩阵的基本向量 a = ');
  n = length(a);
  for  k = 0:n - 1                          % 规定执行语句组的次数
    D(k + 1, :) = a.^k;                     % 给矩阵 D 的第(k + 1)行赋值
  end,  D
```

给文件起名“Li1_53”，并存盘。回到指令窗中，输入：

```
>> li1_53 ↵
```

则屏幕显示：

```
输入范德蒙德矩阵的基本向量 a =  % 提示由键盘输入 a
```

若输入：

```
>>[4 5 2 3]  ↵
  D =
                           1    1    1    1
                           4    5    2    3
                          16   25    4    9
                          64  125    8   27
```

2）分支结构语句

分支结构语句也称条件转移语句。复杂的计算过程中有时需要根据表达式满足的条件确定下一步进行哪一项工作，为此软件中设有分支(条件)结构语句。

(1) 单条件分支语句

该语句以 if 开始 end 结束，流程如图 1-16 所示。

在 if 之后的逻辑关系式规定了执行语句组的条件：若逻辑关系式得出 1，就执行下面的语句组，否则就跳过语句组到 end 结束程序。

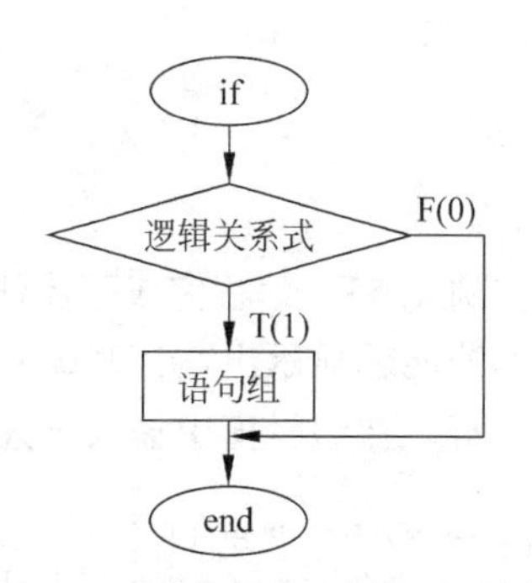

图 1-16 单条件分支语句流程图

例 1.54 编一个程序，能列表显示 $x=0:0.3:4$、函数 $y=x^2-2\sin x$ 小于零的值，并显出表头。

解 利用次数循环语句 for-end 和 if-end 的结合，编辑如下程序：

```
clear,disp('   x    y = x^2 - 2sin x')        % 显示函数表的表头
for x = 0:0.3:4                              % 规定执行语句组的次数
    y = x^2 - 2 * sin(x);                    % 计算函数值语句组
if y < 0
    disp([x,y])                              % 显示 x 和 y 为负数的数据
  end
end
```

以 Li1_54 为文件名存盘后，在指令窗中输入：

```
>> li1_54 ↵
             x              y = x^2 - 2sin x
           0.3000            - 0.5010
           0.6000            - 0.7693
           0.9000            - 0.7567
           1.2000            - 0.4241
```

(2) 双条件分支语句

这种语句以 if 开始 end 结束，流程如图 1-17 所示。在 if 之后用“逻辑式”规定执行语句 A 的条件，若不满足该条件就执行语句 B。

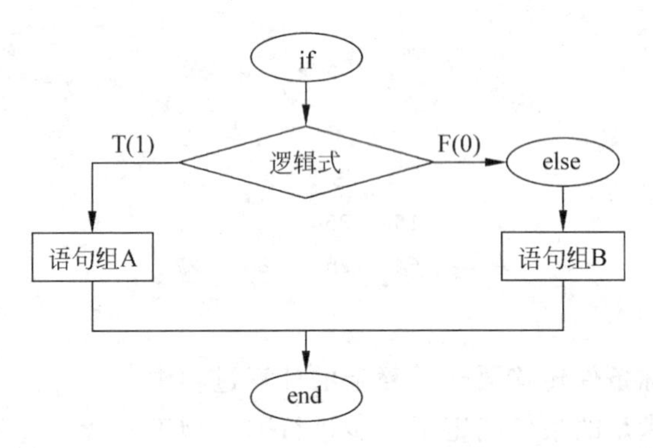

图 1-17 双条件分支语句流程图

例 1.55 编程完成下述任务：判断由键盘随机输入的数 n 能否使函数 $y=n^2-n^3\sin n>100$，若能就显示出“$y>100$”；否则显示出“$y\leqslant 100$”。

解 在编辑窗中输入下述程序：

```
clear, n = input('n = ')
  if n^2 - n^3 * sin(n)< = 100
     'y< = 100'
```

```
  else
    'y>100'
end
```

(3) 递阶分支语句

有些程序中的运算关系较为复杂,大条件下还有小条件,要求根据分层条件确定运算顺序,流程如图 1-18 所示。这种分层条件语句称为递阶选择分支语句,它可以实现多路选择。

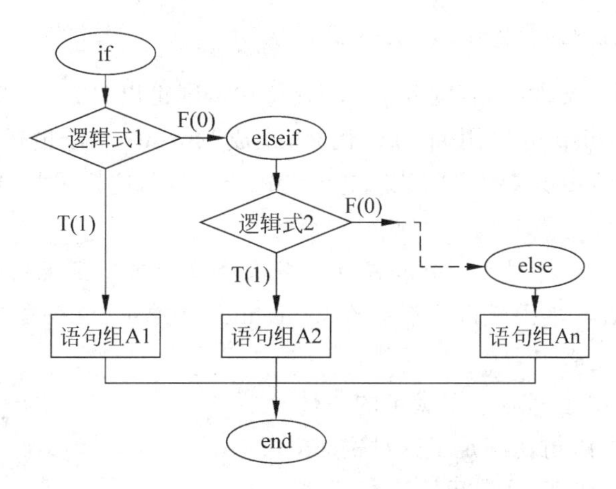

图 1-18 递阶选择分支语句流程图

例 1.56 由键盘输入任一自变量时,判断函数 $y=x^4-19x^3+32$ 是负数、偶数,还是其他。

解 先判断函数 y 的正负,再判断其奇偶性,据此在编辑窗中输入如下程序:

```
clear, x = input('输入自变量 x = ')
   % 由键盘输入自变量 x
  if x^4 - 19 * x^3 + 32 < 0    % 判断函数 y 是否为负数
    a = 'negative'
  elseif  rem(x^4 - 19 * x^3 + 32,2) == 0    % 判断 y 是否为偶数
    a = 'even'
  else
    a = 'odd'
  end
```

循环和分支语句可以互相嵌套,形成更为复杂结构的程序语句。下面的例 1.57 就是一个这类嵌套结构的简单例子。

例 1.57 鸡兔同笼,共有 36 个头和 100 只脚,问鸡兔各有多少?

解 鸡有两只脚,兔有四只脚。若鸡和兔共有 p 个头、q 只脚,又设有 n 只鸡,则$(q-2n)$应该能被 4 整除,其商数即为兔的头数。据此原理,在编辑窗中编辑如下程序:

```
% 鸡兔同笼,总头数为p,总的脚数为q,求鸡兔各有多少
clear, p = input('总头数 p = ');q = input('总的脚数 q = ');
  n = 1;            % 设起码有 1 只鸡,可以多设
while 1             % while 后的逻辑值为 1 时将无限循环下去
  if rem(q - n * 2,4) == 0 & (n + (q - 2 * n)/4) == p
           break
  end
      n = n + 1;
end
disp('鸡的只数'),n,disp('兔的只数'),p - n
```

在指令窗中调用该文件时,若输入 $p=36,q=100$,则得出鸡数 $n=22$,兔子数=14。

最后的显示语句 disp 可以用 sprintf 代替,换成“sprintf('总共有鸡兔%d 只,它们共有%d 只脚,则其中有%d 只鸡,%d 只兔。'[p q n p−n])”,这样可将全部内容都显示在同一行内。

注:程序的缩进格式有利于检查和修改。多次修改后若不呈现缩进格式,可用选中程序的全部内容,右击后再单击弹出菜单中的 smart indent 选项,便会自动调节成缩进格式。

(4) 多路选择分支语句

有些程序中的某次运算需根据满足的条件来选择,多路选择分支语句就满足了这种需求,该语句的流程如图 1-19 所示。开始运行后若表达式输出的数值(或字符串)与某个 case 后的数值 i 或字符串一致时,就执行该 case 后的语句组 Ai;若它与其后所有 case 后的数值或字符串 i 都不相符,就执行最后一个语句组 An。

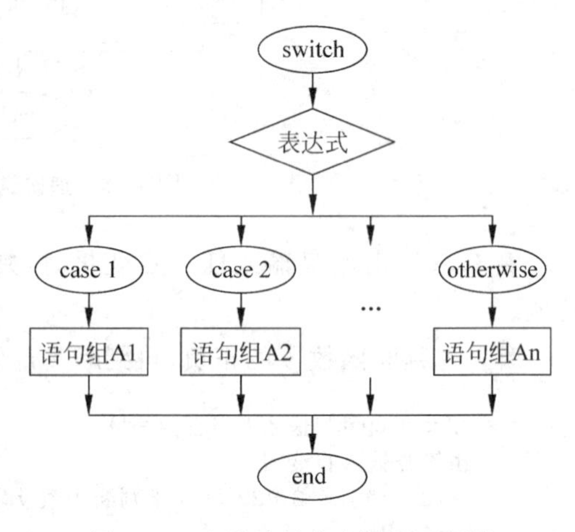

图 1-19 多路选择分支语句流程图

“多路选择分支语句”和“递阶选择分支语句”的功能类似。不过该语句的选项不是逐级向下,而是根据 switch 后的“表达式”结果确定的,表达式的结果可以是数或字符串,它与哪个 case 后面的内容一致,就执行其后的语句组。

例 1.58 编程判断并显示当输入自变量 x 的具体数值时,函数 $y=x^4-19x^3+x+32$ 是奇数、偶数(不分正负),还是其他数。

解 可以用多路选择分支语句,在编辑窗中输入下述程序:

```
%多路选择分支语句
clear, x = input('x = ');          %由键盘输入自变量 x
y = x^4 - 19 * x^3 + x + 32        %计算函数值
switch mod(y,2)                    %得出 y 被 2 除的余数
```

```
case 1                              % 余数为 1 时,y 是奇数
    disp('是奇数')
case 0                              % 余数为 0 时,y 是偶数
    disp('是偶数')
otherwise
    disp('是非奇非偶数')
end
```

思考与练习题

1.1 用 help 和 type 指令分别查看“linspace”指令的说明和程序,比较这两个查询指令的差异。

1.2 已知 $\boldsymbol{a}_1=\begin{bmatrix}5 & 12 & 47\\ 13 & 41 & 2\\ 9 & 6 & 71\end{bmatrix}$,$\boldsymbol{a}_2=\begin{bmatrix}12 & 9\\ 6 & 15\\ 7 & 21\end{bmatrix}$,计算 a1 * a2、a1(:,1:2) * a2、a1 ^2 和 a1(:).^2。

1.3 将上题 $\boldsymbol{a}_2$ 左旋 90°作为 $\boldsymbol{a}_1$ 的第四、五行构成 $\boldsymbol{b}_1$,再把 $\boldsymbol{b}_1$ 的第四行、第一列的元素和第五行、第三列的元素,分别赋给 $\boldsymbol{c}_1$ 和 $\boldsymbol{c}_2$。求 $\boldsymbol{b}_1$、$\boldsymbol{c}_1$、$\boldsymbol{c}_2$ 及 b1(3:4,:) * a2。

1.4 计算 a1 + 5a1' - E 和 $\mathrm{a1}^3$ - $\mathrm{rot90(a1)}^2$ + 6E,E 是与 a1 同维的单位方阵。

1.5 设 $s=5$,计算 s - a1、s * a1、s. * a1、s ./a1 和 a1./s,比较它们的差异。

1.6 已知 $\boldsymbol{c}=\begin{bmatrix}1 & 2 & 3 & 4\\ 5 & 6 & 7 & 8\\ 9 & 10 & 11 & 12\\ 13 & 14 & 15 & 16\end{bmatrix}$ 求 $\boldsymbol{c}^{-4}$、$(\boldsymbol{c}^3)^{-1}$、$(3\boldsymbol{c}+5\boldsymbol{c}^{-1})/5$。

1.7 已知 $\boldsymbol{a}=\begin{bmatrix}1 & \mathrm{i} & 3\\ 9\mathrm{i} & 2-\mathrm{i} & 8\\ 7 & 4 & 8+\mathrm{i}\end{bmatrix}$,求 $\boldsymbol{a}$ 的转置矩阵。

1.8 已知 $\mathrm{abc}=\begin{bmatrix}-2.57 & 8.87\\ -0.57 & 3.2-5.5\mathrm{i}\end{bmatrix}$,用取值函数求出:m1 = sign(abc),m2 = round(abc),m3 = floor(abc)和 m4 = imag(abc),理解其数学意义。

1.9 已知 $\boldsymbol{x}=[1\ 4\ 3\ 2\ 0\ 8\ 10\ 5]^{\mathrm{T}}$,$\boldsymbol{y}=[8\ 0\ 0\ 4\ 2\ 1\ 9\ 11]^{\mathrm{T}}$,求它们的内积$[\boldsymbol{x},\boldsymbol{y}]$(可以用矩阵积和点积指令两种方法)。

1.10 已知 $\boldsymbol{a}=3.82\,\boldsymbol{i}+5.71\boldsymbol{j}+9.62\,\boldsymbol{k}$,$\boldsymbol{b}=7.31\boldsymbol{i}+6.42\,\boldsymbol{j}+2.48\,\boldsymbol{k}$,求数量积 $\boldsymbol{a}\cdot\boldsymbol{b}$ 和向量积 $\boldsymbol{a}\times\boldsymbol{b}$。

1.11 求一个多项式,使它的根为:5、7、8、0 和 1。

1.12　求出当 $x=45$、-123 和 579 时，多项式 $3x^5+9x^3+60x^2-90$ 的值。

1.13　已知 $p_1(x)=13x^4+55x^3-17x+9$，$p_2(x)=63x^5+26x^3-85x^2+105$，求 $p_1(x)\ p_2(x)$ 和 $p_2(x)/p_1(x)$。

1.14　利用数组函数指令造一张表，显示 x 从 0.01 到 $\pi/4$、以步长 0.1 变化时，下述几个函数的取值：$\cos x$，$\ln x$，x^3 和 $\sqrt{x}$。

1.15　求当 $t=0.5$、3、e 和 1.2 时，$f(t)=t^5-\frac{3}{t^3}+t\,\mathrm{e}^{-t}\sin t-97$ 的值。

1.16　已知矩阵 $\boldsymbol{a}_1=\begin{bmatrix}\sin x-\cos x & \ln x^2\\ \mathrm{e}^{2x} & x^2+5\end{bmatrix}$，$a2=\begin{bmatrix}\cos x & 1-\ln x^2\\ \mathrm{e}^{-x} & -x^2\end{bmatrix}$，计算 $\boldsymbol{a}_1^{-1}$，$\boldsymbol{a}_1+\boldsymbol{a}_2$，$\boldsymbol{a}_1\boldsymbol{a}_2$，$\boldsymbol{a}_1/\boldsymbol{a}_2$。

1.17　求函数 $z=\sin(x\cos y)$ 的全微分。

1.18　计算当 $x=5$ 时 $\sum\limits_{n=1}^{5}\frac{x^{n+1}}{n+1}$ 的值。

1.19　将 $f(x)=\ln(x+a)$ 展开成麦克劳林级数和 $(x-3)$ 的 4 次幂级数。

1.20　用数据绘图指令在同一个画面上绘制出：

(1) x 从 -5 到 6，$y=0$ 的线段；　　(2) y 从 -6 到 3，$x=0$ 的线段。

1.21　用函数绘图指令在同一画面上绘制下述函数曲线：$y=x-4$，$y=x^2$。

1.22　绘制空间曲线：$\begin{cases}x=3\cos t\\ y=3\sin t\\ z=3t\end{cases}$。

1.23　已知 $\boldsymbol{a}_1=\begin{bmatrix}1 & 2 & 3\\ 4 & 5 & 6\\ 7 & 8 & 9\end{bmatrix}$，$a_2=5$。求 a3=a1≥a2（注意：=是赋值号）的运算结果。

1.24　求数值矩阵 $\boldsymbol{a}_4=\begin{bmatrix}1 & 0 & -5 & 0 & 9\\ 3 & -2 & 0 & 6 & 0\\ 0 & 0 & 5 & 7 & 8\end{bmatrix}$ 的"非"，$\boldsymbol{a}_4$ 和 0 的"异或"。

*1.25　已知 $f(x)=\begin{cases}x^2, & x<1\\ 2x^2-1, & 1\leqslant x<10\\ 3x^2, & x\geqslant 10\end{cases}$，编程求当 $x=-3$、8 和 54 时 $f(x)$ 的值。

误差和MATLAB的计算精度

把客观事物抽象化并建立起数学模型，再对数学模型进行计算，得出所要的结果，这个研究过程中始终存在着误差问题。

本章介绍误差的基本理论，着重介绍数值计算过程中产生的误差，以及用 MATLAB 软件进行数值计算中的精度选取问题。最后介绍设计算法中应该注意的事项。

2.1 误差

用数学方法解决实际问题的过程中，数据和客观事物的真值之间总会存在差异，把这种差异称为误差。误差是一种客观存在，只能减少不能根除，为了尽量减少误差，就需要了解误差的来源和性质。

2.1.1 误差的来源

解决科学和工程技术问题时，常常需要建立描述事物变化规律的数学模型，并对其中的各个物理量进行测量，然后进行理论研究和数值计算，……其中的每一步都会产生误差。从误差的来源上看，可以将其分成下列几类。

1. 模型误差

把事物变化的规律和特性数学化，即对客观事物进行抽象、提取、简化，最后表述成数学公式描述的模型，这个过程中客观实际和数学模型之间产生的差异称为模型(或描述)误差。例如，从离地面高度为 s 处落下的物体，研究下落时间 t 和下落距离 s 间的关系时，在忽略阻力等外界影响的情况下，可以近似地用自由落体规律描述成 $s(t)=gt^2/2$，(g 为重力加速度)。由这个数学模型算出的 $s(t)$ 和实际下落的距离 $\bar{s}(t)$ 的差值 $|\bar{s}(t)-s(t)|$ 就是模型

误差。

2. 观测误差

数学模型中各种变量(物理、化学、机械、电气等)的观测数据与事物本身客观实际间的差异,称为观测(或测量)误差。例如,在上述落体的例子中,测得的下落时间$\bar{t}$及距离$\bar{s}$往往受到测量仪器、观测方法等条件的限制和影响,记录数据与客观实际间总会存在一定的差异,这种差异就属于观测误差。

3. 截断误差

数学模型的表述,往往是很复杂的一个计算公式。然而,就是一个简单的积分表达式,也未必能够得出精确的结果,任何经过数值计算得到的只能是近似值。精确解析解和近似数值解之间的差异称为截断(或方法)误差。比如,根据某个数学模型,需要计算一个无穷级数:

$$\mathrm{e}^x = \sum_{n=0}^{\infty} \frac{x^n}{n!} = 1 + x + \frac{2^n}{2!} + \cdots + \frac{x^n}{n!} + \cdots$$

实际计算时只能取前面的有限项,比如说取 m 项,这就产生了一个误差:

$$\sum_{n=0}^{\infty} \frac{x^n}{n!} - \sum_{n=0}^{m-1} \frac{x^n}{n!} = \sum_{n=m}^{\infty} \frac{x^n}{n!}$$

这样出现的误差,就属于截断误差。

4. 舍入误差

计算过程中,参与运算的每个变量都只能取有限位数字,经常用“四舍五入”或其他方法处理这些数据。如此对数据进行多次“取舍”,必然使计算结果产生误差,这种误差称为舍入误差。例如,数值计算中经常用到的无理数 e、π 等,都有无穷多位小数,而运算中却只能取有限位的小数,这样引起的误差就属于舍入误差。

模型误差和观测误差产生于建模和测量过程,即从客观实际映射到数学模型的过程中,诸如怎样建立模型、建立什么样的模型以及如何进行测量等。这些工作多半属于各学科的专业问题,不属于纯粹数值计算研究的范畴。在数值计算中,着重研究的是根据数学模型进行“计算过程”中产生的截断误差和舍入误差。

2.1.2 误差的基本概念

数值计算中要用到许多有关误差的概念,这里只介绍几个常用的基本概念和术语。

1. 绝对误差及其误差限

设某个量的准确值为 x^*,它和算得的近似值 x 之差 $x^* - x$ 叫做近似值的绝对误差

(absolute error，它并不是误差的绝对值)，简称误差，记作：

$$\mathrm{ae}(x) = x^* - x$$

这样定义了误差之后，就可得出这个量的准确值 $x^* = x + \mathrm{ae}(x)$。由于误差有正有负，而且它的大小是基于一个无法得到的量——准确值 x^*，因此也就无法得到确切量 $\mathrm{ae}(x)$。但是，根据计算时的具体情况，可以估计出这个值的大体范围：

$$|\mathrm{ae}(x)| = |x^* - x| \leqslant s$$

把 s 叫近似值 x 的绝对误差限。由这个 s 可以知道准确值 x^* 的取值范围为：$x - s \leqslant x^* \leqslant x + s$。于是，准确值 x^* 也可以用近似值 x 和绝对误差限 s 表示成

$$x^* = x \pm s$$

例如，通常把光速记为：$c = (2.997925 \pm 0.000001) \times 10^{10}$ cm/s，这就表明公认的光速近似值为 2.997925×10^{10} cm/s，它的误差限为10^4 cm/s。

2. 相对误差及其误差限

绝对误差无法反映出近似程度的好坏。例如，算得一个数据为 1000 时，若误差限为 4，而算得另一个数据为 100 时，其误差限为 1，虽然后者的误差限小，但是在数据中所占的比例却比前者大，近似值的精确程度远远小于前者。为了反映数据的真实精确程度，定义绝对误差与准确值的比为近似值的相对误差(relative error)，记作：

$$\mathrm{re}(x) = \frac{\mathrm{ae}(x)}{x^*} = \frac{x^* - x}{x^*}$$

实际计算过程中准确值 x^* 总是无法知道的，所以在 $\mathrm{ae}(x)$较小时把相对误差记为：

$$\mathrm{re}(x) = \frac{\mathrm{ae}(x)}{x} = \frac{x^* - x}{x}$$

近似值 x 的相对误差 $\mathrm{re}(x)$越小，x 的精确程度越高。例如，前面举例中测得数据 1000 和 100 的相对误差分别为：1/250 和 1/100，显然前一个数据比后一个数据精确。

跟误差一样，相对误差也是有正有负的，同样不可能准确地得出来，只能估计出它的大小范围。如果确定出一个适当小的正数 se，使得它总满足下述关系：

$$|\mathrm{re}(x)| = \left|\frac{\mathrm{ae}(x)}{x}\right| = \left|\frac{x^* - x}{x}\right| \leqslant \mathrm{se}$$

则称 se 为近似值 x 的相对误差限。

实际上，常用绝对误差限 s 代替绝对误差 $\mathrm{ae}(x)$。当相对误差 $\mathrm{re}(x)$较小时，可以用下式计算相对误差限：

$$\mathrm{se} = \frac{s}{|x|}$$

在数值计算中，我们常常不说计算误差(无论是相对还是绝对误差)，而是说估算或估计误差，也就是确定误差限，因为误差限才具有实用的意义。

3. 有效数字

实际计算中,常常从认为是精确数据 x^* 的多位数字中采用“四舍五入”等方法把前面的有限位数 x 看作近似值。这时,近似值 x 的绝对误差限不会超过它末位数的半个单位。若精确值 $x^*=\mathrm{e}=2.718281828459045\cdots$,按照“四舍五入”的方法,则:

若取 $x_1=2.71828$,其绝对误差 $\mathrm{ae}_1(\mathrm{e})=0.0000018\cdots$,绝对误差限 $s_1=0.000005$;

若取 $x_2=2.7183$,其绝对误差 $\mathrm{ae}_2(\mathrm{e})=0.000018\cdots$,绝对误差限 $s_2=0.00005$。

通常如果近似值 x 的误差限 s 是某一位数上的半个单位,从该位数到 x 的左数第一位非零数共有 n 位,则称 x 有“n 位有效数字”。这样,上面的 x_1 有 6 位有效数字,x_2 有 5 位有效数字。由于有效数字和绝对误差限有上述关系,所以数值计算中常说一个量的有效数字是几位数,就意味着说出了它的绝对误差限。

有效数字和绝对误差限之间存在的上述关系,可以表示成下面的一般性关系式:设精确数据 x^* 的近似值 x 可以表示成

$$x = 0.d_1 d_2 d_3 \cdots d_n \cdots \times 10^p$$

其中,$d_1,d_2,\cdots,d_n,\cdots$ 都是从 0～9 之间的一个整数,且$d_1 \neq 0$,设其绝对误差为:

$$|\mathrm{ae}(x)| = |x^* - x| \leqslant \frac{1}{2} \times 10^{p-n}$$

则称 x 有 n 位有效数字,其绝对误差限 $s=\frac{1}{2}\times 10^{p-n}$。

例如某个数据的近似值 $x=0.23157\times 10^{-2}$,就说它有 5 位有效数字,表明它的绝对误差限是 $|x^*-x|\leqslant s=\frac{1}{2}\times 10^{-2-5}=\frac{1}{2}\times 10^{-7}$。

2.2 MATLAB 软件的计算精度

当今的数值计算都是在计算机上进行的,下面介绍计算机是如何表示数据和实施数值计算的。

*2.2.1 浮点数及其运算特点

为了使一个数值的数量级一目了然,科学计算中常常使用 10 的指数决定小数点的位置,而小数点的位置是可以浮动的。例如,可以把 0.0032416 和 852.176 分别表示成:

$$0.32416 \times 10^{-2} \text{ 和 } 0.852176 \times 10^3$$

把这种允许小数点浮动的数字表示方法称为浮点表示法,这样的数字称为浮点数。浮点数是计算机中通用的数字表示方法,它的一般表示形式为:

$$x=\pm(0.d_1\,d_2\,d_3\cdots d_t)\beta^p=\pm(d_1\beta^{-1}+d_2\beta^{-2}+\cdots+d_t\beta^{-t})\beta^p$$

其中：(1) β 为浮点数的基底，根据数的进制不同，其取值不尽相同：若为十进制数时，$\beta=10$；若为二进制数时，$\beta=2$；若为十六进制数时，$\beta=16$；……。

(2) p 是浮点表示的阶码，它有随计算机而异的下限 L 和上限 U，即 $L\leqslant p\leqslant U$。

(3) $0.d_1\,d_2\,d_3\cdots d_t$称为浮点数的尾数。$d_1,d_2,d_3,\cdots,d_t$均为正整数，规定当 $x\neq0$ 时，$d_1\neq0$，用以保证浮点数表示式的唯一性，这样的浮点数称为规格化浮点数。

(4) t 是用正整数表示的计算机字长，d_t满足下述关系：$0\leqslant d_i\leqslant\beta-1,i=1,2,\cdots,t$。例如，对于 10 进制中的数 0.0987450 和 2843.54912，其 $\beta=10,0\leqslant d_i\leqslant\beta-1=9,i=1,2,\cdots,t$，可分别表示成浮点数：$0.98745\times10^{-1}$和 0.284354912×10^4。

计算机中进行数量级(阶码)不同的两个数相加减时，先将其阶码统一成较大者，然后将其尾数相加减。例如，设 $x=0.3127\times10^{-6}$，$y=0.4153\times10^{-4}$，则：

$$x+y=0.0031\times10^{-4}+0.4153\times10^{-4}=0.4184\times10^{-4}$$

又如，

$$\begin{aligned}0.8961\times10^3+0.4688\times10^{-5}&\approx0.8961\times10^3+0.0000\times10^3\\&=0.8961\times10^3\end{aligned}$$

计算结果表明，大数“吃掉”了小数。

计算机中进行浮点数运算时，实数加法中的结合律、乘法对加法的分配律都不再成立。MATLAB 软件中，机器浮点运算误差限用 eps 表示，eps$=2.2204\times10^{-16}$。

2.2.2 软件的计算精度

1. MATLAB 中的三种运算方法及其精度

1) 数值算法

数值算法把参与运算的每个数值都取成 16 位有效数字，按浮点运算规则进行计算，得出运算结果的近似值，最多取 15 位小数。这是三种算法中运算速度最快的一种。

2) 符号算法

把参与运算的每个数据都变换成符号量，按有理数计算方法对它们进行运算，得出精确的结果(有理表达式)。

这种算法虽然精确，但占用机器内存空间较多，而且运算速度慢。实际上得出的精确结果并不实用，特别是当它为冗长的有理数表达式时。因此，往往要用变精度指令 vpa 把它转换成约定位数的有效数字。vpa 的使用格式为：

```
>> vpa(a, m) ↵
```

把符号量 a 转换成具有 m 位有效数字的近似值。虽然这个近似值形式上是数字，属性上仍是符号量。指令中若省略参数 m,则变换成默认精度(32 位有效数字)的近似值。

3) 可控精度算法

该方法介于上述两种算法之间,用控制精度指令 digits 使其按指定有效位数计算。指令 digits 的使用格式为:

```
>> digits(n) ↵
```

此后的运算均按 n 位有效数字进行,直到输入新的控制精度指令。

2. 数据的显示格式

MATLAB 软件中数值数据的运算和存储,不管按什么算法进行,但显示和打印时的格式都有十种之多(表 2-1),默认的数显格式为"4 位小数定点数"。变换数显格式可以用指令 format 控制,使用格式是在指令窗中输入:

```
>> format 数显标识符 ↵
```

此后所有数据都按此"数显标识符"规定的格式显示,直到更改数显格式。

表 2-1　在 format 之后的数显标识符

数显标识符	显示格式	举例(以 4π 的数值为例)
short	四位小数定点数	12.5664
short e	五位浮点数	1.2566e+001
short g	最优化短格式小数(自动选用定点或浮点数形式)	12.5663706143592
long	十四位小数定点数(>100 的整数或<0.001 的小数用浮点数表示)	12.56637061435917
long e	十六位浮点数	1.256637061435917e+001
long g	最优化长格式小数,最多显示十五位数	12.5663706143592
rat	近似有理数(分数形式)	1420/113
bank	(金融)两位小数	12.57
hex	十六进制	402921fb54442d18
+	表示出大矩阵的正、负或零的符号	显示数据的+、-
不加标识符	恢复默认的四位小数定点数	12.5664

例　在 MATLAB 软件中,分别用数值算法和符号算法计算 $c=9/7+0.5$。

解　(1) 用数值算法计算 c。在指令窗中输入:

```
>> c1 = 9/7 + 0.5, format long,c11 = c1 ↵
    c1 =

                                        1.7857

    c11 =

                                1.78571428571429
```

(2) 用符号算法计算 c。在指令窗中输入：

```
>> b1 = sym(0.5); b2 = sym(9/7);
>> c2 = b1 + b2 ↵
    c2 =
                                        25/14
```

用变精度函数 vpa 可把 $c2$ 分别转换成 6 位和 20 位有效数字近似值。在指令窗中输入：

```
>> c21 = vpa(c2,6), c22 = vpa(c2,20) ↵
    c21 =
                                        1.78571
    c22 =
                                 1.7857142857142857143
```

2.3 算法的设计

数值计算的过程中，选用不同的计算顺序和技术方法都会影响到计算结果的误差。为了提高计算精度，必须研究计算过程中计算方法的选用，以及运算顺序的一些科学规律，从中总结出设计算法的原则，指导算法的选择和编程。

2.3.1 算法的数值稳定性

实际计算过程中，由于数据运算顺序及计算方法的不同，同一个数学模型所得结果的误差也会大相径庭，这主要是由于初始数据的误差及其在运算过程中的传递造成的。我们把计算结果受到计算过程中舍入误差影响小的算法称为具有较好的“数值稳定性”。相反地，如果计算结果很容易被计算过程中的舍入误差所左右，就称这种算法是数值不稳定的。下面先看个例题，从中体会数值稳定性的意义，建立起数值稳定性的概念。

例如，求一元二次方程 $x^2+62.1x+1=0$ 的根。

根据一元二次方程 $x^2+2px+q=0$ 的求根公式 $x_{1,2}=-p\pm\sqrt{p^2-q}$，可以得出 7 位有效数字的近似解为：

$$x_1=-0.01610723,\quad x_2=-62.08390$$

若取四位有效数字近似解，得出两个根分别为：

$$x_1=-0.02000,\quad x_2=-62.10$$

从这个结果看，由于所取根的有效数字位数不同，致使两次算得结果的相对误差大不相同：x_1 的相对误差为 19.46%，而 x_2 的仅为 0.0259%。其原因在于该题中 $p^2\gg|q|$，表明

都用求根公式计算两个根时，其数值稳定性不好。

如果改换算法：在求取四位有效数字的根时，先算出 $x_2=-62.10$，然后再用根和系数的关系式 $x_1\times x_2=q$，据 $x_1=q/x_2$ 算出 $x_1=1/(-62.10)=-0.1610$，则数值稳定性就较好。

可见，在计算过程中应该选择数值稳定性好的计算方法，使计算结果尽量少受数据误差的影响。

2.3.2 设计算法的原则

根据数学家的研究，提出下面设计算法的一些基本原则，以供参考。

(1) 避免两个相近数的相减

当两个相近的数值相减时，由于其差很小，运算后的有效数字将比原始数据减少很多，从而会使运算结果的相对误差变得很大。

例如，在计算 $\sqrt{x+1}-\sqrt{x}$ 时，若 $x\gg1$，则会因为两数相差很小，容易产生较大的误差。若将原式变换成 $\sqrt{x+1}-\sqrt{x}=\dfrac{1}{\sqrt{x+1}+\sqrt{x}}$ 计算，就会使计算误差变小。

(2) 避免数量级很小的数被“吃掉”

两个数量级相差很大的数进行加减运算时，很小的数将会显得无足轻重，从而被“吃掉”。这时应该改变运算顺序，避免它们之间发生直接运算关系。

例如，在五位浮点计算机上计算 $x=12652+0.5+0.3+0.4$，按顺序计算时，结果得出12652，式中后三个数被吃掉了。若变换计算顺序，先将后三个数值较小的相加，然后再与大数相加，得出的结果则是 12653，计算误差就变小了。

(3) 尽量减少算法中的运算次数

运算过程中，每计算一步就会产生一次取舍误差，计算步数越多，累积误差就越大。因此，运算前首先需进行公式的化简，使其计算次数越少越好，这样不仅可以减少误差的积累，还能提高运算速度。

例如，计算多项式 $P_n(x)=a_nx^n+a_{n-1}x^{n-1}+\cdots+a_1x+a_0$ 时，直接按顺序计算到前 n 项，共有$(n+1)$项，需做$[0+1+2+\cdots+n]=n(n+1)/2$ 次乘法，n 次加法。若变换成下式(我国古代的“秦九韶算法”)：

$$P_n(x)=(\cdots((a_nx+a_{n-1})x+a_{n-2})x+\cdots+a_1)x+a_0$$

则只需计算 n 次乘法 n 次加法，运算次数明显减少了。

可见，化简公式能够减少运算次数，从而可以减小误差的积累，这对于数值计算是很必要的。因此，在实际代入数据计算之前，首先需要对计算公式进行化简。

(4) 避免用绝对值过小的数作除数

两数相除时，除数过小会使商数的误差增大，所以遇到这种情况应该改变算法。例如当

x 接近零时计算$\frac{1-\cos x}{\sin x}$的值，由于分母接近于零，从而使商的误差会非常大。若对计算公式进行变换，即变成$\frac{1-\cos x}{\sin x}=\frac{\sin x}{1+\cos x}$，就避免了过大的误差。

(5) 防止递推运算中误差积累的增大

递推关系能使运算过程规律化，从而可使计算便捷。但是若多次递推将使误差的积累不断增大，甚至导致错误结果。如果使递推过程中误差的积累不断减小，就会提高计算精度。因此，应该选用误差积累不断减小的递推计算方法，使其数值稳定性尽量变好。

例如，计算积分$E_n=\int_0^1 x^n e^{x-1}dx$，$n=1,2,\cdots,9$，用分部积分法可得出递推公式：

$$E_n = x^n e^{x-1}\big|_0^1 - n\int_0^1 x^{n-1} e^{x-1}dx = 1-nE_{n-1},\quad E_1=\frac{1}{e},\quad n=1,2,\cdots,9$$

由此可以得出两个递推关系式：

$$E_n = 1-nE_{n-1} \quad 和 \quad E_{n-1}=\frac{1-E_n}{n}$$

容易验证，用前一递推关系计算时，n 由小向大递推，绝对误差将迅速扩大。例如，设$|ae(E_1)|=10^{-5}$，则$|ae(E_9)|=9!\times10^{-5}>3.6$。若用后一递推关系计算，$n$ 由大向小递推，便可使误差逐渐变小，就能得到比较精确的计算结果。因此，往往选用后一递推公式，先算出E_n，再逐级往前推算。

思考与练习题

2.1 设 $x=1991\pm10$，$y=1.991\pm0.0001$，$z=0.0001991\pm0.0000001$，哪一个的精度高？为什么？

2.2 在 MATLAB 软件中，以十种不同的格式显示$\sqrt{2}$，熟悉各种数显格式间的变换。

2.3 已知矩阵$\boldsymbol{A}=\begin{bmatrix}\sqrt{3} & e^7\\ \sin5 & \ln4\end{bmatrix}$，写出数值 $\pi\boldsymbol{A}$ 的 6 位有效数字表示式。

2.4 如何计算$\left(\frac{1}{6251}-\frac{1}{6252}\right)$能使其误差减小？

2.5 设法改变下列计算关系式，使其计算结果比较精确：

(1) $\frac{1}{1+3x}-\frac{1-x}{1+x}$，$|x|\ll1$；

(2) $\sqrt{x+\frac{1}{x}}-\sqrt{x-\frac{1}{x}}$，$x\gg1$；

(3) $\lg x_1-\lg x_2$，$x_1\approx x_2$；

(4) $\frac{1-\cos2x}{x}$，$x\ll1$，$x\neq0$

插值和拟合

自然现象和工程技术中,一个系统内变化着的几个变量之间往往存在着某种联系,通常这些联系遵从着一定的规律。如果只考虑两个相关变量的情况,当变量 x 在其变化范围内取定一个数值时,相关变量 y 按一定的法则总有一个或几个定数与它对应,就叫 y 是 x 的函数,一般用 $y=F(x)$的形式表示。广义地说,F 只表示 y 与 x 之间的一种对应关系,通常表达这种对应关系的具体方法有下述三种:

(1) 解析法——用数学解析式表示出 x 和 y 的对应关系,如 $y=f(x)=x^3+\sin x$。

(2) 列表法——用一系列离散值 x 和对应的 y 值列成表格,如平方表、三角函数表等。

(3) 图示法——在 x-y 平面上将离散的 x 和对应的 y 画成一条曲线。

工程技术的实践中,特别是在实验测试中,往往只能得到两个相关变量的一系列离散值,它们间的函数关系就只能用列表法或图示法表示。但是,有时候因为某种原因,希望把这种关系转换成解析关系式。另外,有些变量间的关系虽然可以用解析式表示,但因解析式过于繁杂不便应用,希望换用一个简单的解析表达式来近似地代替它。凡此种种,利用简单解析式 $\varphi(x)$去近似地代替列表法、图示法或复杂解析式表示的函数 $F(x)$,这一类问题就是寻找一个满足 $\varphi(x)\approx F(x)$的简单函数 $\varphi(x)$的问题,都可称之为函数逼近。

本章介绍的插值和拟合,就是函数逼近的两种重要方法。

3.1 多项式插值

设函数 $y=F(x)$以表 3-1 的形式给出,即给出了一系列的 x 和与其对应的 y 值,表中 $x\in[a,b]$。要利用表 3-1 的数据构造一个简单的解析式 $\varphi(x)$,使它满足下述的插值原则:

(1) $\varphi(x)\approx F(x)$,$x\in[a,b]$;

表 3-1　函数 $y=F(x)$的列表法表示

x	x_0	x_1	x_2	…	x_n
y	y_0	y_1	y_2	…	y_n

(2) $\varphi(x_i)=y_i, i=0,1,2,\cdots,n$

这时称 $\varphi(x)$为 $F(x)$的插值函数,点 $x_0,x_1,x_2,\cdots,x_n$ 为插值节点(也叫样本点)。由插值原则可知,插值函数在样本点 x 上的取值必须等于已知函数 y 在样本点上的对应值。

插值函数 $\varphi(x)$可以选用不同类型的函数,如三角多项式、有理函数等。但最常选用的是代数多项式 $P_n(x)=a_0+a_1x+a_2x^2+\cdots+a_nx^n$,因为代数多项式具有形式简单、计算方便、存在各阶导数等良好的特性。

下边介绍把 $\varphi(x)$选为代数多项式 $P_n(x)$的插值法。

3.1.1　基本原理

1. 构造 n 次插值多项式

假设对于函数 $y=F(x)$给出了一组函数值 $y_i=F(x_i)(i=0,1,2,\cdots,n)$的列表法表示,如表 3-1 所示。表中 $x_0,x_1,x_2,\cdots,x_n\in[a,b]$,它们是互异的$(n+1)$个插值节点; $y_0,y_1,y_2,\cdots,y_n$ 是分别与这些节点对应的函数值。我们构造一个不超过 n 次的多项式:

$$P_n(x)=a_0+a_1x+a_2x^2+\cdots+a_nx^n=\sum_{i=0}^{n}a_ix^i$$

若它满足插值原则(2): $P_n(x_i)=y_i, i=0,1,2,\cdots,n$,就称 $P_n(x)$为 $F(x)$的 n 次插值多项式。

2. 确定 n 次多项式系数

求出多项式 $P_n(x)$,就是求出它的$(n+1)$个系数 $a_i(i=0,1,2,\cdots,n)$。依次取 $x=x_0,x_1,x_2,\cdots,x_n$,相应地取 $y_0,y_1,y_2,\cdots,y_n$,并使其满足插值原则(2),即: $P_n(x_i)=y_i$,则可得出系数 a_i 满足的$(n+1)$个方程构成的方程组:

$$\begin{cases}a_0+a_1x_0+a_2x_0^2+\cdots+a_nx_0^n=y_0\\ a_0+a_1x_1+a_2x_1^2+\cdots+a_nx_1^n=y_1\\ \vdots\\ a_0+a_1x_n+a_2x_n^2+\cdots+a_nx_n^n=y_n\end{cases}$$

这个方程组可以写成如下形式:

$$P_n(x_j)=\sum_{i=0}^{n}a_ix_j^i=y_j,\quad j=0,1,2,\cdots,n$$

显然这个方程组的系数行列式是如下的范德蒙德(Vandermonde)行列式：

$$V(x_0,x_1,x_2,\cdots,x_n)=\begin{vmatrix}1 & x_0 & x_0^2 & \cdots & x_0^n \\ 1 & x_1 & x_1^2 & \cdots & x_1^n \\ & & & \vdots & \\ 1 & x_n & x_n^2 & \cdots & x_n^n\end{vmatrix}=\prod_{0\leqslant i<j\leqslant n}(x_i-x_j)$$

根据范德蒙德行列式的性质可知，只要 $x_i(i=0,1,2,\cdots,n)$ 互异，则 $V(x_0,x_1,x_2,\cdots,x_n)\neq 0$。于是由克莱姆法则可知，方程组存在唯一解。也就是说只要 $(n+1)$ 个样本点的取值 $x_0,x_1,x_2,\cdots,x_n$ 互不相等，原则上就能由 $(n+1)$ 个联立方程求出它们的 $(n+1)$ 个系数 a_i，从而可以得出 n 次插值多项式 $P_n(x)$。然而，当 n 很大时，通过解方程组来求系数 $a_i(i=0,1,2,\cdots,n)$ 的工作是很烦琐的，因此，人们探寻出许多求解方程组的简捷方法，其中以拉格朗日(Lagrange)法和牛顿(Newton)法最为常见，原理简单且应用广泛，下面予以介绍。

3.1.2 两种常见插值法

下面介绍求解方程组的拉格朗日法和牛顿法的基本原理，从而得出线性插值、二次插值以及 n 次插值的多项式系数。

1. 线性插值

如果可把已知函数 $y=F(x)$ 用列表法表示成表 3-2，这时 $n=1$，用一次代数插值多项式可写成 $P_1(x)=a_0+a_1x$，它满足插值原则(2)时得出：

$$\begin{cases}a_0+a_1x_0=y_0 \\ a_0+a_1x_1=y_1\end{cases}$$

解这个方程组，可以得出系数 a_0 和 a_1：

$$a_1=\frac{y_0-y_1}{x_0-x_1}\quad 或 \quad a_1=\frac{y_1-y_0}{x_1-x_0};\quad a_0=y_0-a_1x_0=y_0-\frac{y_0-y_1}{x_0-x_1}x_0$$

对 a_1 和 a_0 的表达式进行不同的变换，则可得出下述两种形式的插值函数。

表 3-2 函数 $y=F(x)$ 取值列表

x	x_0	x_1
y	y_0	y_1

1) Lagrange 线性插值

把 a_1 和 a_0 代入插值多项式 $P_1(x)=a_0+a_1x$ 中，变换成直线的“两点式”表示式：

$$P_1(x)=y_0\frac{x-x_1}{x_0-x_1}+y_1\frac{x-x_0}{x_1-x_0}=y_0L_0(x)+y_1L_1(x)$$

其中 $L_0(x)$ 和 $L_1(x)$ 分别称为节点 x_0 和 x_1 的一次插值基函数。插值函数 $P_1(x)$ 是由两个基函数 $L_0(x)$ 和 $L_1(x)$ 的线性组合构成的，组合系数就是对应节点上的函数取值。这种形式的插值函数叫做 Lagrange 插值多项式。

2) Newton 线性插值

把 a_0 和 a_1 代入插值多项式 $P_1(x)=a_0+a_1x$，变换成直线的"点斜式"表示式：

$$P_1(x) = y_0 + \frac{y_1 - y_0}{x_1 - x_0}(x - x_0) = y_0 + (x - x_0)F(x_1, x_0)$$

式中的 $F(x_i,x_j)=\dfrac{y_i-y_j}{x_i-x_j}$ 称为函数 $y=F(x)$ 在 x_i、x_j 处的一阶均差，其值等于自变量增加一个单位时函数的增量。把这个以均差表示的插值多项式函数称为 Newton 插值多项式。

2. 二次插值

如果已知函数 $y=F(x)$ 的列表法可表示成为表 3-3，则插值多项式的最高次数 $n=2$，代数插值多项式为：

$$P_2(x) = a_0 + a_1x + a_2x^2$$

表 3-3　函数 $y=F(x)$ 取值列表

x	x_0	x_1	x_2
y	y_0	y_1	y_2

据插值原则(2)可知，系数 $a_i(i=0,1,2)$ 应满足方程组 $P_2(x_j)=\sum_{i=0}^{2}a_ix_j^i=y_j, j=0,1,2$，不过这里 $n=2$，方程组应有 3 个方程。当各个节点的取值 x_0、x_1、x_2 互不相等时，范德蒙德(Vandermonde)行列式 $V(x_0,x_1,x_2)\neq 0$，方程组存在唯一解。仿照线性插值的推导方法，可有下述两种构成二次插值多项式的方法。

1) Lagrange 二次插值

可以像推导 Lagrange 一次插值那样，得出二次插值多项式：

$$P_2(x) = y_0L_0(x) + y_1L_1(x) + y_2L_2(x)$$

其中 $P_2(x)$ 由二次插值的基函数 $L_i(x)(i=0,1,2)$ 线性组合而成，基函数应该满足

$$L_i(x) = \begin{cases} 1, & x = x_i \\ 0, & x \neq x_i \end{cases}$$

根据上式可以算出各节点上的基函数：如取 $i=0$，$L_0(x_1)=L_0(x_2)=0$，由此可知 $L_0(x)$ 含有 $(x-x_1)(x-x_2)$。又因为 $L_0(x)$ 是一个不高于 2 次的多项式，不妨设 $L_0(x)=A(x-x_1)(x-x_2)$，代入 $x=x_0$ 时满足的条件 $L_0(x_0)=1$，可得出 $A=1/[(x_0-x_1)(x_0-x_2)]$，于是可以求出 $L_0(x)$ 的表达式，以此方法也可以得出 $L_1(x)$ 和 $L_2(x)$。于是便有：

$$\begin{cases} L_0(x) = \dfrac{(x-x_1)(x-x_2)}{(x_0-x_1)(x_0-x_2)} \\ L_1(x) = \dfrac{(x-x_2)(x-x_0)}{(x_1-x_2)(x_1-x_0)} \\ L_2(x) = \dfrac{(x-x_0)(x-x_1)}{(x_2-x_0)(x_2-x_1)} \end{cases}$$

把这里的 $L_0(x)$、$L_1(x)$和 $L_2(x)$一并代入二次插值多项式 $P_2(x)$中，就构成了 Lagrange 二次插值多项式函数。

2）Newton 二次插值

仿照构成 Newton 一次插值多项式的方法，设二次插值多项式的形式为：

$$P_2(x) = A + B(x-x_0) + C(x-x_0)(x-x_1)$$

满足插值原则(2)时应有 $P_2(x)=y_0$，由此可得：

$$A = P_2(x) = y_0$$

再利用 $P_2(x_1)=y_1$，得出：

$$B = \frac{y_1-y_0}{x_1-x_0} = F(x_1,x_0)$$

称 $F(x_1,x_0)$为一阶均差。再利用 $P_2(x_2)=y_2$，可得：

$$C = \frac{y_2-y_0}{(x_2-x_0)(x_2-x_1)} - \frac{y_1-y_0}{(x_1-x_0)(x_2-x_1)} = \frac{F(x_2,x_0)-F(x_1,x_0)}{x_2-x_1}$$

这个结果是一阶均差的均差，称为二阶均差。二阶均差的一般形式可以写成

$$F(x_i,x_j,x_k) = \frac{F(x_i,x_j)-F(x_j,x_k)}{x_i-x_k}$$

于是得到 Newton 二次插值多项式：

$$P_2(x) = y_0 + (x-x_0)F(x_0,x_1) + (x-x_0)(x-x_1)F(x_0,x_1,x_2)$$

3. *n* 次插值

1）Lagrange 型 n 次插值

若知道函数 $y=F(x)$在$(n+1)$个节点上的值：

$$(x_0,y_0),(x_1,y_1),(x_2,y_2),\cdots,(x_n,y_n)$$

利用这些数据可以构造出代数插值多项式 $P_n(x)$。为此，仿照构造二次 Lagrange 插值多项式的方法，求出相应的 n 次插值多项式函数为：

$$P_n(x) = y_0L_0(x) + y_1L_1(x) + y_2L_2(x) + \cdots + y_nL_n(x) = \sum_{i=0}^{n} y_iL_i(x)$$

按照 $L_i(x)$表达式，在节点 x_i 上的 Lagrange 插值基函数可写成：

$$L_i(x) = \frac{(x-x_0)\cdots(x-x_{i-1})(x-x_{i+1})\cdots(x-x_n)}{(x_i-x_0)\cdots(x_i-x_{i-1})(x_i-x_{i+1})\cdots(x_i-x_n)} = \prod_{\substack{j=0\\ i\neq j}}^{n} \frac{x-x_j}{x_i-x_j}$$

若令

$$\omega(x) = (x-x_0)(x-x_i)\cdots(x-x_n),$$

$$\bar{\omega}(x) = (x_i-x_0)\cdots(x_i-x_{i-1})(x_i-x_{i+1})\cdots(x_i-x_n)$$

则 $L_i(x)=\prod_{\substack{j=0\\ i\neq j}}^{n}\frac{x-x_j}{x_i-x_j}=\frac{\omega(x)}{(x-x_i)\bar{\omega}(x_i)}$，于是 n 次 Lagrange 插值多项式可以写成：

$$P_n(x)=\sum_{i=0}^{n}\frac{\omega(x)}{(x-x_i)\bar{\omega}(x_i)}y_i$$

* **例 3.1** 已知函数 $F(x)=1+1/(1+30x^2)$，$x\in[-1,1]$，用 Lagrange 插值法构造出它的 4 次插值多项式。

解 将 x 分成 4 段，求出 5 个节点 x_i 及其相应处的函数值 $y_i=1/(1+30x_i^2)$，$i=0,1,2,3,4$。在指令窗中输入：

```
>> format rat,x = -1:0.5:1,y = 1./(1 + 30 * x.^2) ↵
   x =
   -1            -1/2          0            1/2           1
   y =
   1/31          2/17          1            2/17          1/31
```

根据 Lagrange 插值公式，由这些数据可以构造出 $F(x)$的 4 次插值多项式 $P_4(x)$：

$$P_4(x)=y_0L_0(x)+y_1L_1(x)+y_2L_2(x)+y_3L_3(x)+y_4L_4(x)$$

于是由 Lagrange 插值基函数公式及插值公式得出：

$$P_4(x)=\sum_{i=1}^{5}\frac{\omega(x)}{(x-x_i)\bar{\omega}(x_i)}y_i=\sum_{i=0}^{4}\frac{y_i}{\bar{\omega}(x_i)}\cdot\frac{\omega(x)}{x-x_i}=\sum_{i=0}^{4}u_i\cdot v_i(x)$$

式中 $u_i=\frac{y_i}{\bar{\omega}(x_i)}$是数值，$v_i(x)=\frac{\omega(x)}{x-x_i}$是函数，用 MATLAB 软件分别计算它们。

在指令窗中输入：

```
>> format short, a = -1:0.5:1; y = 1./(1 + 30 * a.^2);
>> u1 = y(1)/((a(1) - a(2)) * (a(1) - a(3)) * (a(1) - a(4)) * (a(1) - a(5))) ;
>> u2 = y(2)/((a(2) - a(1)) * (a(2) - a(3)) * (a(2) - a(4)) * (a(2) - a(5))) ;
>> u3 = y(3)/((a(3) - a(1)) * (a(3) - a(2)) * (a(3) - a(4)) * (a(3) - a(5))) ;
>> u4 = y(4)/((a(4) - a(1)) * (a(4) - a(2)) * (a(4) - a(3)) * (a(4) - a(5))) ;
>> u5 = y(5)/((a(5) - a(1)) * (a(5) - a(2)) * (a(5) - a(3)) * (a(5) - a(4))) ;
>> syms x
>> w = (x- a(1)) * (x- a(2)) * (x- a(3)) * (x- a(4)) * (x- a(5));
>> v1 = w/(x- a(1)); v2 = w/(x- a(2)); v3 = w/(x- a(3)); v4 = w/(x- a(4)); v5 = w/(x- a(5));
>> P4 = simple(u1 * v1 + u2 * v2 + u3 * v3 + u4 * v4 + u5 * v5)
   P4 = 1800/527 * x^4 - 2310/527 * x^2 + 1
```

整理得出：

$$F(x)=1+\frac{1}{1+30x^2}\approx P_4(x)=1+\frac{1}{527}(1800x^4-2310x^2)$$
$$=3.4156x^4-4.3833x^2+1$$

用同样的方法可求 $F(x)$的各次插值多项式 $P_n(x)$,比如可得:

$$P_{10}(x)=1-257.7272x^{10}+575.5908x^8-441.0343x^6+140.8019x^4-18.5990x^2$$

2) Newton 型 n 次插值

仿照前边求出 Newton 二次插值多项式的方法,首先构造出 n 阶均差的递推公式:

$$F(x_0,x_1,x_2,\cdots,x_n)=\frac{F(x_0,x_1,x_2,\cdots,x_{n-1})-F(x_1,x_2,x_3,\cdots,x_n)}{x_0-x_n}$$

由此可以得出 $F(x)$在 x_i 和 x_j 处的一阶均差为:

$$F(x_i,x_j)=\frac{y_i-y_j}{x_i-x_j}$$

$F(x)$在 x_i、x_j 和 x_k 处的二阶均差为:

$$F(x_i,x_j,x_k)=\frac{F(x_i,x_j)-F(x_j,x_k)}{x_i-x_k}$$

$F(x)$在 x_i、x_j、x_k 和 x_h 处的三阶均差为:

$$F(x_i,x_j,x_k,x_h)=\frac{F(x_i,x_j,x_k)-F(x_j,x_k,x_h)}{x_i-x_h}$$

依次类推,可以求出 F 的各阶均差,从而得出 n 次牛顿插值多项式:

$$P_n(x)=y_0+(x-x_0)F(x_0,x_1)+(x-x_0)(x-x_1)F(x_0,x_1,x_2)+\cdots$$
$$+(x-x_0)\cdots(x-x_{n-1})F(x_0,x_1,\cdots,x_n)$$

3.1.3 误差估计

用 n 次插值多项式 $P_n(x)$近似替代函数 $F(x)$时,产生的截断误差若为$R_n(x)$,则有:

$$R_n(x)=F(x)-P_n(x)$$

由 $P_n(x)=F(x)-R_n(x)$可知,$R_n(x)$是 n 次插值多项式 $P_n(x)$的余项。为了估计插值多项式的误差,下面先介绍余项定理。

1. 余项定理

当函数 $F(x)$足够光滑,即满足条件:

(1) $F(x)$在区间$[a,b]$上连续;

(2) $F(x)$具有直至$(n+1)$阶导数。

则对一切 $x\in[a,b]$,总存在相应的点 $\xi\in[a,b]$,使得

$$R_n(x)=F(x)-P_n(x)=\frac{F^{(n+1)}(\xi)}{(n+1)!}\omega_{n+1}(x)$$

其中，

$$\omega_{n+1}(x) = (x-x_0)(x-x_1)\cdots(x-x_n) = \prod_{i=0}^{n}(x-x_i)$$

*证明 当 $x=x_i(i=0,1,2,\cdots,n)$为插值节点时，$\omega_{n+1}(x_i)=0$，$R_n(x_i)=0$，定理成立。

当 $x\in[a,b]$而不是插值基点时，作辅助函数：

$$G(t) = F(t) - P_n(t) - \frac{R_n(x)}{\omega_{n+1}(x)}\omega_{n+1}(t)$$

在$[a,b]$区间内任选一个非插值基点 x，容易验证 $G(x)=0$；在插值基点上，当 $t=x_i$ 时，$G(x_i)=0$。这样，在$[a,b]$间至少有$(n+2)$个互异的点可使 $G(t)=0$。

根据罗尔定理，函数的两个零点之间至少有一点使 $G(t)$的一阶导数 $G'(t)=0$。于是，在(a,b)内至少有$(n+1)$个互异点可使 $G'(t)=0$。再对函数 $G'(t)$应用罗尔定理，依次类推，可知在(a,b)内至少有一个点 $t=\xi$ 使$G^{(n+1)}(\xi)=0$，即：

$$G^{(n+1)}(\xi) = F^{(n+1)}(\xi) - \frac{R_n(x)}{\omega_{n+1}(x)}(n+1)! = 0$$

移项整理，定理得证。

2. 误差估算

在$R_n(x)=F(x)-P_n(x)$表示式中，虽然 $F^{(n+1)}(\xi)$存在，但是 ξ 的值是难以确定的。如果能估算出在区间$[a,b]$上$|F^{(n+1)}(\xi)|$的上界 M，即$|F^{(n+1)}(\xi)|\leqslant M$，即可得出截断误差的范围为：

$$|R_n(x)| \leqslant \frac{M}{(n+1)!}|\omega_{n+1}(x)|$$

根据这个关系式，只要找出正数 M，就可以估算出用 $P_n(x)$替代函数 $F(x)$时的截断误差$|R_n(x)|$。实用中往往是根据函数 $F(x)$的性质估算 M 大小的。

3.2 分段插值

仅从截断误差公式$|R_n(x)|$来看，用插值多项式 $P_n(x)$近似代替函数 $F(x)$时，似乎$[a,b]$之间的分点数 n 越多，即插值多项式的次数越高，产生的截断误差就越小。实际上并非如此，Runge 和 Faber 的工作证明，高次插值多项式并不一定都能收敛到被插值的函数上，而且还增加了许多工作量。例如，将函数 $F(x)=\frac{1}{1+30x^2}(x\in[-1,1])$分别用 4 次和 10 次多项式 $P_4(x)$和 $P_{10}(x)$替代时，高次插值多项式并不理想。这可以从图 3-1 中看出，图中实线是函数 $F(x)$的图线，两条虚线分别是用插值多项式函数 $P_4(x)$和 $P_{10}(x)$画出的，虽然多项式插值函数都通过了样本点，但是，在 $x\approx0.9$ 时 $P_{10}(x)$比 $P_4(x)$离开函数 $F(x)$

曲线更远，逼进效果极差。

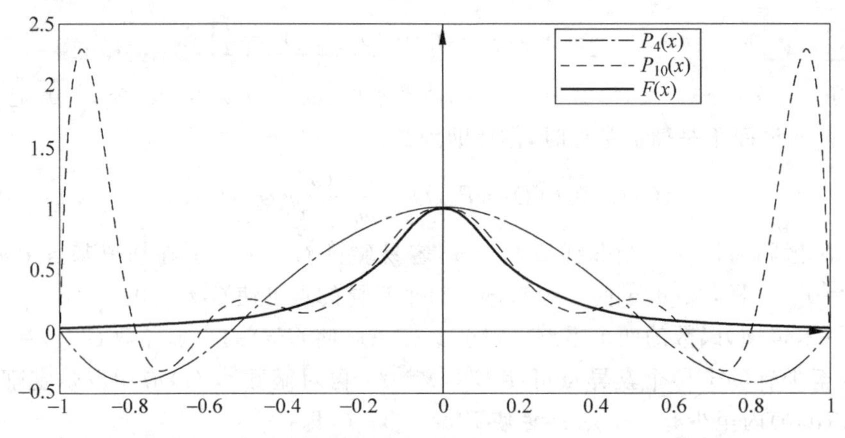

图 3-1 函数 $F(x)$及其插值多项式 $P_4(x)$、$P_{10}(x)$图线比较

3.2.1 分段三次插值

为了既能利用多项式插值的方法，又能克服高次多项式插值的缺陷，便引入了分段插值的埃尔米特(Hermite)概念。它的基本思想是把函数在整个区间上分成许多段，每段都选用一个低次的多项式去代替函数 $F(x)$，整体上按一定的光滑性要求连接起来，构成一个分段插值函数。按这个思路把函数 $F(x)$的自变量 x 在区间$[a,b]$上用$(n-1)$个节点分割成 n 段，即：

$$a = x_0 < x_1 < x_2 < \cdots < x_{n-1} < x_n = b$$

把这些节点的取值 x_i 代入函数 $F(x)$中，得出节点上的函数值 $F(x_i)=y_i$ 及其导数值 $F'(x_i)=m_i, i=0,1,2,\cdots,n$，构造一个分段三次埃尔米特插值函数 $H(x)$，满足下述条件：

(1) $H(x_i)=y_i, H'(x_i)=m_i, i=0,1,2,\cdots,n$；

(2) 在每个小区间$[x_i,x_{i+1}]$$(i=0,1,2,\cdots,n-1)$内，$H(x)$都是一个三次多项式：

$$H_i(x) = a_{i0} + a_{i1}x + a_{i2}x^2 + a_{i3}x^3$$

把这样构成的分段三次函数 $H(x)$称为分段三次埃尔米特插值函数，它在各小段区间内均为三次多项式，而整体上具有连续的一阶导数。

3.2.2 三次样条插值

1. 基本原理

三次样条插值也是一种分段插值方法。“样条”一词源于以前绘图时使用的一种工

具——样条(spline),它是用富于弹性、能弯曲的材料(木条或塑料)制成的软尺,把它弯折靠近所有基点,用画笔沿它就可以画出连接基点的光滑曲线。三次样条插值方法是用分段的三次多项式构造出一个整体上具有函数连续性,且其一阶、二阶导函数也连续的函数 $S(x)$,用 $S(x)$可以近似地替代已知函数 $F(x)$。

假设函数 $F(x)$在区间$[a,b]$上的$(n+1)$个顺序节点 x_i 及与其对应的函数值 $F(x_i)=y_i(i=0,1,2,\cdots,n)$都是已知的,即给出了$(n+1)$组样本点的数据$(x_0,y_0),(x_1,y_1),\cdots,(x_n,y_n)$,由此便可构造出一个定义在$[a,b]$上且满足下述条件的函数 $S(x)$:

(1) $S(x_i)=y_i,i=0,1,2,\cdots,n$,即满足插值原则(2);

(2) $S(x)$在每个小区间$[x_i,x_{i+1}](i=0,1,2,\cdots,n-1)$上都是一个三次多项式:

$$S_i(x)=a_{i0}+a_{i1}x+a_{i2}x^2+a_{i3}x^3$$

(3) $S(x)$、$S'(x)$和 $S''(x)$在$[a,b]$上连续。

把这样的光滑、分段函数 $S(x)$ 称为三次样条插值函数。

构造的函数 $S(x)$由 n 个小区间上的分段函数组成,根据条件(2),在每个小区间上构造一个三次多项式。若把第 i 个小区间上的三次多项式记作$S_i(x)=a_{i0}+a_{i1}x+a_{i2}x^2+a_{i3}x^3$,则共有 n 个多项式,每个多项式有 4 个待定系数:a_{i0}、a_{i1}、a_{i2}、a_{i3},$i=0,1,2,\cdots,n$。要确定这 n 个多项式,就需要确定这 $4n$ 个系数。为此,应该找出包含这些系数的 $4n$ 个独立方程。根据 $S(x)$满足的条件(1),在所有节点上可得出$(n+1)$个条件方程:

$$S(x_i)=y_i,\quad i=0,1,2,\cdots,n$$

根据 $S(x)$满足的条件(3),除两个端点外,在所有节点上又可得出 $3(n-1)$个方程:

$$\begin{cases} S_i(x_i)=S_{i+1}(x_i) \\ S'_i(x_i)=S'_{i+1}(x_i), \quad i=0,1,2,\cdots,n-1 \\ S''_i(x_i)=S''_{i+1}(x_i) \end{cases}$$

由这个方程组和 $S(x_i)=y_i$ 可知,共有$(4n-2)$个独立方程,还差两个独立方程。补充这两个方程的常用方法,是在区间$[a,b]$的两个端点上各加一个条件,即边界条件。常用的边界条件有三种:

(1) 已知 $S''(x_0)$和 $S''(x_n)$,特别是当取 $S''(x_0)=S''(x_n)=0$ 时,称为自然边界条件;

(2) 已知 $S'(x_0)$和 $S'(x_n)$,即已知两端点处切线的斜率;

(3) 已知 $2S''(x_0)=S''(x_1)$和 $2S''(x_n)=S''(x_{n-1})$。

这样,在已有的$(4n-2)$个条件方程基础之上,再加进任何一种边界条件,就可求出这 $4n$ 个系数,从而可以得出三次样条插值函数 $S(x)$。

*2. 推导方法举例

这里介绍一种推导三次样条函数的具体方法。设所求三次样条函数 $S(x)$在 n 个子区间中的任一子区间$[x_i,x_{i+1}](i=0,1,2,\cdots,n-1)$上的三次多项式为:

$$S_i(x)=a_{i0}+a_{i1}x+a_{i2}x^2+a_{i3}x^3$$

便可得出：

$$S_i'(x) = a_{i1} + 2a_{i2}x + a_{i3}x^2$$

$$S_i''(x) = 2a_{i2} + 6a_{i3}x$$

设$S_i''(x_i)=M_i, S_i''(x_{i+1})=M_{i+1}$，根据最后一个线性方程可把$S_i''(x)$用两点式方程表示：

$$S_i''(x) = M_i \frac{x_{i+1}-x}{x_{i+1}-x_i} + M_{i+1}\frac{x-x_i}{x_{i+1}-x_i} = M_i \frac{x_{i+1}-x}{h_i} + M_{i+1}\frac{x-x_i}{h_i}, \quad x \in [x_i, x_{i+1}]$$

式中 $h_i = x_{i+1}-x_i$。把上式两边对 x 积分一次，得出：

$$S_i'(x) = M_{i+1}\frac{(x-x_i)^2}{2h_i} - M_i \frac{(x_{i+1}-x)^2}{2h_i} + A_i, \quad x \in [x_i, x_{i+1}]$$

对上式两边再积一次分，得出：

$$S_i(x) = M_{i+1}\frac{(x-x_i)^3}{6h_i} + M_i \frac{(x_{i+1}-x)^3}{6h_i} + A_i(x-x_i) + B_i, \quad x \in [x_i, x_{i+1}]$$

式中A_i 和B_i 都是积分常数。式中的 $S_i(x)$应该满足插值原则(2)，即：

$$S_i(x_i) = M_i \frac{h_i^2}{6} + B_i = y_i, \quad S_i(x_{i+1}) = M_{i+1}\frac{h_i^2}{6} + A_i h_i + B_i = y_{i+1}$$

x_i 和 y_i 是已知的，解这两个方程，得出A_i(或先得出B_i)，代入 $S_i'(x)$的表示式，得出：

$$S_i'(x) = M_{i+1}\frac{(x-x_i)^2}{2h_i} - M_i \frac{(x_{i+1}-x)^2}{2h_i} + \frac{y_{i+1}-y_i}{h_i} - \frac{h_i(M_{i+1}-M_i)}{6}, \quad x \in [x_i, x_{i+1}]$$

$S_i'(x)$在$[a,b]$上连续，所以在相邻两个小区间的分界点 x_i(节点)上取值相等：

$$S_{i-1}'(x_i-0) = S_i'(x_i+0), \quad i = 1,2,\cdots,n-1$$

由这个条件式和 $S_i'(x)$的表达式，便可得出：

$$S_{i-1}'(x_i-0) = M_i \frac{h_{i-1}}{3} + \frac{y_i - y_{i-1}}{h_{i-1}} + \frac{h_{i-1}}{6}M_{i-1} = S_i'(x_i+0)$$

$$= -M_i \frac{h_i}{3} + \frac{y_{i+1}-y_i}{h_i} - \frac{h_i}{6}M_{i+1}$$

注：点$(x_i-0)\in[x_{i-1}, x_i]$，而点$(x_i+0)\in[x_i, x_{i+1}]$，因此，在代入 $S_i'(x)$的表达式时，区间长度分别用 $h_{i-1}=x_i-x_{i-1}$和 $x_{i+1}-x_i$。

移项整理可得：

$$\frac{h_{i-1}}{h_i+h_{i-1}}M_{i-1} + 2M_i + \frac{h_i}{h_i+h_{i-1}}M_{i+1} = \left(\frac{y_{i+1}-y_i}{h_i} - \frac{y_i-y_{i-1}}{h_{i-1}}\right)\frac{6}{h_i+h_{i-1}}$$

若令常数 $b_i=\frac{h_i}{h_i+h_{i-1}}$，常数$c_i=\left(\frac{y_{i+1}-y_i}{h_i}-\frac{y_i-y_{i-1}}{h_{i-1}}\right)\frac{6}{h_i+h_{i-1}}$，则上式变成：

$$(1-b_i)M_{i-1} + 2M_i + b_i M_i + 1 = c_i, \quad i = 1,2,\cdots,n-1$$

这$(n-1)$个方程中共有$(n+1)$个未知量：$M_0, M_1, \cdots, M_n$，要求出它们尚缺两个条件方程，这就需要借助边界条件。如果已知M_0 和M_n，则可由式"$(1-b_i)M_{i-1}+\cdots$"得出所有$M_i(i=0,1,\cdots,n)$，把它们和A_i、B_i 代入 $S_i(x)$的表达式，就可求出各子区间上的分段函数。

为了再找出两个条件方程，实用中常用一种由内向外的外推方法，即在区间$[a,b]$起点上用$S''(x_1)$和$S''(x_2)$表示$S''(x_0)=S''(a)$，终点上用$S''(x_{n-2})$和$S''(x_{n-1})$表示$S''(x_n)$和$S''(b)$：假设：

$$\frac{S''(x_0)-S''(x_1)}{S''(x_1)-S''(x_2)}=\frac{x_0-x_1}{x_1-x_2}$$

则可得出：

$$S''(x_0)=\left(1+\frac{x_0-x_1}{x_1-x_2}\right)S''(x_1)-\frac{x_0-x_1}{x_1-x_2}S''(x_2)$$

再假设：

$$\frac{S''(x_n)-S''(x_{n-1})}{S''(x_{n-1})-S''(x_{n-2})}=\frac{x_n-x_{n-1}}{x_{n-1}-x_{n-2}}$$

便可得出：

$$S''(x_n)=\left(1+\frac{x_n-x_{n-1}}{x_{n-1}-x_{n-2}}\right)S''(x_{n-1})-\frac{x_n-x_{n-1}}{x_{n-1}-x_{n-2}}S''(x_{n-2})$$

$S''(x_0)$和$S''(x_n)$两个外推条件相当于让端点处的二阶导数是线性的，即让曲线顺势外延。于是，把这两个方程加在$S(x_i)$和$S_i^{(j)}(x_i)(j=0,1,2)$的表达式上，共有j个条件方程，完全可以确定出$4n$个系数，从而便可求出三次插值样条函数$S(x)$。

3.3　插值法的MATLAB实现

从已知的一些离散数据点及其相应处的函数值(函数的列表法表示)，推求出未知点上函数值的方法称为插值法。它在科技工作中应用十分广泛，如对数表、三角函数表中都会用到这种方法。MATLAB软件中设有许多有关插值的指令，这里仅介绍最常用的一元函数插值指令并用它实现前面介绍过的插值理论。

3.3.1　一元函数插值

该软件中设有专用的一元函数插值(也称查表)指令interp1，其调用格式为：

```
>> yk = interp1(x, y, xk, 'method') ↵
```

(1) 指令中输入的参数x和y，是两个已知的n维向量$\boldsymbol{x}=(x_i)_{1\times n}$和$\boldsymbol{y}=(y_i)_{1\times n}$，它们满足函数关系$y_i=F(x_i)$，俗称样本点(插值节点)，是进行“造表”的根据；输入的参数$x_k\in[x_1,x_n]$为插值点$(x_k\neq x_i)$，x_k可以取数值、向量或数值矩阵；输入的method有四种可供选择的参数：

① 当选nearest时，回车输出最近插值数据，即用直角折线连接各样本点y_i。

② 当选 linear 时，回车输出线性插值数据，用直线依次连接各样本点 y_i，形成折线。省略 method 时，默认为选择此项。

③ 当选 pchip (或 cubic)时，回车输出分段三次插值数据，即使用分段三次多项式的埃尔米特插值(piecewise cubic Hermite interpolating polynomial)，依次连接相邻样本点，整体上具有函数及其 1 阶导数的连续性。

④ 当选 spline 时，回车输出三次样条插值数据，即使用分段三次多项式曲线光滑地连接相邻样本点，整体上具有函数及其 1、2 阶导数的连续性。这时插值点 x_k 可以在区间边界点 x_0、x_n 之外附近处取值。

(2) 回车输出的 $y_k \approx F(x_k)$，是与 x_k 对应的函数取值。

这个指令不能输出插值多项式函数，只输出插值点上的函数值(离散的)，因此其功能是据样本点(x,y)的数据造表，然后得出与 x_k 对应处的函数值 y_k，所以称为查表指令。

例 3.2 已知 $y=F(x)$的函数关系中，当 $y=[-0.5,0.3,0,0.8,0.1,0.5,-0.3,0.2,0.3,-0.7,0]$时，对应的有 x = 0:length(y) - 1。用“最近插值”和“线性插值”法，分别求出当 x1 = 0:0.1:length(y) - 1 时所对应的函数值并画出图线。

解 题设的 x 和 y 是样本点，所以在指令窗中输入：

```
>> y = [ - 0.5 0.3 0 0.8 0.1 0.5  - 0.3 0.2 0.3  - 0.7 0];
>> x = 0:length(y) - 1;x1 = 0:0.1:length(y) - 1;
>> y1 = interp1(x,y,x1,'nearest');   y2 = interp1(x,y,x1,'linear');
>> plot(x,y,' * ',x1,y1,' -- ',x1,y2,'r'), grid,legend('样本点','最近插值','线性插值')
>> axis([0 10  - 0.8 0.9])  ↵
```

得出图 3-2。

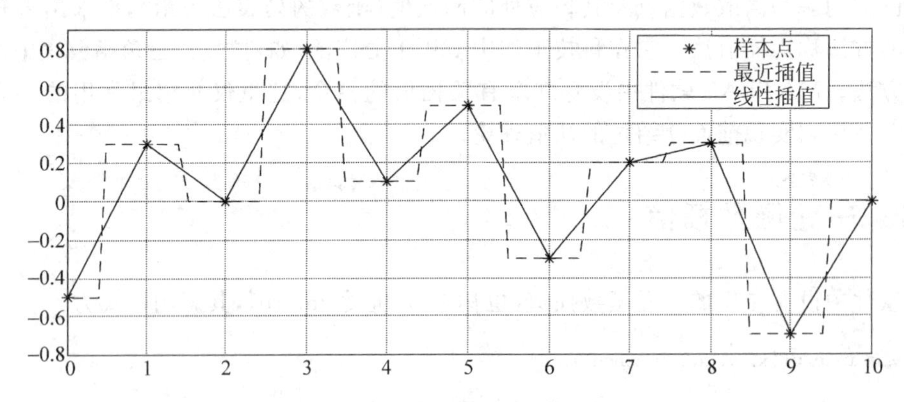

图 3-2 最近插值和线性插值比较图

3.3.2 三次插值及其样条插值

对于分段三次插值和三次样条插值，MATLAB 软件中都设有专用指令。分段三次插值指令是 pchip，其调用格式为：

```
>> yk = pchip(x, y, xk) ↵
```

三次样条插值指令是 spline，其调用格式为：

```
>> yk = spline(x, y, xk) ↵
```

其中的参数 x、y、x_k 和 y_k 的意义及要求，都与 interp1 中的完全一样，插值效果与 interp1 中参数 method 分别选用 pchip 和 spline 等价。它允许 x_k 在区间[min(x)，max(x)]外的附近处取值，因为程序设计中在两个端点处都使用了由内向外的外推法。

直接使用 pchip 和 spline 两个指令，所得出的数据与用 interp1 指令时 method 分别选用 pchip 和 spline 是一样的。

下面看一个用三次插值和三次样条作图的例子。

例 3.3 已知 $\boldsymbol{y}=F(\boldsymbol{x})$ 函数关系，当 $\boldsymbol{y}=[1,3,0,20,20,4,18]$ 时，对应的 x = 0:length(y) - 1。求出当 x1 = - 0.5:0.2:5.5 时，“三次插值”和“三次样条插值”法分别对应的函数值，并画出图线。

解 题中给出的向量 $\boldsymbol{x}$ 和 $\boldsymbol{y}$ 是样本点数据，所以在指令窗中输入：

```
>> y = [1 3 0 20 20 4 18]; x = 0:length(y) - 1; x1 = - 0.5:0.2:5.5;
>> y1 = interp1(x,y,x1,'pchip');y2 = spline (x,y,x1);
>> plot(x,y,' * ',x1,y1,'r',x1,y2,'- .'), grid,
>> legend('样本点','三次插值','三次样条插值',0) ↵
```

得出图 3-3。

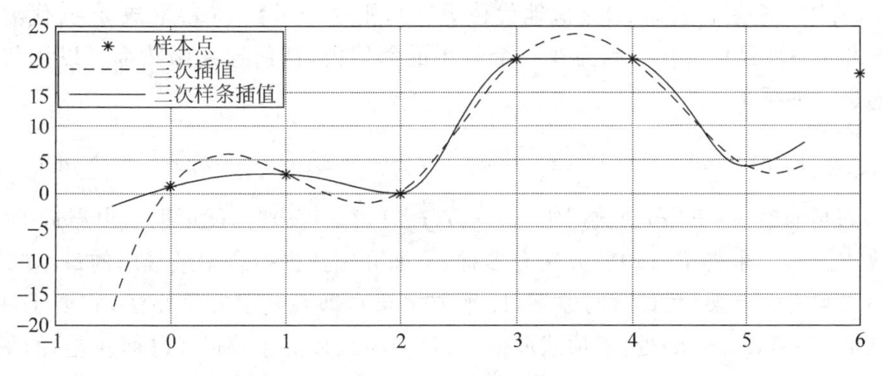

图 3-3 三次插值和三次样条插值比较图

由图3-3可以看出，用两种方法做出的图线在样本点之间取值是有差异的：用三次样条插值时，曲线的光滑程度要好一些。另外，由于三次样条插值和三次插值的外延趋势不同，当自变量在限定区间边界外附近处曲线差异更加明显。

3.4 拟合法

科学实验或数据统计中，对于无法用解析函数式 $y=F(x)$ 表示的两组相关数据，就希望找到它们间的近似解析式 $\varphi(x)\approx F(x)=y$ 来表示，而且总是希望 $\varphi(x)$ 越简单越好。

前面介绍过的寻找简单函数 $P(x)$ 的插值法，是要求在样本点 (x_i,y_i) 上满足插值条件：$y_i=P(x_i)=F(x_i)$，也就是说插值函数 $P(x)$ 必须经过所有样本点。然而，许多情况下取得样本点本身就包含着实验中的测量等误差，"经过所有样本点"的要求无疑是保留了这些误差。满足这一要求虽然会使样本点处"误差"为零，但是也可能会使非样本点处的误差变得过大，显然这样做不是很合理。

为此，提出了另一种函数逼近方法——数据拟合，它不要求构造的近似函数 $\varphi(x)$ 通过全部样本点，而只要求"很好逼近"它们。这种近似函数 $\varphi(x)$ 反映了已知两组数据间存在着某种关系的一般趋势。用"拟合"数据得出的函数曲线不同于"插值法"得出的曲线，它虽然不能通过所有的样本点，但它却能反映出数据间存在着某种关系的总趋势，能更全面地逼近函数。

寻找"很好逼近"函数的方法有许多种，这里只介绍常用的"多项式最小二乘法"。

3.4.1 最小二乘法

如果已知两组相关数据 $x=x_1,x_2,\cdots,x_n$ 和 $y=y_1,y_2,\cdots,y_n$ 之间存在某种函数关系 $y=F(x)$，若用一个解析式 $\varphi(x)$ 近似地代替 $F(x)$，则这个函数 $\varphi(x)$ 取成 m 次代数多项式 $P_m(x)$ 不失为一种最佳选择。因为在一个较小的邻域内，任何连续函数都可以用代数多项式任意逼近。如果取：

$$y=F(x)\approx\varphi(x)=P_m(x)=a_0+a_1x+a_2x^2+\cdots+a_mx^m=\sum_{i=0}^{m}a_ix^i$$

让 $P_m(x)$ 满足函数 $y=F(x)$ 的数据组 $(x_j,y_j)(j=1,2,\cdots,n)$ 时，就可以求出逼近 $F(x)$ 的多项式函数 $P_m(x)$。求得 $P_m(x)$ 的方法有多种，下面介绍数据拟合中最常用的最小二乘法。

最小二乘法("二乘"系日语的原字，即平方之意)，即残差平方最小法，它要求在所有 n 个样本点 $x_j(j=1,2,\cdots,n)$ 处，多项式取值 $P_m(x_j)$ 与函数值 y_j 偏差(也称残差)的平方 $r_j^2=[P_m(x_j)-y_j]^2$ 之和达到最小，也就是使 $P_m(x_j)$"很好地逼近"函数值 $y_j=F(x_j)$，为此，则要求下式的 R 达到最小：

$$R = \sum_{j=1}^{n} r_j^2 = \sum_{j=1}^{n} [P_m(x_j) - y_j]^2 = \sum_{j=1}^{n} (a_0 + a_1 x + a_2 x^2 + \cdots + a_m x^m - y_j)^2, m < n$$

这种要求更符合实际需求,因为“偏差的平方和”尽可能小就保证了偏差绝对值尽可能小,这正是对实测数据的希望,反映了给定数据间客观依存关系的一般趋势。在插值法中要求 $r_j=0$,即 $R=0$,且一般样本点数 $n=m+1$,这正是拟合法与插值法的不同之处。

由 R 的表示式可知,它是待求变量 $a_0,a_1,a_2,\cdots,a_m$ 的函数,可以写成 $R=R(a_0,a_1,a_2,\cdots,a_m)$。使 $R(a_i)$尽可能地小就归结为求多元函数 $R(a_i)$的极小值,对此可用数学分析中求极值的方法,即让 $R(a_i)$对 $a_i(i=0,1,2,\cdots,m)$的偏导数都等于零。据此可先求出 $P_m(x)$的各项系数 $a_0,a_1,a_2,\cdots,a_m$ 满足的方程为:

$$\frac{\partial R}{\partial a_i} = 2\sum_{j=1}^{n}(a_0 + a_1 x_j + a_2 x_j^2 + \cdots + a_m x_j^m - y_j)x_j^i = 0, \quad i = 0,1,2,\cdots,m$$

移项可得:

$$\sum_{j=1}^{n}(a_0 + a_1 x_j + a_2 x_j^2 + \cdots + a_m x_j^m)x_j^i = \sum_{j=1}^{n} y_j x_j^i, \quad i = 0,1,2,\cdots,m;\ m < n$$

这是由$(m+1)$个方程构成的方程组,即下述的矩阵方程:

$$\begin{bmatrix} n & \sum x_j & \sum x_j^2 & \cdots & \sum x_j^m \\ \sum x_j & \sum x_j^2 & \sum x_j^3 & \cdots & \sum x_j^{m+1} \\ \sum x_j^2 & \sum x_j^3 & \sum x_j^4 & \cdots & \sum x_j^{m+2} \\ & & & \vdots & \\ \sum x_j^m & \sum x_j^{m+1} & \sum x_j^{m+2} & \cdots & \sum x_j^{2m} \end{bmatrix} \begin{bmatrix} a_0 \\ a_1 \\ a_2 \\ \vdots \\ a_m \end{bmatrix} = \begin{bmatrix} \sum y_j \\ \sum y_j x_j \\ \sum y_j x_j^2 \\ \vdots \\ \sum y_j x_j^m \end{bmatrix}$$

式中的符号 $\sum$ 即 $\sum_{j=1}^{n}$。解出上述方程组,就可得出$(m+1)$个系数 $a_j, i = 0,1,2,\cdots,m$,也就求得了拟合多项式 $P_m(x)$,求解这个方程组的方法将在下一章中介绍。

3.4.2 拟合法的 MATLAB 实现

MATLAB 软件中设有数据代数多项式拟合的专用指令 polyfit,使用格式为:

```
>> P = polyfit(x, y, m) ↵
```

指令中输入的参数 x 和 y 是同维数向量 x_i 和 y_i,即 length(x)=length(y)。它们提供了满足函数关系 $y=F(x)$的一组对应样本点数据;指令中输入的参数 m,为拟合代数多项式的最高次数,原则上 m 小于 x 的维数,即 $m<$length(x)=length(y),通常取小于 6 的正整数。

回车得出的参数 P 是拟合多项式的系数向量。

例 3.4 已知 $y=f(x)=\cos(x)+0.5\mathrm{rand}(\mathrm{size}(x)),x\in[0,3\pi]$。求出一组对应的 (x,y) 数据，据此把 $f(x)$ 拟合成一个三次多项式 $P_3(x)$，并画出 $f(x)$ 和 $P_3(x)$ 的图线。

解 把自变量 x 按步长 0.3 分割离散，用指令 polyfit 求出拟合多项式系数。

在指令窗中输入：

```
>> x = 0:0.3:3 * pi;   y = cos(x) + 0.5 * rand(size(x));   % 得出样本点数据
>> P3 = polyfit(x,y,3)                                      % 得出 3 次拟合多项式系数向量 P3 ↵
   P3 =
          - 0.0370     0.5162     - 1.9523     1.8913
```

用指令 poly2str 可把系数向量 P3 转换成多项式。在指令窗中输入：

```
>> P3d = poly2str(P3,'x')     % 得出 3 次拟合多项式   ↵
   P3d =
          - 0.036956 x ^3  +  0.51621 x ^2  -  1.9523 x  +  1.8913
```

整理得出 3 次拟合多项式为：

$$P_3(x)=-0.036956x^3+0.51621x^2-1.9523x+1.8913$$

将样本点和 3 次拟合多项式画在同一张图上，在指令窗中输入：

```
>> plot(x,y,' * '),grid,hold
>> ezplot('- 0.036956 * x ^3 + 0.51621 * x ^2 - 1.9523 * x + 1.8913',[0 10])
>> legend('样本点','拟合曲线 P_3(x)',0)  ↵
```

得出图 3-4。

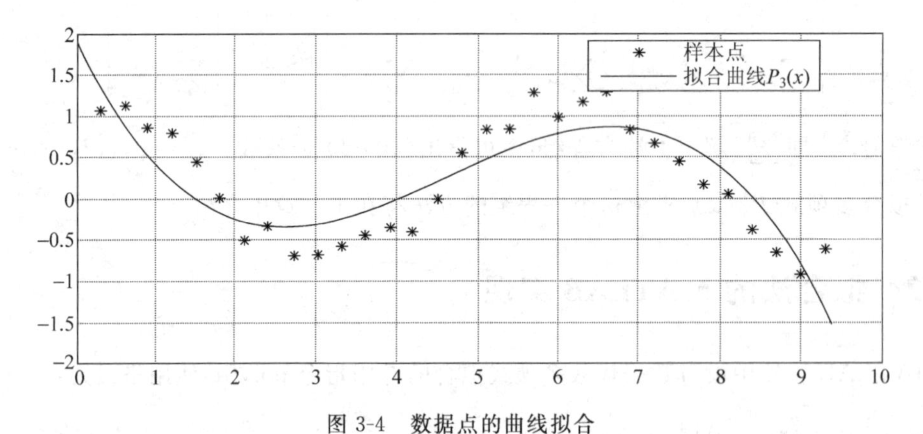

图 3-4 数据点的曲线拟合

由图 3-4 可以看出，拟合曲线并未通过全部样本点，它冲去了一些随机误差，能更真实地反映出两组量间关系的变化趋势。

由于 $y=\cos(x)+0.5\mathrm{rand}(\mathrm{size}(x))$ 中含有随机函数，所以得出的样本点 y 数据和拟合曲线具有不可重复性，用同样的指令两次得出的图线未必一样。

3.4.3 用多项式拟合数据或函数

除了经常把一组数据拟合成多项式，还常把一些运算繁杂的解析函数拟合成简单的多项式函数，因为代数多项式的求值和求导比较简单。

1. 用多项式拟合任意函数

可以用简单的多项式拟合繁杂解析函数，拟合的基本步骤如下：

(1) 将自变量 x 离散化为 $x_k, k=1,2,\cdots,n$，步长(x_k-x_{k-1})的选取需适当。

(2) 算出与自变量 x_k 对应的函数值 $y_k=f(x_k)$，这时把函数 $f(x_k)$中的运算符号改成数组算法符号。

(3) 根据 x_k 和 y_k 的数据用 polyfit 指令求出拟合多项式 $P(x)$的系数向量 $\boldsymbol{P}=[a_n, a_{n-1},\cdots,a_1,a_0]$。函数偏离线性程度越大，选取的 n 应该越大。

(4) 依据得出的多项式系数向量 $\boldsymbol{P}$，用 poly2str 求出拟合多项式的表达式。

例 3.5 用二次多项式(抛物线)拟合悬链线 $y=\frac{1}{5}\cosh\frac{x}{3}$，并画出它们的图线。

解 (1) 直接用悬链线函数算出与自变量 x 对应的函数值 y 较困难，如果把悬链线函数拟合成二次多项式，计算起来则方便很多。为此，在指令窗中输入：

```
>> x = -2 * pi:0.2:2 * pi;  y = 1/5 * cosh(x./3);    % 将 x 和 y 离散化，表达式中用数组算法符号
>> P = polyfit(x,y,2)                                  % 得出拟合多项式系数向量 ↵
   P =
        0.0151        -0.0003         0.1836
```

再在指令窗中输入：

```
>> pd = poly2str(p,'x')                                % 得出拟合多项式表达式 ↵
   Pd =
        0.015071 x^2 - 0.00029557 x + 0.18365
```

(2) 在同一图上画出悬链线和拟合成的抛物线。在指令窗中输入：

```
>> ezplot cosh(x/3)/5, hold
>> ezplot 0.015071 * x^2 - 0.00029557 * x + 0.18365, grid,
>> legend('悬链线','拟合曲线',0) ↵
```

得出图 3-5。

2. 把相关数据拟合成常用函数

实际问题中有时需要把两组相关数据拟合成某种函数，便于进行分析。常用的函数多为熟悉的指数函数、双曲函数、对数函数等。有时需要先把函数进行适当的数学处理，使其

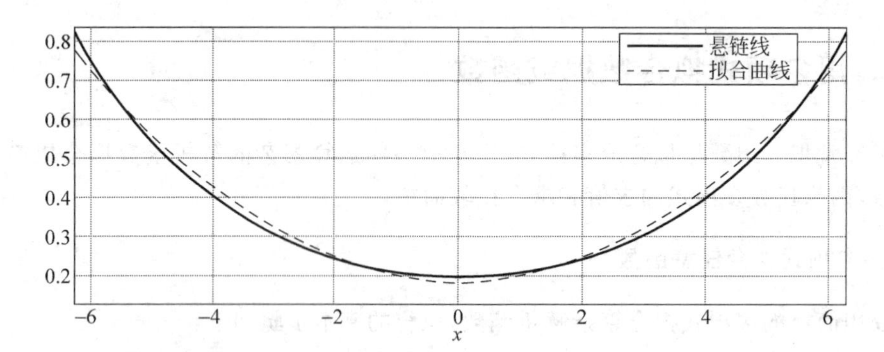

图 3-5 悬链线函数和它拟合的 2 次多项式函数曲线

与多项式函数比较接近，然后再用多项式拟合指令进行拟合。

例如，用指数函数 $y=ae^{bx}$（a 和 b 均为常数）去拟合一组相关的实验数据 x 和 y 时，先对指数函数两边取对数，得出 $\ln y=\ln a+bx\ln e$，令 $u(y)=\ln y, B=b\ln e$，则把指数函数变换成函数：

$$u=\ln a+Bx$$

上式中的 u 和 x 是线性关系，于是完全可以用 polyfit 指令把它们拟合成一次多项式。

又如，要用 $xy=k$（k 为常数）的双曲函数去拟合一组相关实验数据 x 和 y，可以对双曲线函数两边取对数，得出 $\ln x+\ln y=\ln k$。令 $u(y)=\ln y, v(x)=\ln x, B=\ln k$，于是把双曲函数变成 $u=B-v$ 的形式，u 和 v 是线性函数关系。通过 $u=\ln y$ 和 $v=\ln x$ 变换，把已知数据 x 和 y 变换为 u 和 v，就完全可以用 polyfit 指令拟合成一次多项式。

按照上述思路可以先对常用函数进行求对数、倒数、指数等变换方法，使它们的变量间成线性关系，然后利用 MATLAB 软件处理批量数据具有的便捷优点，可以对实验数据作相应的处理，再用拟合指令 polyfit 对变换后的数据进行拟合，就可得出满足要求的函数形式结果。

思考与练习题

3.1 某海洋的水温 t 随水的深度 h 而变化，现有一组测量数据如表 3-4 所示。用插值指令 interp1 在不同的"方法"下求出水深 $h_1=500\text{m}, h_2=900\text{m}, h_3=1500\text{m}$ 处水温。

表 3-4 水温 t 和水深 h 间的函数关系数据表

h/m	466	715	950	1422	1635
t/℃	7.04	4.28	3.40	2.52	2.13

3.2 已知函数 $y=F(x)$的部分数值，列于表 3-5 中。据此数据，用插值指令(线性插值和三次样条插值两种方法)求出 $x=1.57,1.68,1.81$ 和 1.90 处的函数值，并画出这两种方法的插值曲线图，样本点和曲线用不同的线型并加以标注。

表 3-5 函数 $y=F(x)$关系数据表

x	1.55	1.62	1.63	1.70	1.92
y	2.587	2.415	2.465	3.031	3.341

3.3 根据表 3-6 中给出的 $y=F(x)$部分数据，用多项式拟合该函数，写出 1、2、3 次拟合多项式，作出它们的图线并加以标注。

表 3-6 函数 $y=F(x)$关系的数据表

x	−3	−2	0	3	4
y	18	10	2	2	5

3.4 用一个抛物线函数拟合概率曲线 $y=e^{-5x^2}$，$-1<x<1$，并在同一图上做出两个函数图线。

第4章 非线性方程组

代数方程的求解问题是初等数学中的重要内容之一，也是科学和工程技术中经常遇到的数值计算问题。

通常求解代数方程，就是求出下列方程的根：

$$f(x) = 0$$

即寻找使方程中函数 $f(x)$ 等于零的变量 x。所以求方程 $f(x)=0$ 的根，就是求函数 $f(x)$ 的零点。如果变量 x 是列阵，方程 $f(x)=0$ 就代表方程组。

当方程中的函数 $f(x)$ 由指数函数、对数函数、三角函数、反三角函数或幂函数组合而成时，方程 $f(x)=0$ 被称为超越方程，例如，方程 $e^{-x}-\sin(\pi x/2)+\ln x=0$ 就是个超越方程。

当方程中的函数 $f(x)$ 是多项式时，即：

$$f(x) = P_n(x) = a_n x^n + a_{n-1}x^{n-1} + \cdots + a_1 x + a_0$$

则称 $P_n(x)=0$ 为多项式方程，也称为代数方程，即：

$$P_n(x) = a_n x^n + a_{n-1}x^{n-1} + \cdots + a_1 x + a_0 = 0$$

非线性方程(组)是实际问题中十分常见和重要的一类方程，我们熟悉的很多线性问题大都是非线性问题在一定条件下的近似。如果代数方程的最高幂次 $n=2$ 或 3 时，可以用代数方法求出其解析解。但是当 $n\geqslant 5$ 时，代数学里的 Dbel(达贝尔)定理已经证明，是无法用代数方法求出其解析解的，至于超越方程，就更难了。对于无法求出解析解的方程，一般情况下要用作图法或列表法(统称数值方法)求解，计算机的发展和普及为数值法求解提供了广阔的发展前景。现今借助计算机求解方程已经成为科学和工程技术中最实用的方法。

下面首先介绍求解非线性代数方程的原理和方法。

4.1 数值解的基本原理

本节介绍几种求解非线性代数方程数值解的基本原理。

4.1.1 二分法

如果代数方程 $f(x)=0$ 中的函数 $f(x)$是实函数,而且满足下述条件:

(1) 函数 $f(x)$在$[a,b]$上单调且连续;

(2) 方程 $f(x)=0$ 在(a,b)内只有一个实数根 x^*。

这时,求方程 $f(x)=0$ 的根,就是在(a,b)内找出使 $f(x)$等于零的点 x^*,即找出使 $f(x^*)=0$ 的点 x^*。当 $f(x)$单调连续时,由函数的连续性可知,任意两点 $a_j,b_j\in[a,b]$,若满足条件 $f(a_j)f(b_j)<0$ 时,在闭区间$[a_j,b_j]$上必然存在方程的根 $x^*\in[a_j,b_j]$。根据这一原理提出了求实根的二分法。

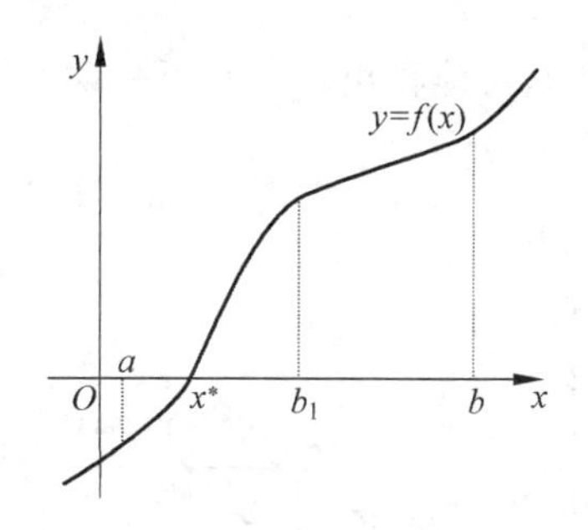

图 4-1 方程求根二分法原理图

二分法的基本原理是:先用中点 $b_1=(a+b)/2$ 将区间$[a,b]$平分为两个子区间(a,b_1)和(b_1,b),方程 $f(x)=0$ 的根必然存在于两个子区间端点的函数值之积小于零的那一半,即方程的根不在子区间(a,b_1)内,就在子区间(b_1,b)内,除非 $f(b_1)=0$,这样找根的范围就缩小了一半。假设根 x^* 在区间中点 b_1 的左侧,即 $x^*\in(a,b_1)$(图 4-1),就将新的含根区间(a,b_1)再分成两半,重复上述步骤,确定出更小的含根子区间,……。如此重复 n 次,假设此时含根区间缩成(a_n,b_n),则方程的根 $x^*\in(a_n,b_n)$,这一系列的含根子区间应满足:

$$(a,b)\supset(a_1,b_1)\supset(a_2,b_2)\supset\cdots\supset(a_n,b_n)\supset\cdots$$

由于含根区间范围每次都减半,子区间(a_n,b_n)的长度应为:

$$b_n-a_n=\frac{b-a}{2^n},\quad n=1,2,\cdots$$

显然,当 $n\to\infty$时$(b_n-a_n)\to0$,即子区间收敛于一点,这点就是方程的根 x^*。若 n 为有限整数,把最后一个子区间的中点 $x_n=(a_n+b_n)/2$ 作为方程根的近似值,它满足 $f(x_n)\approx0$,于是就有:

$$|x_n-x^*|\leqslant\frac{1}{2}\frac{b-a}{2^n}=\frac{b-a}{2^{n+1}}$$

这个关系式给出了近似值 x_n 的绝对误差限。如果预先要求根的误差限为 ε,由 $\varepsilon<\frac{b-a}{2^{n+1}}$便可求出满足这个误差要求的最小等分次数 n。

4.1.2 迭代法

迭代法是计算数学里的一种重要方法,而且应用非常广泛。由于求解线性方程组和矩阵特征值等问题时也要用到这种方法，下面结合非线性方程的求解介绍它的基本原理。

1. 基本原理

迭代法的基本原理就是构造一个迭代公式，反复用它得出一个逐次逼近方程根的数列，使数列中的每个元素都是方程的根，只是精度不同而已。

对非线性方程 $f(x)=0$ 进行变换，变成 $f(x)=x-g(x)=0$ 的形式，移项得出：

$$x=g(x)$$

如果函数 $g(x)$ 连续，就称 $x=g(x)$ 为该方程的迭代函数，用它可以构造出迭代公式：

$$x_{k+1}=g(x_k),\quad k=0,1,2,\cdots$$

从 x 的初始值 x_0 出发，用迭代公式便可得出迭代序列：

$$\{x_k\}=x_0,x_1,x_2,\cdots,x_k,\cdots$$

如果这个迭代序列收敛，而且收敛于 x^*，则由 $x_{k+1}=g(x_k)$，必能得出：

$$\lim_{k\to\infty}[g(x_k)-x_{k+1}]=[g(x^*)-x^*]=f(x^*)=0$$

可见，这个 x^* 就是方程 $f(x)=0$ 的根。

该方法的几何意义很明显：把方程 $f(x)=0$ 等价地变换成方程 $f(x)=x-g(x)=0$，即 $x=g(x)$，求该方程的根就是求直线 $y=x$ 和曲线 $y=g(x)$ 交点 P^* 的 x 坐标 x^*（图 4-2）。求出迭代序列 $\{x_k\}=x_0,x_1,x_2,\cdots,x_k,\cdots$，就等于在图中从 x_0 点出发，在曲线 $y=g(x)$ 上找出满足 $y=g(x_0)$ 点 P_0，把点 P_0 的 y 坐标代入函数 $y=x$ 中得出 Q_1，再把 Q_1 的 x 坐标 x_1 代入方程 $y=g(x)$ 得出 P_1，……如此不断作下去，便可在曲线 $y=g(x)$ 上得到一系列的点 $P_0,P_1,\cdots,P_k$，这些点的 x 坐标便是迭代数列 $x_0,x_1,x_2,\cdots,x_k,\cdots$，它们趋向于方程 $f(x)=0$ 的根 x^*，数列 $\{x_k\}$ 的元素都是方程根的近似值。数列 $\{x_k\}$ 的收敛，就等价于曲线 $y=x$ 和 $y=g(x)$ 能够相交于一点。

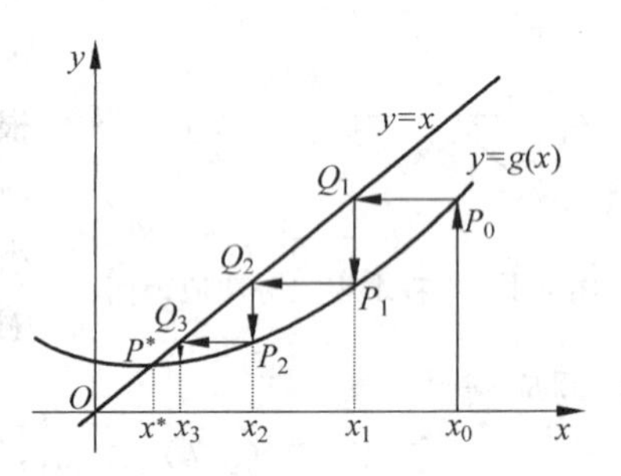

图 4-2 方程求根迭代法原理图

2. 迭代公式的收敛定理

要想用迭代法求出方程根的近似值，迭代序列 $\{x_k\}$ 必须收敛。在什么条件下才能保证它收敛？下面的收敛定理给出了回答，同时也给出了迭代公式求方程根的误差。

* **收敛定理** 方程 $x=g(x)$ 在 (a,b) 内有根 x^*，如果：(1) 当 $x\in[a,b]$ 时，$g(x)\in[a,b]$；(2) $g(x)$ 可导，且存在正数 $q<1$，使得对于任意 $x\in[a,b]$ 都有 $|g'(x)|\leqslant q<1$。则

(1) 方程 $x=g(x)$ 在 (a,b) 内有唯一的根 x^*；

(2) 迭代公式 $x_{k+1}=g(x_k)$ 对 (a,b) 内任意的初始近似根 x_0 均收敛于 x^*；

(3) 根的近似值 x_k 的误差估计公式为

$$|x^*-x_k|\leqslant\frac{q^k}{1-q}|x_1-x_0|$$

*证明 (1) 设方程 $x=g(x)$ 的根为 x^*，则 $x^*=g(x^*)$。如果 y^* 也是方程的根，代入方程可得 $y^*=g(y^*)$。据已知条件由中值定理可推知：

$$\begin{aligned}|x^*-y^*| &= |g(x^*)-g(y^*)| = |g'(\xi)(x^*-y^*)| \\ &\leqslant q\,|x^*-y^*|, \quad \xi\in[x^*,y^*]\end{aligned}$$

由于 q 是小于 1 的正数，上式是矛盾的。所以，必有 $x^*=y^*$，即方程有唯一的根 x^*。

(2) 任取一个初始近似根 $x_0\in[a,b]$，若设 $x_k\in[a,b]$，$k=0,1,2,\cdots$，用迭代公式及微分中值定理可以得出 $|x^*-x_{k+1}|=|g(x^*)-g(x_k)|=|g'(\xi)(x^*-x_k)|\leqslant q|x^*-x_k|\leqslant q^2|x^*-x_{k-1}|\leqslant\cdots\leqslant q^{k+1}|x^*-x_0|$，式中 $\xi\in(x_k,x^*)$。

因为 $q<1$，所以当 $k\to\infty$ 时 $|x^*-x_{k+1}|\to 0$，故 $\lim\limits_{k\to\infty}x_k=x^*$。

(3) 对于任意的正整数 p，由绝对值不等式的性质可知，下式成立：

$$|x_{k+p}-x_k|\leqslant|x_{k+p}-x_{k+p-1}|+|x_{k+p-1}-x_{k+p-2}|+\cdots+|x_{k+1}-x_k|$$

再由迭代公式及微分中值定理可以得出

$$|x_{k+1}-x_k|=|g(x_k)-g(x_{k-1})|\leqslant q\,|x_k-x_{k-1}|\leqslant\cdots\leqslant q^k\,|x_1-x_0|$$

因此可得：

$$\begin{aligned}|x_{k+p}-x_k| &\leqslant q^{k+p-1}\,|x_1-x_0|+q^{k+p-2}\,|x_1-x_0|+q^{k+p-3}\,|x_1-x_0|+\cdots \\ &+q^k\,|x_1-x_0| = q^k(q^{p-1}+q^{p-2}+q^{p-3}+\cdots+1)\,|x_1-x_0| = \frac{1-q^p}{1-q}q^k\,|x_1-x_0|\end{aligned}$$

对上式两边取 $p\to\infty$ 的极限，则得出：

$$|x^*-x_k|\leqslant\frac{q^k}{1-q}\,|x_1-x_0|$$

由这个定理可知，将方程 $f(x)=0$ 转化成等价形式 $x=g(x)$ 时，选择和构造什么样的迭代函数 $g(x)$ 非常重要，只有当它满足一定的条件，迭代序列才收敛于方程的根 x^*。

3. 切线法

切线法也称牛顿法，它和割线法都是具有典型意义的迭代法的具体应用。求解方程 $f(x)=0$ 的牛顿法，就是从函数曲线 $f(x)$ 上某点出发，不断用曲线的切线代替曲线，产生一个收敛于方程根的迭代序列，从而得到方程的近似根。

假设将函数 $f(x)$ 在某个初值 $x=x_0$ 点附近展开成泰勒级数，则有：

$$f(x)=f(x_0)+(x-x_0)f'(x_0)+(x-x_0)^2\frac{f''(x_0)}{2!}+\cdots$$

取其线性部分近似地代替函数 $f(x)$，得出方程的近似关系式：

$$f(x)\approx f(x_0)+(x-x_0)f'(x_0)=0$$

若 $f'(x_0)\neq 0$，由该近似方程 $f(x_0)+(x-x_0)f'(x_0)=0$ 可得：

$$x\approx x_1=x_0-\frac{f(x_0)}{f'(x_0)}$$

再将函数 $f(x)$在 x_1 点附近展开成泰勒级数,取其线性部分替代函数 $f(x)$,若 $f'(x_1)\neq 0$,则得出:

$$x \approx x_2 = x_1 - \frac{f(x_1)}{f'(x_1)}$$

如此不断展开、取近似,……,就可以得出牛顿迭代公式:

$$x_{k+1} = x_k - \frac{f(x_k)}{f'(x_k)}, \quad k = 0,1,2,\cdots$$

由这个表达式可以得出迭代序列 $x_1,x_2,\cdots,x_k,\cdots$,在一定的条件下它收敛于方程的根 x^*。

切线法的几何意义很明显:如图 4-3 所示,选取初值 x_0,过曲线上$(x_0,f(x_0))$点作曲线 $y=f(x)$的切线,其方程为 $y-f(x_0)=(x-x_0)f'(x_0)$。设切线与 x 轴交于点 x_1,则 $x_1 = x_0 - \frac{f(x_0)}{f'(x_0)}$。再过曲线上$(x_1,f(x_1))$点作 $y=f(x)$的切线,与 x 轴交于点 x_2,则 $x_2 = x_1 - \frac{f(x_1)}{f'(x_1)}$,如此不断作切线、求交点,便可得出一系列的交点 $x_1,x_2,\cdots,x_k,\cdots$,这些交点逐渐趋近于方程的根 x^*。

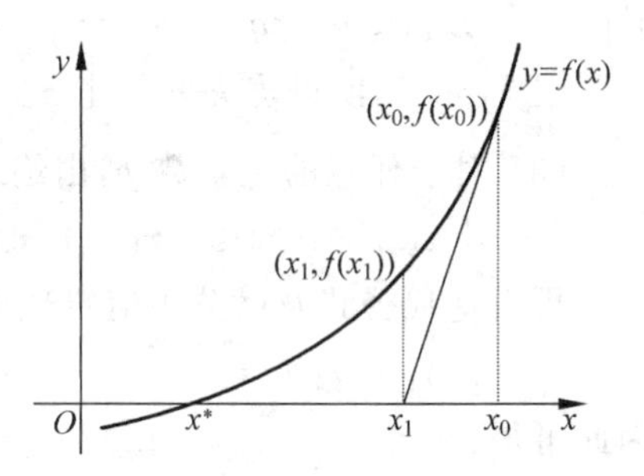

图 4-3 用切线法求方程根的原理图

理论上可以证明,如果在有根区间$[a,b]$上,$f'(x)\neq 0$,函数 $f''(x)$连续且不变号,则只要选取根的初始值 x_0 满足条件 $f(x_0)f''(x)>0$,就能保证用牛顿迭代法可以得出收敛的序列。

4. 割线法

割线法(也称弦截法)是牛顿法最直观的推广扩充:应用切线法的牛顿迭代公式时,每次都得计算导数 $f'(x_k)$,如果将该导数用其差商代替,就可得出割线法的迭代公式:

$$x_{k+1} = x_k - \frac{x_k - x_{k-1}}{f(x_k) - f(x_{k-1})}f(x_k), \quad k = 0,1,2,\cdots$$

割线法的几何意义也很明显:如图 4-4 所示,过点$(x_0,f(x_0))$和$(x_1,f(x_1))$作曲线 $y=f(x)$的割线,交 x 轴于点 x_2,再过点 $(x_1,f(x_1))$和点$(x_2,f(x_2))$作曲线 $y=f(x)$的割线,交 x 轴于点 x_3,……,这样作下去,则割线与 x 轴的交点序列将趋于方程 $f(x)=0$ 的根 x^*。

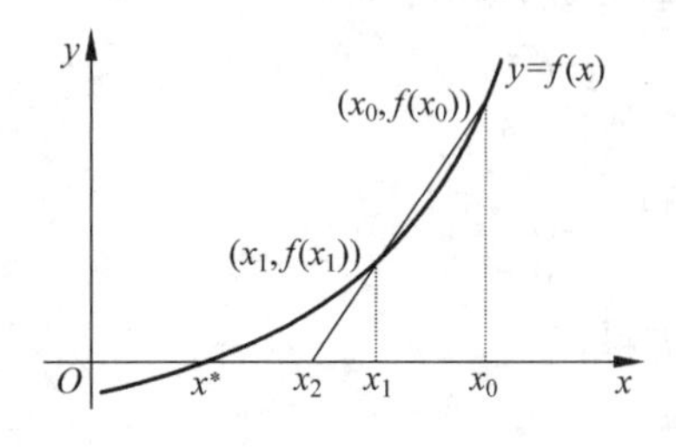

图 4-4 用割线法求方程根的原理图

求解非线性方程数值解的方法还有许多,这里仅介绍了几种基本方法的原理。二分法简单方便,但收敛速度慢;迭代法虽然收敛速度稍微快些,但需要判断能否收敛;切线法在初值选取得当时,就具有恒收敛且收敛速度快的优点,但需要求出函数的导数;弦截法不需要求导数，特别是我们介绍的快速弦截法，收敛速度很快，但是需要知道两个近似初始根的值，要求的初始条件较多。这些方法各有千秋，使用中可根据具体情况选用。

4.2 MATLAB 软件的实现

上一节介绍的求代数方程数值解的基本原理，都可以用 MATLAB 中的指令实现。下面介绍两个相关的求解指令，由于它们适用的条件各不相同，学习中须注意。

4.2.1 多项式求根指令

对于多项式方程 $P_n(x)=a_nx^n+a_{n-1}x^{n-1}+\cdots+a_1x+a_0=0$，可用多项式求根指令 roots 求解，其使用格式为：

```
>> roots (P) ↵
```

(1) 输入的参量 P 是多项式 $P_n(x)$的系数向量。

(2) 回车得出多项式方程的所有实数和复数根。

但应注意，这条指令每次只能求出一个一元多项式的根，不能用于求解方程组。

例 4.1 求解方程 $x^3=x^2+1$。

解 将方程变换成 $P(x)=x^3-x^2-1=0$，左边多项式 $P(x)$的系数向量为[1 −1 0 −1]。用多项式求根指令求解，在指令窗中输入：

```
>> x = roots([1 -1 0 -1]) ↵
   x =
                         1.4656
                        - 0.2328 + 0.7926i
                        - 0.2328 - 0.7926i
```

整理得出方程 $x^3=x^2+1$ 的根为：

$$x_1=1.4656,\quad x_2=-0.2328+0.7926\mathrm{i},\quad x_3=-0.2328-0.7926\mathrm{i}$$

4.2.2 求函数零点指令

求解方程 $f(x)=0$ 的实数根，实际上就是求函数 $f(x)$的零点。该软件中设有求实函数零点的专用指令 fzero，使用格式为：

```
>> fzero( fun, x0, options) ↵
```

(1) 指令中输入的参数 fun 是函数 $f(x)$的字符表达式、临时或永久文件名。

(2) 指令中输入的参数 x_0 是函数 $f(x)$某个零点的大约位置(不得取成零)或存在的区间$[x_i,x_j]$(即 $x_0 \in [x_i,x_j]$),且 x_i 和 x_j 满足 $f(x_i)f(x_j)<0$。

(3) 指令中输入的参数 options 可有多种选择:若选用“optimset('disp','iter')”,回车将输出寻找零点的中间过程,其他选项可用 help 指令查询。

(4) 该指令也可用于求出多项式函数或超越函数的零点,但是每次只能求出函数的一个零点。因此在使用前需要摸清函数零点数目和存在的大体范围,逐一求出。实用中常用绘图指令 plot、fplot 或 ezplot 画出函数 $f(x)$图线,从图上估计函数零点的大体位置。

例 4.2 求方程 $x^2+4\sin x=25$ 在区间$(-2\pi,2\pi)$的根。

解 (1) 首先确定方程在$[-2\pi,2\pi]$间实数根的大致范围。先将方程变成标准形式:

$$f(x) = x^2 + 4\sin x - 25 = 0$$

为作出函数的图线,在指令窗中输入:

```
>> clf, ezplot x - x, grid, hold                      % 做出 x 轴,画出方格线
Current plot held
>> ezplot('x^2 + 4 * sin(x) - 25')
    >> plot( - 4.6,0,'o',5.3,0,'o')  ↵
```

得出图 4-5。

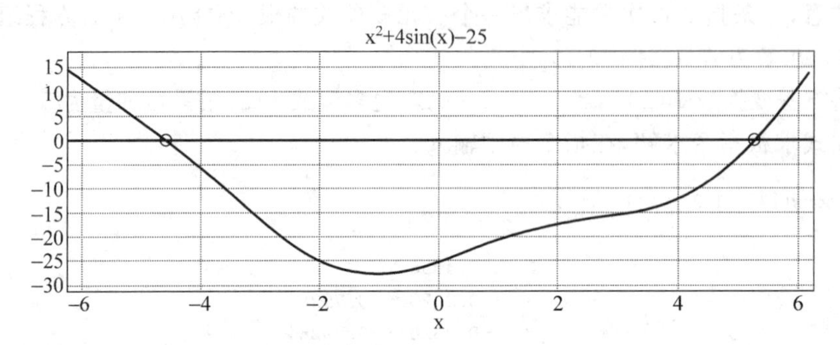

图 4-5 确定方程实数根存在位置的图线

从图 4-5 所示的图线可以看出,当 $x\in[-6,6]$时函数的零点在 $x_1\approx-4$ 和 $x_2\approx5$ 两点附近。

(2) 直接使用 fzero 指令求出方程在 $x_1\approx-4$ 附近的根。在指令窗中输入:

```
>> x1 = fzero ('x^2 + 4 * sin(x) - 25', - 4)  ↵
    x1 =
                                        - 4.5861
```

如果指令中写上参数 optimset('disp','iter'),将得出寻找零点的中间过程。

在指令窗中输入:

```
>> x1 = fzero ('x^2 + 4 * sin(x) - 25', - 4,optimset('disp','iter'))  ↵
Search for an interval around  - 4 containing a sign change:
Func - count         a             f(a)           b             f(b)         Procedure
    1             - 4           - 5.97279      - 4           - 5.97279     initial interval
    3             - 3.88686     - 7.17961      - 4.11314     - 4.77907     search
    5             - 3.84        - 7.68241      - 4.16        - 4.28931     search
    7             - 3.77373     - 8.39553      - 4.22627     - 3.60199     search
    9             - 3.68        - 9.40652      - 4.32        - 2.64161     search
   11             - 3.54745     - 10.8364      - 4.45255     - 1.30909     search
   13             - 3.36        - 12.8437      - 4.64        0.519124      search
Search for a zero in the interval [ - 3.36,  - 4.64]:
Func - count      x                    f(x)                   Procedure
   13          - 4.64               0.519124                initial
   14          - 4.59027            0.0408288               interpolation
   15          - 4.58604           - 9.62876e - 005         interpolation
   16          - 4.58605            4.13699e - 008          interpolation
   17          - 4.58605            4.61853e - 014          interpolation
   18          - 4.58605            0                       interpolation
Zero found in the interval [ - 3.36,  - 4.64]
  x1 =
                                             - 4.5861
```

由得出的中间过程可以看出,求根过程是在不断缩小探察范围,最后得出在－4 附近且符合精度要求的根－4.5861。

(3) 为了求出 $x_2\approx5$ 附近的根,在指令窗中输入:

```
>> x2 = fzero ('x^2 + 4 * sin(x) - 25',5)  ↵
    x2  =
                                             5.3186
```

4.3 方程组的数值解

求非线性方程组的数值解有许多方法,下面介绍迭代法和用 MATLAB 软件求解的方法。

4.3.1 迭代法的原理

这里仅以二元方程组为例,说明非线性方程组数值解的求解方法,多元方程组可以仿此求解。

求解二元方程组:

$$\begin{cases} f_1(x,y)=0 \\ f_2(x,y)=0 \end{cases}$$

可以用一元非线性方程的切线法(牛顿法),即把非线性函数线性化,近似替代原方程得出其数值解,所以这个方法也叫牛顿迭代法。假设方程组的初始解估计为(x_0,y_0),可以把方程组中的两个函数$f_1(x,y)$和$f_2(x,y)$在(x_0,y_0)处用二元泰勒级数展开,只取其线性部分,移项得出:

$$\begin{cases} \dfrac{\partial f_1(x_0,y_0)}{\partial x}(x-x_0)+\dfrac{\partial f_1(x_0,y_0)}{\partial y}(y-y_0)=-f_1(x_0,y_0) \\ \dfrac{\partial f_2(x_0,y_0)}{\partial x}(x-x_0)+\dfrac{\partial f_2(x_0,y_0)}{\partial y}(y-y_0)=-f_2(x_0,y_0) \end{cases}$$

如果系数矩阵行列式$J_0=\begin{vmatrix} \dfrac{\partial f_1(x_0,y_0)}{\partial x} & \dfrac{\partial f_1(x_0,y_0)}{\partial y} \\ \dfrac{\partial f_2(x_0,y_0)}{\partial x} & \dfrac{\partial f_2(x_0,y_0)}{\partial y} \end{vmatrix}\neq 0$,则方程组的解为

$$x_1=x_0+\frac{1}{J_0}\begin{vmatrix} \dfrac{\partial f_1(x_0,y_0)}{\partial y} & f_1(x_0,y_0) \\ \dfrac{\partial f_2(x_0,y_0)}{\partial y} & f_2(x_0,y_0) \end{vmatrix}$$

$$y_1=y_0+\frac{1}{J_0}\begin{vmatrix} f_1(x_0,y_0) & \dfrac{\partial f_1(x_0,y_0)}{\partial x} \\ f_2(x_0,y_0) & \dfrac{\partial f_2(x_0,y_0)}{\partial x} \end{vmatrix}$$

再把方程组中的两个函数$f_1(x,y)$和$f_2(x,y)$在(x_1,y_1)处用二元泰勒级数展开,只取线性部分,……,如此继续替代下去,直至方程组的根满足要求的精度,就得到了方程组的解。

求解非线性方程组还有许多其他方法,比如"最速下降法",是利用方程组构成的所谓模函数$\Phi(x)=[f_1(x,y)]^2+[f_2(x,y)]^2$,再用求模函数$\Phi(x)$极小值的方法求出方程组的数值解。诸如此类,在此不再一一列举,现在实用中多用计算机求解。

4.3.2 MATLAB 软件的实现

在 MATLAB 软件中设有根据最小二乘法原理求 $F(X)=0$ 数值解的指令 fsolve,变量 X 可以是向量或矩阵,方程组可由代数方程或超越方程构成。fsolve 的使用格式为:

```
>> X = fsolve('fun', X0) ↵
>> X = fsolve('fun', X0, OPTIONS) ↵
```

(1) 指令中输入的参数 fun 是描述方程组的临时或永久文件名。若选用永久文件名,则在指令中必须对文件名加以界定。

(2) 指令中输入的向量或矩阵 $\boldsymbol{X}_0$ 是方程组解的初值，求解从它出发逐渐趋近于满足误差要求的近似解$\boldsymbol{X}^*$，使 $F(\boldsymbol{X}^*)\approx 0$。实际问题中初值$\boldsymbol{X}_0$，常常是根据专业知识、物理意义等估计出来的。

(3) 指令中输入的 OPTIONS(选项)用于设置求解过程的显示与否、误差、算法、……，详情可用 help 查询。当选用 optimset('Display','iter')时，回车则显示求解过程。

回车输出的 $\boldsymbol{X}$ 是方程组近似数值解向量或矩阵，与$\boldsymbol{X}_0$ 维数相同。

此外，fsolve 还有一些其他调用格式，详情可用 help 命令查询。

例 4.3 求出方程组$\begin{cases}x^2+y^2+z+7=10x\\xy^2=2z\\x^2+y^2+z^2=3y\end{cases}$在 $x_0=y_0=z_0=1$ 附近的数值解。

解 把方程组编辑成“匿名函数”，用 fsolve 指令求解。

将方程组变换成 $F(X)=0$ 的形式，把 x、y、z 看作 X 的三个分量，令 $X(1)=x$，$X(2)=y$，$X(3)=z$。在指令窗中输入：

```
>> li4_3 = @(X)[X(1)^2 + X(2)^2 + X(3) + 7 - 10 * X(1);X(1) * X(2)^2 - 2 * X(3);...
X(1)^2 + X(2)^2 + X(3)^2 - 3 * X(2)];   % 指令中的"..."为续行号
```

(1) 仅求出数值解，在指令窗中输入：

```
>> X = fsolve(li4_3,[1 1 1]) ↵
   Optimization terminated: first - order optimality is less than options.TolFun.
   X =
                          1.1042     1.3485     1.0039
```

表明该方程组的解为：$x=1.1042$，$y=1.3485$，$z=1.0039$。

(2) 显示求解过程和结果

指令中把 OPTIONS 选为“optimset('Display','iter')”。在指令窗中输入：

```
>> X = fsolve(li4_3,[1 1 1],optimset('Display','iter')) ↵
                                                  Norm of    First - order    Trust - region
Iteration  Func - count           f(x)               step       optimality          radius
    0           4                    1                                   2
    1           8             0.472996          0.578939              2.83               1
    2          12           0.00566463          0.203554             0.242               1
    3          16        2.40318e - 006        0.0299025           0.00471               1
    4          20        5.25126e - 013      0.000652713        2.17e - 006               1
    5          24        2.97692e - 026    3.07322e - 007        5.96e - 013               1
Optimization terminated: first - order optimality is less than options.TolFun.
  X =
                          1.1042     1.3485     1.0039
```

例 4.4 求方程组$\begin{cases}3x=\cos yz+0.5\\2x^2-81(y+0.1)^2+\sin z+1.06=0\\e^{-xy}+20z+\dfrac{10}{3}\pi=1\end{cases}$在 $x_0=y_0=0.1$ 和 $z_0=-0.1$ 附近处的数值解。

解 先将方程组编成临时函数,为此令 $X(1)=x$, $X(2)=y$, $X(3)=z$。在指令窗中输入:

```
>> li4_4 = @(X)[3 * X(1) - cos(X(2) * X(3)) - 0.5,2 * X(1)^2 - 81 * (X(2) + 0.1)^2 + ...
sin(X(3)) + 1.06, exp( - X(1) * X(2)) + 20 * X(3) + 10 * pi/3 - 1];
```

接着在指令窗中输入:

```
>> X = fsolve(li4_4,[0.1 0.1 - 0.1]) ↵
Optimization terminated: first - order optimality is less than options.TolFun.
  X =
                                        0.5000      0.0144     - 0.5232
```

这即为方程组的解:$x=0.5000, y=0.0144, z=-0.5232$。

*另解:如果以后需要多次调用这个方程组,可以把它编辑成永久文件。先将方程组变换成 $f_j(x,y,z)=f(X)=0(j=1,2,3)$的形式,设 $\boldsymbol{X}$ 为一个三维向量,令 $X(1)=x$, $X(2)=y$, $X(3)=z$,则三维向量 $\boldsymbol{Y}=f(\boldsymbol{X})=f_j(x,y,z)$。

(1) 在编辑调试窗中编辑 M-函数文件。

将描述方程的内容输入到编辑窗中,得出图 4-6:

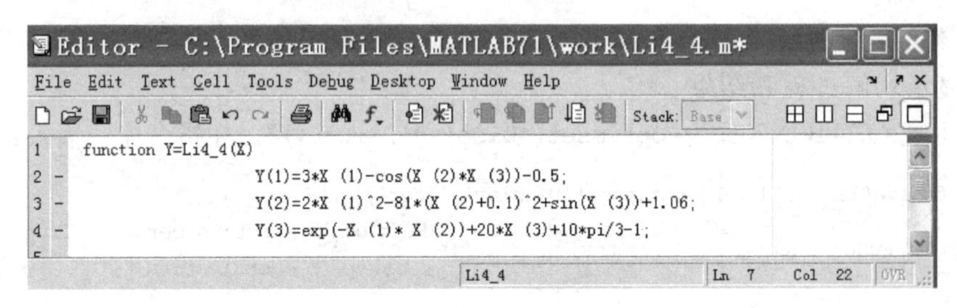

图 4-6 编辑窗中描述例 4.4 的方程组文件

以"Li4_4"为名存盘:单击编辑窗上的快捷图标 ,在弹出的 Save File As 对话框下面的"文件名(N)"右侧文本栏内填上文件名"Li4_4",再单击该栏右侧的 保存(S) 按钮,就将该文件保存在"C:\Program Files\MATLAB7 1\Work\ Li4_4"中,以后可随时调用它。

退出编辑调试窗,回到指令窗。

(2) 在指令窗中输入:

```
>> X = fsolve('Li4_4',[0.1 0.1 - 0.1]) ↵
```

```
Optimization terminated: first - order optimality is less than options.TolFun.
X =
                         0.5000     0.0144    - 0.5232
```

这是方程组的最小二乘解。

如果在指令中把 OPTIONS 选为“optimset('Display','iter')”，回车则显示出求解过程。在指令窗中输入：

```
>> X = fsolve(@Li4_4,[ 0.1 0.1 - 0.1],optimset('Display','iter')) ↵
                                                   Norm of      First-order   Trust-region
Iteration    Func-count        f(x)                  step         optimality        radius
0              4            78.1526                                    167            1
1              8          0.0231146           0.586182                2.93            1
2             12         2.1666e-005        0.00777627              0.0865         1.47
3             16         2.6097e-011       0.000251224           9.47e-005         1.47
4             20        4.24776e-023      2.76332e-007           1.21e-010         1.47
Optimization terminated: first-order optimality is less than options.TolFun.
  X =
                        0.5000      0.0144         - 0.5232
```

表明该方程组的解为：$x=0.5000$，$y=0.0144$，$z=-0.5232$。

4.4 方程组的解析解

在 MATLAB 软件中，除了可以用指令求出非线性代数方程组 $f(x)=0$ 的数值解外，还设有求方程组解析解的指令 solve。该指令要求把 $f(x)$转换成字符或符号表达式，然后用它求出其符号解(即解析解)。

指令 solve 的使用格式有三种：

```
>> solve (s1, s2, … ,sn, 'v1', 'v2', … , 'vn') ↵
>> solve (s1, s2, … ,sn, 'v1,v2, … ,vn') ↵
>>[z1,z2, … ,zn] = solve (s1, s2, … ,sn, 'v1', 'v2', … , 'vn') ↵
```

(1) 输入的参量 s1,s2,…,sn 为待解方程组 $f(x)=0$ 或函数 $f(x)$的字符、符号表达式或者是代表它们的变量名，被解方程可以是线性、非线性或超越方程。

(2) 输入的参量 v1,v2,…,vn 是与方程对应的未知量名称，其数目必须与方程数目相等。

(3) 若指令左边采用输出格式[z1,z2,…,zn]，且 n 与方程数相等时，指令右边输入参量 'v1', 'v2',…, 'vn'可省。

(4) 输出格式[z1,z2,…,zn]是指定的输出变量名称，方程组解的结果分别赋值给它们。但其顺序并不按指令中的 'v1', 'v2',…, 'vn'顺序，而是按未知变量名在英文字母表中的排序。

(5) 当方程组不存在解析解或精确解时，该指令输出方程的数字形式的符号量解。

(6) 得出的符号量表达式，可以用指令 vpa 转换成 n 位有效数字形式的数值解(实为符号量)。指令 vpa 的使用格式为：

```
>> vpa(z, n)↵
```

指令中输入的 z 是符号解的结果，n 为有效数字位数。当解析解的表达式太冗长或含有不熟悉的特殊函数时，可使用该指令进行转换。实际问题中许多情况下是没有解析解的。

例 4.5 由方程 $ax^2+bx+5=0$ 求出 x 和 b。

解 在指令窗中输入：

```
>> s1 = 'a*x^2+b*x+5';                  %  函数 f(x)用字符串表达
   (或 s1 = 'a*x^2+b*x+5=0';            %  方程 f(x) = 0 是字符串表达式
    或 s1 = sym('a*x^2+b*x+5');         %  函数 f(x)是符号表达式
    或 s1 = sym('a*x^2+b*x+5=0'));      %  方程 f(x) = 0 是符号表达式  ↵
>> x = solve(s1)  ↵
  x =
                    1/2/a*(-b+(b^2-20*a)^(1/2))
                    1/2/a*(-b-(b^2-20*a)^(1/2))
```

整理得出：

$$x_{1,2}=\frac{1}{2a}(-b\pm\sqrt{b^2-20a})$$

由方程求 b 时，在指令窗中输入：

```
>> b = solve('a*x^2+b*x+5','b') (或 b = solve(s1, 'b') ) % 指令中的'b'不可省略  ↵
  b =
                    -(a*x^2+5)/x
```

例 4.6 求解方程 $e^{-x}=\sin\frac{\pi x}{2}$。

解 在指令窗中输入：

```
>> x = solve('exp(-x) = sin(pi*x/2)')  ↵
  x =
           .44357353410429277965457309417668(32 位有效数字的符号量)
```

也可在指令窗中输入：

```
>> solve('exp(-x) - sin(pi*x/2)')↵
```

得出同样的结果。

例 4.7 求解方程组：$\begin{cases} x^2+x\sqrt{5}=-1 \\ x+3z^2=4 \\ yz+1=0 \end{cases}$。

解 在指令窗中输入：

```
>> s1 = 'x^2 + sqrt(5) * x =  - 1' ; s2 = 'x + 3 * z^2 = 4' ; s3 = 'y * z + 1 = 0' ;
>>[u v w] = solve(s1, s2, s3) ↵
    u =
                          - 1/2 - 1/2 * 5^(1/2)
                          - 1/2 - 1/2 * 5^(1/2)
                            1/2 - 1/2 * 5^(1/2)
                            1/2 - 1/2 * 5^(1/2)
    v =
              1/76 * (54 + 6 * 5^(1/2))^(1/2) * ( - 9 + 5^(1/2))
            - 1/76 * (54 + 6 * 5^(1/2))^(1/2) * ( - 9 + 5^(1/2))
              1/44 * (42 + 6 * 5^(1/2))^(1/2) * ( - 7 + 5^(1/2))
            - 1/44 * (42 + 6 * 5^(1/2))^(1/2) * ( - 7 + 5^(1/2))
    w =
                    1/6 * (54 + 6 * 5^(1/2))^(1/2)
                  - 1/6 * (54 + 6 * 5^(1/2))^(1/2)
                    1/6 * (42 + 6 * 5^(1/2))^(1/2)
                  - 1/6 * (42 + 6 * 5^(1/2))^(1/2)
```

可以用 vpa 指令把它们转换成 5 位有效数字形式，在指令窗中输入：

```
>> x = vpa(u,5), y = vpa(v,5), z = vpa(w,5) ↵
    x =
                              - .61800
                              - .61800
                              - 1.6180
                              - 1.6180
    y =
                              - .80599
                                .80599
                              - .73076
                                .73076
    z =
                                1.2407
                              - 1.2407
                                1.3685
                              - 1.3685
```

虽然这些解在形式上是数字，但都属于符号量，可检验如下。在指令窗中输入：

```
>> c1 = class(u), c2 = class(x) ↵
```

```
c1 =
                                    sym
c2 =
                                    sym
```

思考与练习题

4.1 方程 $x^3-x^2-1=0$ 在 $x_0=1.5$ 附近有根,把方程写成下列不同的等价形式,并导出了相应的迭代格式,判断每种迭代公式在 $x_0=1.5$ 附近的敛散性。

(1) $x=1+\frac{1}{x^2}$,对应的迭代公式 $x_{k+1}=1+\frac{1}{x_k^2}$;

(2) $x^3=x^2+1$,对应的迭代公式 $x_{k+1}=\sqrt[3]{1+x_k^2}$;

(3) $x^2=\frac{1}{x-1}$,对应的迭代公式 $x_{k+1}=\sqrt{\frac{1}{x_k-1}}$。

4.2 用"solve"、"roots"和"fzero"求方程 $x^3-2x^2-4x=7$ 的根,比较它们的差异。

4.3 求方程 $x^3+2x^2+10x=20$ 的根。

4.4 求方程 $1-x=\sin x$ 的根。

4.5 求方程 $x=\frac{\sin x}{x}$的根。

4.6 求方程 $\sin x+1=\frac{x^2}{2}$ 在区间[−4 2]的根。

4.7 求方程 $\cos x=\frac{1}{2}+\sin x$ 的根。

4.8 求方程 $4x+e^x=\sin x$ 的根。

4.9 已知方程组:$\begin{cases} x^2+y\sqrt{2}+1=0 \\ x+3z=4 \\ yz+1=0 \end{cases}$,求它在 $x=1,y=-1$ 和 $z=2$ 附近的数值解。

4.10 已知方程组:$\begin{cases} \sin x+y^2+\ln z=7 \\ 3x+2^y-z^3+1=0 \\ x+y+z=5 \end{cases}$,求它在 $x=0,y=2$ 和 $z=5$ 附近的数值解。

线性代数方程组

工程技术和科学研究中的许多理论问题往往可以归结为求解线性代数方程组，它们的求解方法分为直接法和迭代法两类。

在没有舍入误差的条件下，直接法可以求得方程组的精确解（如克莱姆法则）。鉴于它是求解线性代数方程组的重要基础，又和广泛应用的矩阵分解密不可分，本章首先介绍直接法、矩阵分解，并和 MATLAB 软件应用联系在一起加以介绍。

不过直接法解算烦琐，又受到计算机存储量等因素的限制，只能用于元数不多的方程组，实用性不够强。迭代法和求矩阵特征值密切相关，是计算数学中的一种重要方法，也是本章的第二个主要内容。

5.1 求解原理

5.1.1 方程组的矩阵形式

含有 n 个未知量$(x_1,x_2,\cdots,x_n)$、m 个保留方程的线性代数方程组，一般形式为：

$$\begin{cases} a_{11}x_1+a_{12}x_2+\cdots+a_{1n}x_n=b_1 \\ a_{21}x_1+a_{22}x_2+\cdots+a_{2n}x_n=b_2 \\ \quad\vdots \\ a_{m1}x_1+a_{m2}x_2+\cdots+a_{mn}x_n=b_m \end{cases}$$

为了方便求解，常把它们表示成矩阵方程的形式：

$$\boldsymbol{Ax}=\boldsymbol{b}$$

其中 $\boldsymbol{A}=(a_{ij})_{m\times n}$为系数矩阵；$\boldsymbol{b}=(b_k)_{m\times 1}$为自由项列阵，简称自由项；$\boldsymbol{x}=(x_k)_{n\times 1}$是未知量向量。把 $\boldsymbol{A}$ 和 $\boldsymbol{b}$ 组成的矩阵 $\boldsymbol{B}=(\boldsymbol{A},\boldsymbol{b})_{m\times(n+1)}$ 称为方程组的增广矩阵。

把自由项 $\boldsymbol{b}\neq\boldsymbol{0}$ 的方程组 $\boldsymbol{Ax}=\boldsymbol{b}$ 称为非齐次线性代数方程组。

把自由项 $\boldsymbol{b}=\mathbf{0}$ 的方程组 $\boldsymbol{Ax}=\mathbf{0}$ 称为齐次线性代数方程组。

5.1.2 方程组解的性质

如果用向量 $\boldsymbol{S}=[s_1\ s_2\cdots\ s_n]^{\mathrm{T}}$ 代替 $\boldsymbol{x}$，能使方程 $\boldsymbol{Ax}=\boldsymbol{b}$ 成为恒等式，即 $\boldsymbol{AS}\equiv\boldsymbol{b}$，则称 $\boldsymbol{S}$ 为方程 $\boldsymbol{Ax}=\boldsymbol{b}$ 的一个解向量。

1. 解的判别

(1) 对于齐次线性代数方程组 $\boldsymbol{Ax}=\mathbf{0}$，根据系数矩阵 $\boldsymbol{A}$ 的秩 $\mathrm{R}(\boldsymbol{A})$ 与待求变量的个数 n（$\boldsymbol{x}$ 的维数）间的关系，可以对其解判断如下：存在非零解（$\boldsymbol{x}\neq\mathbf{0}$）的充要条件是系数矩阵的秩 $\mathrm{R}(\boldsymbol{A})<n$；若 $\mathrm{R}(\boldsymbol{A})=n$，则方程组只有零解。

(2) 对于非齐次线性代数方程组 $\boldsymbol{Ax}=\boldsymbol{b}$，根据其系数矩阵 $\boldsymbol{A}$ 的秩 $\mathrm{R}(\boldsymbol{A})$、增广矩阵 $\boldsymbol{B}=[\boldsymbol{A},\boldsymbol{b}]$ 的秩 $\mathrm{R}(\boldsymbol{B})$ 和待求变量个数 n 间的关系，可把它们分成三类：

① 恰定方程组——当方程组的 $\mathrm{R}(\boldsymbol{A})=\mathrm{R}(\boldsymbol{B})=n$ 时，则称其为恰定方程组，它有唯一解向量；

② 欠定方程组——当方程组的 $\mathrm{R}(\boldsymbol{A})=\mathrm{R}(\boldsymbol{B})<n$ 时，则称其为欠定方程组，它有无穷多解向量；

③ 超定方程组——当方程组的 $\mathrm{R}(\boldsymbol{A})<\mathrm{R}(\boldsymbol{B})$ 时，则称其为超定方程组或矛盾方程组，这时因保留方程的个数大于未知量的个数，一般意义下它是无解的。

2. 解的结构

不同类型的方程组其解的情况不同，因而其结构有很大差异，其情况概括如下：

1) 齐次线性代数方程组 $\boldsymbol{Ax}=\mathbf{0}$

若系数矩阵的秩 $\mathrm{R}(\boldsymbol{A})=r<n$，则全体解向量构成 n 维空间 V_n 的一个子空间 S，它由 $(n-r)$ 个线性无关的解向量（称为基）生成，称 S 为方程组的解空间。

若 $\mathrm{R}(\boldsymbol{A})=n$，则解空间 S 为零空间，方程组没有非零解。

2) 非齐次线性代数方程组 $\boldsymbol{Ax}=\boldsymbol{b}$

当 $\mathrm{R}(\boldsymbol{A})=\mathrm{R}(\boldsymbol{B})=r\leqslant n$ 时，方程组属于恰定或欠定方程组。此时若方程组 $\boldsymbol{Ax}=\boldsymbol{b}$ 有一个特解 $\boldsymbol{\beta}$，而 $\boldsymbol{\alpha}_1,\boldsymbol{\alpha}_2,\cdots,\boldsymbol{\alpha}_{n-r}$ 是对应的齐次线性方程组 $\boldsymbol{Ax}=\mathbf{0}$ 的 $(n-r)$ 个线性无关解向量，则 $\boldsymbol{\beta}+k_1\boldsymbol{\alpha}_1+k_2\boldsymbol{\alpha}_2+\cdots+k_{n-r}\boldsymbol{\alpha}_{n-r}$（$k_1,k_2,\cdots,k_{n-r}$ 为任意常数）就是非齐次线性方程组 $\boldsymbol{Ax}=\boldsymbol{b}$ 的全部解向量。

当 $\mathrm{R}(\boldsymbol{A})=\mathrm{R}(\boldsymbol{B})=r=n$ 时，方程组只有唯一解 $\boldsymbol{\beta}$。

当 $\mathrm{R}(\boldsymbol{A})<\mathrm{R}(\boldsymbol{B})$ 时，方程组属于超定方程组，这种方程组保留方程的个数多于未知量的个数，没有一般意义下的解，但可以求出它的最小二乘解。

5.2 齐次线性方程组

当线性代数方程组的自由项系数列阵 $\boldsymbol{b}=\mathbf{0}$时，方程组变为 $\boldsymbol{Ax}=\mathbf{0}$，称为齐次线性代数方程组。

5.2.1 矩阵零空间的 MATLAB 求解

对于齐次线性代数方程组 $\boldsymbol{Ax}=\mathbf{0}$，如果系数矩阵的秩 $\mathrm{R}(\boldsymbol{A})<n$（未知量个数），把满足 $\boldsymbol{Ax}=\mathbf{0}$的全体解向量 $\boldsymbol{x}$ 称为矩阵 $\boldsymbol{A}$ 的零空间。在 MATLAB 软件中，设有求矩阵零空间的专用指令 null，使用格式为：

```
>> x = null(A)  ↵
>> x = null(sym(A))  ↵
```

指令中的输入参量 A 是数值矩阵，回车得出满足 $\boldsymbol{Ax}=\mathbf{0}$的一个解向量 $\boldsymbol{x}$，其维数等于$[n-\mathrm{R}(\boldsymbol{A})]$。

前一格式得出零空间的近似数值解，后一格式得出最接近零空间数值解的有理分式解。

例 5.1 求出矩阵 $\boldsymbol{a}$ 的一个零空间，$\boldsymbol{a}=\begin{bmatrix}5 & 2\mathrm{i} & 4\\ 3\mathrm{i} & 8 & 6\end{bmatrix}$。

解 在指令窗中输入：

```
>> a = [5 2i 4;3i 8 6];
>> x1 = null(a)  ↵
x1 =
                    - 0.4975 + 0.1495i
                    - 0.4672 + 0.1516i
                      0.6977 + 0.0467i
```

如果想求出一个零空间的有理数解，可在指令窗中输入：

```
>> x2 = null(sym(a))  ↵
x2 =
                    - 16/23 + 6/23 * i
                    - 15/23 + 6/23 * i
                              1
```

5.2.2 方程组的 MATLAB 求解

若齐次线性代数方程组 $\boldsymbol{Ax}=\mathbf{0}$的系数矩阵 $\boldsymbol{A}$ 是 $m\times n$ 矩阵，$\boldsymbol{x}$ 是 n 维列阵，求解 $\boldsymbol{Ax}=\mathbf{0}$

得出的 $\boldsymbol{x}$ 就称为 $\boldsymbol{A}$ 的零空间。只要方程组满足 $R(\boldsymbol{A})<n$ 这个充要条件，就可以利用 null 指令求出其系数矩阵 $\boldsymbol{A}$ 的一个零空间。在指令窗中输入：

```
>> x = null(A) 或 null(sym(A))  ↵
```

得出方程组的一个解向量。

例 5.2 求齐次方程组 $\begin{cases} x+2y+2z+w=0 \\ 2x+y-2z-2w=0 \\ x-y-4z-3w=0 \end{cases}$ 的解。

解 先求出方程组系数矩阵的秩 $R(\boldsymbol{A})$。在指令窗中输入：

```
>> a = [1 2 2 1;2 1 -2 -2;1 -1 -4 -3];
>> R = rank(a)  ↵
  R =

                2
```

$\boldsymbol{A}$ 的秩 $R(\boldsymbol{A})=2$，待求变量数 $n=4$，所以方程组基础解系含有 $4-2=2$ 个基向量。

用指令 null 求解方程组基础解系的独立向量。在指令窗中输入：

```
>>c = null(a)  ↵
  c =

         0.7177    -0.0286
        -0.6084     0.2725
         0.0857    -0.6241
         0.3277     0.7317
```

这个解向量是由正交基构成的，可验证如下。在指令窗中输入：

```
>> c' * c  ↵
    ans =

         1.0000    0.0000
         0.0000    1.0000
```

*该题也可用下述指令求出。在指令窗中输入：

```
>> c1 = null(sym(a))  ↵
    c1 =

         [2,    5/3]
         [-2, -4/3]
         [ 1,     0]
         [ 0,     1]
```

这是一个有理数解向量，整理可得出方程组的全部解向量为：

$$[x\ y\ z\ w]' = k_1\xi + k_2\eta = k_1[2 \quad -2 \quad 1 \quad 0]' + k_2\left[\frac{5}{3} \quad -\frac{4}{3} \quad 0 \quad 1\right]'$$

即

$$x = \frac{5}{3}k_2 + 2k_1, y = -2k_1 - \frac{4}{3}k_2, z = k_1, w = k_2$$

其中 k_1 和 k_2 为任意常数，ξ 和 η 为方程组的任意一个基础解系。

5.3 非齐次线性代数方程组

求解非齐次线性代数方程组 $\boldsymbol{Ax}=\boldsymbol{b}$ 的解向量时，需要先判断方程组的类型，根据所属类型和解的结构，分下述几种情况介绍（以下标题中省去“非齐次线性代数”几字）。

5.3.1 恰定方程组

经常使用“直接法”求解恰定方程组，其基本思路是经过有限次的变量代换，不断减少方程组中一些方程里待求变量的个数，最终得出方程组的全部解。若不考虑计算过程中的舍入误差，这种方法可以得出方程组的精确解。克莱姆法则和高斯消去法是用直接法求解恰定方程组的典型方法，也是求解线性代数方程组的基础，由此可以引导出许多更为简便实用的方法，下面予以介绍。

1. 克莱姆法则

非齐次线性代数方程组 $\boldsymbol{Ax}=\boldsymbol{b}$ 若是恰定方程组，可用克莱姆(Cramer)法则求出其唯一解：方程组 $\boldsymbol{Ax}=\boldsymbol{b}$ 的系数矩阵 $\boldsymbol{A}=(a_{ij})_{n\times n}$ 是个方阵，如果 $\boldsymbol{A}$ 的 n 阶行列式 $|\boldsymbol{A}|=\det\boldsymbol{A}\neq 0$，则方程组的解为：

$$x_h = \frac{\Delta_h}{\det\boldsymbol{A}}, h = 1,2,\cdots,n$$

式中 Δ_h 是一个 n 阶行列式，是用方程的自由项 $\boldsymbol{b}$ 替换行列式 $\det\boldsymbol{A}$ 中第 h 列元素得出的行列式。x_h 表达式就是克莱姆法则求解方程组的公式。

克莱姆法则虽然给出了求解恰定方程组的通用公式，但是用它求解的运算次数太多。由 x_h 的公式可知，求出解向量 $\boldsymbol{x}$ 需要计算 $(n+1)$ 个 n 阶行列式的值，每个 n 阶行列式都是 $n!$ 项之和，每项又是 n 个数的乘积，需要做的乘法运算步骤就有 $N=[(n+1)!\,(n-1)]$ 次，所以 n 较大时用克莱姆法则求解是非常烦琐的。因此，探求运算次数少、计算过程规律，而且需要存储的中间数据不多，还能满足一定精度要求的其他求算方法是非常必要的。

2. 高斯消去法

高斯消去法是求解线性方程组的另一种基本方法，虽然古老，但是经过改进变形，导出了许多适用于计算机求解的高效算法，仍为目前的常用方法之一。

高斯消去法就是初等数学中的消元法，其演算过程分两步：第一步是消元，通过不断代换逐步消去一些方程中的待求变量，最终把原来方程组变换成等价而系数矩阵为三角阵的方程组；第二步是回代，从三角方程组的尖部开始逐个回代，求出各个未知量，最终得出方程组的全部解。

消元法中最基本、最简单的是顺序高斯消去法，以它为基础通过不断改进和优化算法，又得出了一些其他形式的消元法，下面做些简单介绍。

1) 顺序消去法

如果 $\boldsymbol{Ax}=\boldsymbol{b}$ 为恰定方程组，其系数矩阵 $\boldsymbol{A}$ 是非奇异方阵，即 $\det\boldsymbol{A}\neq 0$，由克莱姆法则可知，它有唯一的解向量。以线性代数方程组的一般形式为例，下边介绍顺序消去法的运算过程。设方程组的增广矩阵为：

$$\boldsymbol{B}=[\boldsymbol{A}\ \boldsymbol{b}]=\left[\begin{array}{ccc:c} a_{11} & a_{12} & \cdots & b_1 \\ a_{21} & a_{22} & \cdots a_{2n} & b_2 \\ & & \vdots & \\ a_{n1} & a_{n2} & \cdots a_{nn} & b_n \end{array}\right]$$

(1) 消元过程

第一次消元：设 $a_{11}\neq 0$（否则进行换行，把第一列中元素不为零的行调到首行），为使第一列 a_{11} 以下各元素变成零，用第 i 行（$i>1$）的各个元素减去第一行中对应元素的（a_{i1}/a_{11}）倍（$i=2,3,\cdots,n$），于是可以使原来的增广矩阵变成下述形式：

$$\left[\begin{array}{cccc:c} a_{11} & a_{12} & \cdots & a_{1n} & b_1 \\ 0 & a_{22}^{(1)} & \cdots & a_{2n}^{(1)} & b_2^{(1)} \\ & & \vdots & & \\ 0 & a_{n2}^{(1)} & \cdots & a_{nn}^{(1)} & b_n^{(1)} \end{array}\right]$$

第二次消元：设 $a_{22}^{(1)}\neq 0$（否则进行换行），为使第二列 $a_{22}^{(1)}$ 以下各元素变成零，用第 i（$i>2$）行的各元素减去第二行对应元素的（$a_{i2}^{(1)}/a_{22}^{(1)}$）倍（$i=3,4,\cdots,n$）。

再进行第三次消元，……。如此不断进行消元，只要消元过程中用做除数的元素不为零，即 $a_{11},a_{22}^{(1)},a_{33}^{(2)},\cdots,a_{(n-1)(n-1)}^{(n-2)}\neq 0$，经过 $n-1$ 次消元，最终总会把原先的增广矩阵 $\boldsymbol{B}=[\boldsymbol{A}\ \boldsymbol{b}]$ 变成下述形式：

$$\left[\begin{array}{cccc:c} a_{11} & a_{12} & \cdots & a_{1n} & b_1 \\ 0 & a_{22}^{(1)} & \cdots & a_{2n}^{(1)} & b_2^{(1)} \\ & & \vdots & & \\ 0 & 0 & \cdots & a_{nn}^{(n-1)} & b_n^{(n-1)} \end{array}\right]$$

这样就完成了消元。

(2) 回代过程

从上述三角方程组最下一个方程开始，逐个向上回代，最终可求出方程组的所有解向量。

(3) 运算次数

一个 n 元方程组经过 $n-1$ 次的消元，就可以变成 n 元三角方程组。完成第 k 次消元过程将使 $\boldsymbol{A}$ 中第 k 列的 a_{kk} 以下各元素变成零时，需做 $n-k$ 次除法、$(n-k+1)(n-k)$ 次乘法和 $(n-k+1)(n-k)$ 次加减法。这样消元法过程中共需做的乘除法运算次数为：

$$N_1=\sum_{k=1}^{n-1}(n-k+1)(n-k)+\sum_{k=1}^{n-1}(n-k)$$

共需做加减法运算次数为：

$$N_2=\sum_{k=1}^{n-1}(n-k+1)(n-k)$$

若令 $h=n-k$，对以上两式作变量代换，则有：

$$N_1=\sum_{h=1}^{n-1}h^2+2\sum_{h=1}^{n-1}h,N_2=\sum_{h=1}^{n-1}h^2+\sum_{h=1}^{n-1}h$$

将 $\sum\limits_{h=1}^{n-1}h^2=\frac{1}{6}(n-1)n(2n-1)$ 和 $\sum\limits_{h=1}^{n-1}h=\frac{1}{2}n(n-1)$ 代入 N_1 和 N_2 的表达式中，稍加整理就可算出顺序消元法的总共运算次数为：

$$N_1+N_2=2\sum_{h=1}^{n-1}h^2+3\sum_{h=1}^{n-1}h=\frac{1}{3}(n-1)n(2n-1)+\frac{3}{2}n(n-1)\approx\frac{2}{3}n^3$$

显然，这比克莱姆法则乘除法运算次数所需的 $(n+1)!\,(n-1)$ 次要少很多。

2) 选主元消去法

在顺序高斯消元过程中，在第 k 次消元中把第 k 行的第一个不为零元素 $a_{kk}^{(k-1)}$（k 为正整数，且 $1<k<n$）称为第 k 次消元的主元素。消元过程是用主元素做除数的，因此它不得为零，而且它的绝对值不能太小，否则将会给计算结果带来较大的舍入误差。为此，对顺序高斯消元法作如下改进：在每次消元时，都选取绝对值最大的元素做主元素，这可以通过矩阵的行或列的调换予以实现，这样就产生了选主元高斯消去法。根据选取主元素范围的不同，把选主元高斯消去法分为列主元和全主元消去法两种。

(1) 列主元高斯消去法

在进行第 k 次（$k=1,2,\cdots,n-1$）消元前，先从第 k 行的一个不为零元素 $a_{kk}^{(k-1)}$ 所在列中选出绝对值最大的元素，通过换行把它调到主元素位置，然后进行消元。

(2) 全主元高斯消去法

在进行第 k 次（$k=1,2,\cdots,n-1$）消元前，从第 k 行的一个不为零元素 $a_{kk}^{(k-1)}$ 右下方 $(n-k+1)$ 阶子矩阵 $\begin{bmatrix}a_{kk}^{(k-1)} & \cdots & a_{kn}^{(k-1)}\\ \vdots & \ddots & \vdots\\ a_{nk}^{(k-1)} & \cdots & a_{nn}^{(k-1)}\end{bmatrix}$ 里选出绝对值最大的元素，通过行、列的调换将它

调到主元素的位置上，再进行消元。

3. 三角矩阵

高斯消去法的第一步是消元，从矩阵变换角度看，实际上就是用一系列初等方阵 $\boldsymbol{P}_1$，$\boldsymbol{P}_2$，…，$\boldsymbol{P}_{n-1}$依次乘以矩阵方程 $\boldsymbol{Ax}=\boldsymbol{b}$ 的两边，对其实行初等变换，即：

$$\boldsymbol{P}_{n-1}\boldsymbol{P}_{n-2}\cdots\boldsymbol{P}_1\boldsymbol{Ax} = \boldsymbol{P}_{n-1}\boldsymbol{P}_{n-2}\cdots\boldsymbol{P}_1\boldsymbol{b}$$

最终使方程的系数矩阵 $\boldsymbol{A}$ 变成一个三角阵($\boldsymbol{P}_{n-1}\boldsymbol{P}_{n-2}\cdots\boldsymbol{P}_1\boldsymbol{A}$)，把方程组 $\boldsymbol{Ax}=\boldsymbol{b}$ 等价地变换成一个三角形方程组：

$$\begin{cases} a_{11}x_1 + a_{12}x_2 + \cdots + a_{1n}x_n = b_1 \\ \qquad a_{22}^{(1)}x_2 + \cdots + a_{2n}^{(1)}x_n = b_2^{(1)} \\ \qquad\qquad \vdots \\ \qquad\qquad a_{nn}^{(n-1)}x_n = b_n^{(n-1)} \end{cases}$$

第二步的回代，就是从最下一个方程求出 $x_n = b_n^{(n-1)}/a_{nn}^{(n-1)}$，然后由下往上逐个回代，最终求得方程组的全部解。如果令 $\boldsymbol{P}=\boldsymbol{P}_{n-1}\boldsymbol{P}_{n-2}\cdots\boldsymbol{P}_1$，这个三角方程组的矩阵形式为 $\boldsymbol{PAx}=\boldsymbol{Pb}$，显然 $\boldsymbol{PAx}=\boldsymbol{Pb}$ 的系数矩阵($\boldsymbol{PA}$)是个上三角矩阵。

可见，高斯消去法的实质，就是通过初等变换把待求方程组的系数矩阵 $\boldsymbol{A}$ 变换成三角矩阵，这个过程也叫使矩阵 $\boldsymbol{A}$ 三角化。因此，研究如何使矩阵三角化对于求出线性方程组的解是很有帮助的。于是，根据需求和矩阵性质，就产生出多种矩阵三角化的方法。下面介绍两种对矩阵进行三角分解的方法。

1) 方阵的三角分解

由矩阵的初等变换理论可知，若方阵 $\boldsymbol{A}$ 的所有顺序主子式都不为零，则可以唯一地把 $\boldsymbol{A}$ 分解成两个三角矩阵 $\boldsymbol{L}$ 和 $\boldsymbol{U}$ 的乘积：

$$\boldsymbol{A} = \boldsymbol{L}\,\boldsymbol{U}$$

这时就称矩阵 $\boldsymbol{A}$ 可以作三角分解或 LU 分解。

如果三角阵 $\boldsymbol{L}$ 或 $\boldsymbol{U}$ 的对角元素均为 1，就称该矩阵为单位三角阵。特别地，若 $\boldsymbol{A}=\boldsymbol{LU}$ 中 $\boldsymbol{L}$ 是单位下三角阵，$\boldsymbol{U}$ 是上三角阵：

$$\boldsymbol{L} = \begin{bmatrix} 1 & & & \\ l_{21} & 1 & & \\ \vdots & \vdots & \ddots & \\ l_{n1} & l_{n2} & \cdots & 1 \end{bmatrix}(\text{单位下三角阵})；\boldsymbol{U} = \begin{bmatrix} u_{11} & u_{12} & \cdots & u_{1n} \\ & u_{22} & \cdots & u_{2n} \\ & & \ddots & \vdots \\ & & & u_{nn} \end{bmatrix}(\text{上三角阵})$$

就称为杜利特尔(Doolittle)分解，这种分解具有唯一性。

如果 $\boldsymbol{A}=\boldsymbol{LU}$ 中 $\boldsymbol{L}$ 为下三角阵，$\boldsymbol{U}$ 为单位上三角阵，就称为克劳特(Crout)分解。矩阵的三角分解并不是唯一的，除了上述两种之外，还有许多种分解方法。

对一个线性方程组 $\boldsymbol{Ax}=\boldsymbol{b}$ 的系数矩阵 $\boldsymbol{A}$ 进行 LU 分解后，方程就可写成：

$$\boldsymbol{Ax}=\boldsymbol{LUx}=\boldsymbol{b}$$

变换可得 $\boldsymbol{Ux}=\boldsymbol{L}^{-1}\boldsymbol{b}$，若令 $\boldsymbol{L}^{-1}\boldsymbol{b}=\boldsymbol{y}$，则有：

$$\begin{cases}\boldsymbol{Ly}=\boldsymbol{b}\\ \boldsymbol{Ux}=\boldsymbol{y}\end{cases}$$

如果 $\boldsymbol{L}$ 是单位下三角阵，据 $\boldsymbol{Ly}=\boldsymbol{b}$ 很容易求出向量 $\boldsymbol{y}$，把它代入式 $\boldsymbol{Ux}=\boldsymbol{y}$，则由于 $\boldsymbol{U}$ 是上三角阵，便可容易地解得 $\boldsymbol{x}$。可见，对方程 $\boldsymbol{Ax}=\boldsymbol{b}$ 的系数矩阵 $\boldsymbol{A}$ 进行杜利特尔分解会给求解方程组带来很大方便，特别是当几个方程组的系数矩阵 $\boldsymbol{A}$ 相同而仅仅是其自由项 $\boldsymbol{b}$ 不同时，可以共用 $\boldsymbol{L}$ 和 $\boldsymbol{U}$，从而减少了重复计算的工作量。

2）楚列斯基分解

如果方程组的系数矩阵 $\boldsymbol{A}$ 是 n 阶对称正定方阵（即，对任何 $\boldsymbol{x}\neq\boldsymbol{0}$，$\boldsymbol{A}$ 都满足实二次型的不等式 $f(\boldsymbol{x})=\boldsymbol{x}'\boldsymbol{Ax}>\boldsymbol{0}$），则 $\boldsymbol{A}$ 就可以唯一地分解成下三角阵 $\boldsymbol{L}$ 和它的转置阵之积：

$$\boldsymbol{A}=\boldsymbol{LL}^{\mathrm{T}}=\begin{bmatrix}l_{11} & & & \\ l_{21} & l_{22} & & \\ \vdots & \vdots & \ddots & \\ l_{n1} & l_{n2} & \cdots & l_{nn}\end{bmatrix}\begin{bmatrix}l_{11} & l_{21} & \cdots & l_{n1}\\ & l_{22} & \cdots & l_{n2}\\ & & \ddots & \vdots\\ & & & l_{nn}\end{bmatrix}$$

这种把“对称正定”矩阵 $\boldsymbol{A}$ 分解成 $\boldsymbol{A}=\boldsymbol{LL}^{\mathrm{T}}$ 的方法，称为楚列斯基(Cholesky)分解。这样方程组 $\boldsymbol{Ax}=\boldsymbol{b}$ 就变成 $\boldsymbol{LL}^{\mathrm{T}}\boldsymbol{x}=\boldsymbol{b}$，依次求解下面两个三角方程，便可得出方程组的解向量 $\boldsymbol{x}$。

$$\begin{cases}\boldsymbol{L}^{\mathrm{T}}\boldsymbol{x}=\boldsymbol{y}\\ \boldsymbol{Ly}=\boldsymbol{b}\end{cases}$$

把 $\boldsymbol{A}$ 分解成 $\boldsymbol{LL}^{\mathrm{T}}$ 时，正好与解方程组的平方根法相对应，所以它可用于求解系数矩阵 $\boldsymbol{A}$ 为“正定对称方阵”时的线性方程组。

如果一个方阵可以进行楚列斯基分解，它必是对称的正定矩阵，否则就不是。

3）用 MATLAB 软件实现矩阵分解

在 MATLAB 软件中设有许多对矩阵进行分解的指令，下面介绍常用的几种。

（1）三角分解指令

该软件中，设有对矩阵 $\boldsymbol{A}$ 进行三角分解的指令 lu，其调用格式为：

```
>>[L,U] = lu(A)   ↵
>>[L,U,P] = lu(A)   ↵
```

指令中的输入参量 A 必须是方阵。

指令左则用[L,U]格式时，回车得出的参量 $\boldsymbol{L}$ 为准下三角阵（交换 $\boldsymbol{L}$ 的两行后才能成为真正的下三角阵），$\boldsymbol{U}$ 为上三角阵，它们满足 $\boldsymbol{A}=\boldsymbol{LU}$；指令左则用[L,U,P]格式时，回车得出的参量 $\boldsymbol{L}$ 为下三角阵，$\boldsymbol{U}$ 为上三角阵，$\boldsymbol{P}$ 为变换方阵 $\boldsymbol{A}$ 元素位置的“换位阵”，它们满

足$PA=LU$。

例 5.3 对方阵 $a=\begin{bmatrix}1&4&2&3\\5&1&0&2\\2&4&3&0\\0&2&1&6\end{bmatrix}$ 进行三角分解。

解 使用指令 lu,在指令窗中输入：

```
>> a = [1 4 2 3;5 1 0 2;2 4 3 0;0 2 1 6];
>> [m u] = lu(a)  ↵
        m =
                0.2000    1.0000         0         0
                1.0000         0         0         0
                0.4000    0.9474    1.0000         0
                     0    0.5263   -0.0476    1.0000
        u =
                5.0000    1.0000         0    2.0000
                     0    3.8000    2.0000    2.6000
                     0         0    1.1053   -3.2632
                     0         0         0    4.4762
```

可以看出,m 是准下三角阵,调换其一、二两行后就变成下三角阵。

为了验证分解的正确性,可在指令窗中输入：

```
>> m * u  ↵
     ans =
            1.0000    4.0000    2.0000    3.0000
            5.0000    1.0000         0    2.0000
            2.0000    4.0000    3.0000         0
                 0    2.0000    1.0000    6.0000
```

这个结果和矩阵 a 完全相同。

若在指令窗中输入：

```
>> [m1 u1 p] = lu(a)  ↵
     m1 =
            1.0000         0         0         0
            0.2000    1.0000         0         0
            0.4000    0.9474    1.0000         0
                 0    0.5263   -0.0476    1.0000
     u1 =
            5.0000    1.0000         0    2.0000
                 0    3.8000    2.0000    2.6000
                 0         0    1.1053   -3.2632
                 0         0         0    4.4762
```

```
p =
        0     1     0     0
        1     0     0     0
        0     0     1     0
        0     0     0     1
```

为了验证这个结果的正确性，可以在指令窗中输入：

```
>> m1 * u1  ↵
ans =
    5.0000    1.0000         0    2.0000
    1.0000    4.0000    2.0000    3.0000
    2.0000    4.0000    3.0000         0
         0    2.0000    1.0000    6.0000
```

这是 $\boldsymbol{p}\times\boldsymbol{a}$ 的结果，只要把它的元素位置略加变换，就可以成为方阵 $\boldsymbol{a}$。

(2) 正交三角分解指令

在 MATLAB 软件中还设有对矩阵实行正交三角分解的指令 qr，调用格式为：

```
>>[q r] = qr(a)  ↵
>> [q r p] = qr(a)  ↵
```

输入参数 a 为矩阵(不必是方阵)。

指令左侧采用[q,r]格式时，回车输出的 $\boldsymbol{q}$ 为正交方阵，满足 $\boldsymbol{q}^{\mathrm{T}}\boldsymbol{q}=\boldsymbol{E}$；$\boldsymbol{r}$ 为与 $\boldsymbol{a}$ 同维数的上三角阵，满足 $\boldsymbol{qr}=\boldsymbol{a}$；指令左侧采用[q r p]格式时，回车输出的 $\boldsymbol{q}$ 为正交方阵，$\boldsymbol{r}$ 为对角线元素绝对值递减的上三角阵，输出的 $\boldsymbol{p}$ 是换位阵，它满足等式 $\boldsymbol{ap}=\boldsymbol{qr}$。

如果指令中不写输出格式，则回车输出一个变换过的矩阵，在此不予介绍。

例 5.4 对矩阵 $\boldsymbol{A}_2=\begin{bmatrix}1 & 2 & 4 & 1 & 3\\ 5 & 1 & 2 & 7 & 4\\ 6 & 2 & 1 & 4 & 8\end{bmatrix}$ 进行正交三角分解。

解 在指令窗中输入：

```
>> A2 = [1 2 4 1 3;5 1 2 7 4;6 2 1 4 8];
>> [q r] = qr(A2)  ↵
q =
    -0.1270     0.9501    -0.2850
    -0.6350    -0.2986    -0.7125
    -0.7620     0.0905     0.6412
r =
    -7.8740    -2.4130    -2.5400    -7.6200    -9.0170
          0     1.7825     3.2936    -0.7782     2.3797
          0          0    -1.9237    -2.7074     1.4249
```

为了验证 $\boldsymbol{q}$ 的正交性，可在指令窗中输入：

```
>> q * q'
    ans =
              1.0000   -0.0000    0.0000
             -0.0000    1.0000         0
              0.0000         0    1.0000
```

如果在指令窗中输入：

```
>> [q1,r1,p] = qr(A2)
    q1 =
              -0.3180    0.2429   -0.9165
              -0.4240   -0.9010   -0.0916
              -0.8480    0.3594    0.3895
    r1 =
              -9.4340   -6.6780   -2.9680   -2.7560   -7.5260
                    0   -4.6265   -0.4712    0.3036   -2.1056
                    0         0   -3.4596   -1.1456    0.9623
    p =
              0    0    0    0    1
              0    0    0    1    0
              0    0    1    0    0
              0    1    0    0    0
              1    0    0    0    0
```

为了验证其正交性，可在指令窗中输入：

```
>> q1 * r1
    ans =
              3.0000    1.0000    4.0000    2.0000    1.0000
              4.0000    7.0000    2.0000    1.0000    5.0000
              8.0000    4.0000    1.0000    2.0000    6.0000
```

再在指令窗中输入：

```
>> A2 * p
    ans =
              3    1    4    2    1
              4    7    2    1    5
              8    4    1    2    6
```

可见，矩阵 $\boldsymbol{A}_2\boldsymbol{p}$ 与 $\boldsymbol{A}_2$ 只是元素位置不同而已，矩阵 $\boldsymbol{p}$ 起到了对 $\boldsymbol{A}_2$ 元素位置的调换作用，所以称它为换位矩阵，结果满足 $\boldsymbol{A}_2\boldsymbol{p}=\boldsymbol{q}_1\boldsymbol{r}_1$。

(3) 楚列斯基分解指令

MATLAB 软件中设有对方阵进行楚列斯基分解的指令 chol，其调用格式为：

```
>> L = chol(A)
```

指令中输入的参数 A 必须是对称正定方阵。

回车输出一个与 $\boldsymbol{A}$ 同维数的下三角阵 $\boldsymbol{L}$，它满足 $\boldsymbol{L}\boldsymbol{L}^{\mathrm{T}}=\boldsymbol{A}$。

该指令可以用于检验矩阵是否为对称正定方阵，若不能被分解，就不是正定方阵。

例 5.5 对方阵 $\boldsymbol{a}_1=\begin{bmatrix}1 & 1 & 2\\ 1 & 2 & 0\\ 2 & 0 & 9\end{bmatrix}$ 做楚列斯基分解。

解 在指令窗中输入：

```
>> a1 = [1 1 2;1 2 0;2 0 9];
>> L = chol(a1)  ↵
   L =

                          1     1     2
                          0     1    -2
                          0     0     1
```

对这个结果可以进行验证。在指令窗中输入：

```
>> L' * L  ↵
   ans =

                          1     1     2
                          1     2     0
                          2     0     9
```

可见 $\boldsymbol{L}\boldsymbol{L}^{\mathrm{T}}=\boldsymbol{a}_1$，三角阵 $\boldsymbol{L}$ 正好是 $\boldsymbol{a}_1$ 的楚列斯基分解结果。

矩阵的分解运算是矩阵分析中的重要内容之一，除了介绍过的分解指令外，该软件中还有许多矩阵分解指令，例如，对矩阵进行奇异值分解的 svd，对矩阵进行舒尔分解的 schur，进行海森博格分解的 hess 等，需要时可用 help 命令查询。

4. 用 MATLAB 软件求解恰定方程组

根据恰定线性代数方程组 $\boldsymbol{A}\boldsymbol{x}=\boldsymbol{b}$ 的定义，如果 $\det(\boldsymbol{A})\neq 0$，则方程组有唯一解向量 $\boldsymbol{x}=\boldsymbol{A}^{-1}\boldsymbol{b}$，这时可有下列几种求解方法：

(1) 用求方阵"逆"的指令求解。在指令窗中输入：

```
>> x = inv(A) * b  ↵
```

(2) 用矩阵左除的方法求解。在指令窗中输入：

```
>> x = A\b  ↵
```

该软件中矩阵除法 A\b 是通过矩阵分解进行运算的，所以用这种方法比用 x=inv(A) * b(先求出 $\boldsymbol{A}$ 的逆阵，再解方程)的运算速度要快很多。

(3) 用符号矩阵除法求解。在指令窗中输入：

```
>> x = sym(A)\ sym(b) ↵
```

回车得出最接近精确值的有理数解,只是这种方法运算速度较慢。

例 5.6 求解方程组$\begin{cases}2x+y-5z+w=8\\x-3y-6w=9\\2y-z+2w=-5\\x+4y-7z+6w=0\end{cases}$。

解 方程组的矩阵形式为 $\boldsymbol{Ax}=\boldsymbol{b}$,其中 $\boldsymbol{A}=\begin{bmatrix}2&1&-5&1\\1&-3&0&-6\\0&2&-1&2\\1&4&-7&6\end{bmatrix}$,$\boldsymbol{b}=\begin{bmatrix}8\\9\\-5\\0\end{bmatrix}$。先用软件求出系数矩阵 $\boldsymbol{A}$ 和增广矩阵 $\boldsymbol{B}=[\boldsymbol{A},\boldsymbol{b}]$的秩,据其判断方程组解的性质,然后再求解。

(1) 在指令窗中输入:

```
>> A = [2 1 -5 1;1 -3 0 -6;0 2 -1 2;1 4 -7 6]; b = [8 9 -5 0]';
>> rank(A) = = rank([A b]) ↵
    ans =

                    1
```

可知系数矩阵的秩 R($\boldsymbol{A}$)和增广矩阵的秩 R($\boldsymbol{B}$)相等,表明方程组有解。

检验 r=R($\boldsymbol{A}$)与 n=4 的关系,确定方程组解的性质。在指令窗中输入:

```
>> n = 4;rank(A) = = n ↵
    ans =

                    1
```

表明 R($\boldsymbol{A}$)=R($\boldsymbol{B}$)=n=4,所以方程组属于恰定方程组,有唯一解。

(2) 在指令窗中输入:

```
>> xx = A\b ↵
    xx =

                    3.0000
                   -4.0000
                   -1.0000
                    1.0000
```

于是得出方程组的解为:

$$x=3.0000,y=-4.0000,z=-1.0000,w=1.0000$$

5.3.2 欠定方程组

当线性代数方程组 $\boldsymbol{Ax}=\boldsymbol{b}$ 属于欠定方程组时,有无穷多组解(称不定方程组),它的通

解由 $\boldsymbol{Ax}=\boldsymbol{b}$ 的一个特解和与其对应的齐次方程组 $\boldsymbol{Ax}=\boldsymbol{0}$ 的通解构成。

在 MATLAB 软件中,求 $\boldsymbol{Ax}=\boldsymbol{0}$ 的通解可用 null(零空间)指令。求 $\boldsymbol{Ax}=\boldsymbol{b}$ 的一个特解可以用矩阵除法或其他方法。通常用矩阵"左除"方法求解 $\boldsymbol{Ax}=\boldsymbol{b}$ 的一个特解,因为其解所含的零元素个数最多,可以多达 R($\boldsymbol{A}$)个。

例 5.7 求非齐次线性方程组 $\begin{cases} x+y-3z-w=1 \\ 3x-y-3z+4w=4 \\ x+5y-9z-8w=0 \end{cases}$ 的通解。

解 这是一个非齐次线性方程组,把方程组表示成矩阵形式 $\boldsymbol{Au}=\boldsymbol{b}$,其中

$$\boldsymbol{A}=\begin{bmatrix} 1 & 1 & -3 & -1 \\ 3 & -1 & -3 & 4 \\ 1 & 5 & -9 & -8 \end{bmatrix}, \boldsymbol{u}=\begin{bmatrix} x \\ y \\ z \\ w \end{bmatrix}, \boldsymbol{b}=\begin{bmatrix} 1 \\ 4 \\ 0 \end{bmatrix}$$

(1) 判定方程组解的结构

求出系数矩阵 $\boldsymbol{A}$ 和增广矩阵 $\boldsymbol{B}=[\boldsymbol{A},\boldsymbol{b}]$的秩,在指令窗中输入:

```
>> A = [1 1 -3 -1;3 -1 -3 4;1 5 -9 -8];b = [1 4 0]';
>> Ar = rank(A), br = rank([A b]) ↵
      Ar =

                                      2

      br =

                                      2
```

由于 R($\boldsymbol{A}$)=R([$\boldsymbol{A}$,$\boldsymbol{b}$]),方程组有解。但是它们的秩 Ar=br=2 小于待求变量个数 $n=4$,所以方程 $\boldsymbol{Au}=\boldsymbol{b}$ 属于欠定方程组。

(2) 求出与 $\boldsymbol{Au}=\boldsymbol{b}$ 对应的齐次方程 $\boldsymbol{Au}=\boldsymbol{0}$ 的通解

由于 $n-r=2$,对应的齐次方程组含有两个基向量。在指令窗中输入:

```
>> u0 = null(sym(A)) ↵
      u0 =

                              [3/2,   -3/4]
                              [3/2,    7/4]
                              [  1,      0]
                              [  0,      1]
```

(3) 求 $\boldsymbol{ux}=\boldsymbol{b}$ 的一个特解

在指令窗中输入:

```
>> u = A\b ↵
  Warning: Rank deficient, rank = 2 tol =    8.8373e-015.
      u =

                                        0
```

```
                0
          - 0.5333
            0.6000
```

换用符号矩阵求解。在指令窗中输入：

```
>> u = sym(A)\sym(b) ↵
Warning: System is rank deficient. Solution is not unique.
    u =
                    5/4
                  - 1/4
                    0
                    0
```

(4) 求出方程组 $\boldsymbol{Au}=\boldsymbol{b}$ 的通解

方程组 $\boldsymbol{Au}=\boldsymbol{b}$ 的通解是由它的一个特解和方程组 $\boldsymbol{Au}=\boldsymbol{0}$ 的通解组成，根据前面已经求出的数据，将它们组合在一起就是非齐次线性方程组 $\boldsymbol{Au}=\boldsymbol{b}$ 的通解：

$$\boldsymbol{u}=\begin{bmatrix}x\\y\\z\\w\end{bmatrix}=k\boldsymbol{u}_0+\boldsymbol{u}=k_1\begin{bmatrix}\frac{3}{2}\\\frac{3}{2}\\1\\0\end{bmatrix}+k_2\begin{bmatrix}\frac{-3}{4}\\\frac{7}{4}\\0\\1\end{bmatrix}+\begin{bmatrix}\frac{5}{4}\\\frac{-1}{4}\\0\\0\end{bmatrix}, k_1 \text{ 和 } k_2 \text{ 为任意常数}$$

5.3.3 超定方程组

在超定方程组 $\boldsymbol{Ax}=\boldsymbol{b}$ 中，保留方程的个数大于待求变量的个数，属于矛盾方程组，因此没有一般意义下的解。但是，可以建立起它的“正规方程组”(normal equations)，求出 a_i 的最小二乘解。虽然这个解不满足方程组的每个方程，但是把它代入每个方程中，由其左边得出的值 y_j^* 与其右边的 y_j 之差，其平方和 $\sum_{j=1}^{n}(y_j^*-y_j)^2$ 取值最小，把这种解 a_i 称为最小二乘解。在 MATLAB 软件中用“左除”的方法求超定方程组时，由 $\boldsymbol{A}\backslash\boldsymbol{b}$ 得出的解，正是方程组的“最小二乘解”。由于超定方程组没有精确解，所以在 MATLAB 软件中不能用符号矩阵除法来求其解。

例 5.8 求解线性方程组 $\begin{cases}x-2y+3z-w=1\\3x-y+5z-3w=2\\2x+y+2z-2w=3\end{cases}$。

解 将方程组写成矩阵形式 $\boldsymbol{Au}=\boldsymbol{b}$，其中：

$$\boldsymbol{A}=\begin{bmatrix}1 & -2 & 3 & -1\\3 & -1 & 5 & -3\\2 & 1 & 2 & -2\end{bmatrix},\boldsymbol{u}=\begin{bmatrix}x\\y\\z\\w\end{bmatrix},\boldsymbol{b}=\begin{bmatrix}1\\2\\3\end{bmatrix}$$

求出系数矩阵 $\boldsymbol{A}$ 和增广矩阵 $\boldsymbol{B}=[\boldsymbol{A},\boldsymbol{b}]$的秩，判断方程组解的性质。在指令窗中输入：

```
>> A = [1  -2 3  -1;3  -1 5  -3;2 1 2  -2];b = [1 2 3]';
>> rA = rank(A),rB = rank([A b])  ↵
    rA =
                        2
    rB =
                        3
```

可见 $R(\boldsymbol{A})<R(\boldsymbol{B})$，表明方程组 $\boldsymbol{Au}=\boldsymbol{b}$ 属于超定方程组，下面求其最小二乘解。

在指令窗中输入：

```
>> u = A\b  ↵
   Warning: Rank deficient, rank =  2 tol =    5.4751e-015.
     u =
                            0
                       0.9048
                       0.7143
                            0
```

如果改用符号矩阵求解，可在指令窗中输入：

```
>> sym(A)\sym(b)  ↵
```

将指出是错误的，用“inf”提示该方程组无精确解。

若在指令窗中输入：

```
>> sym(a\b) ↵
Warning: Rank deficient, rank =  2,tol =    5.4751e-015.
   ans =
                        0
                    19/21
                      5/7
                        0
```

这是数值解的近似有理化结果，表明 $0.9048\approx19/21$，$0.7143\approx5/7$。线性代数方程组的解是一个向量，起决定作用的是各个解之间的比值，而不是它们的绝对值。

求解中应该严格区分 sym(a\b)与 sym(a)\sym(b)的差别。

5.4 迭代法

与前面介绍的直接法相比，迭代法具有程序简单、占用存储单元少等优点，适合于求解高阶，特别是零系数较多的稀疏线性方程组。此外，迭代法也是数值计算中非常重要的一种方法，在求矩阵特征值和特征向量时也非常有用。

本节通过求解线性代数方程组和计算矩阵特征值中运用的迭代法，介绍迭代法的基本思想及雅可比(Jacobi)和赛德尔(Seidel)这两种常用的迭代方法。

5.4.1 雅可比和赛德尔迭代法

由线性代数可知，如果线性代数方程组 $\boldsymbol{Ax}=\boldsymbol{b}$ 的系数矩阵 $\boldsymbol{A}$ 是非奇异的($|A|\neq 0$)，则方程组有唯一解向量。可以把这种方程组的系数方阵 $\boldsymbol{A}$ 分解成两个矩阵之差：

$$\boldsymbol{A}=\boldsymbol{C}-\boldsymbol{D}$$

若方阵 $\boldsymbol{C}$ 也是非奇异的，把上式的 $\boldsymbol{A}$ 代入方程组 $\boldsymbol{Ax}=\boldsymbol{b}$，得出 $(\boldsymbol{C}-\boldsymbol{D})\boldsymbol{x}=\boldsymbol{b}$。再用 $\boldsymbol{C}^{-1}$ 左乘方程两边，并令 $\boldsymbol{M}=\boldsymbol{C}^{-1}\boldsymbol{D}$ 和 $\boldsymbol{g}=\boldsymbol{C}^{-1}\boldsymbol{b}$，移项，则方程 $\boldsymbol{Ax}=\boldsymbol{b}$ 变成：

$$\boldsymbol{x}=\boldsymbol{Mx}+\boldsymbol{g}$$

据此可以构造出迭代公式：

$$\boldsymbol{x}_{k+1}=\boldsymbol{Mx}_k+\boldsymbol{g},k=0,1,2,\cdots$$

把式中的 $\boldsymbol{M}=\boldsymbol{C}^{-1}\boldsymbol{D}$ 称为迭代矩阵。由此可知，由 $\boldsymbol{x}_k$ 就可以求出 $\boldsymbol{x}_{k+1}$。如果设 $\boldsymbol{x}_0$ 是方程组 $\boldsymbol{Ax}=\boldsymbol{b}$ 的一个初始近似解向量，不断代入迭代公式 $\boldsymbol{x}_{k+1}=\boldsymbol{Mx}_k+\boldsymbol{g}$，可得出一个迭代序列：

$$\boldsymbol{x}_0,\boldsymbol{x}_1,\boldsymbol{x}_2,\cdots,\boldsymbol{x}_k,\cdots$$

若这个序列收敛于某个向量 $\boldsymbol{x}^*$，即 $\lim\limits_{k\to\infty}\boldsymbol{x}_k=\boldsymbol{x}^*$，则称迭代公式收敛，否则为发散。

收敛的迭代公式可以用于求解线性方程组 $\boldsymbol{Ax}=\boldsymbol{b}$，而收敛迭代序列中每个元素，即向量 $\boldsymbol{x}_k$ 都是方程组的一个近似解。据此原理可得出多种迭代方法，下面仅介绍两种。

1. 雅可比迭代公式

根据上述迭代法的基本原理，若线性代数方程组 $\boldsymbol{Ax}=\boldsymbol{b}$ 的系数矩阵 $\boldsymbol{A}$ 是非奇异的，则其主对角元素不为零，即 $a_{ii}\neq 0,i=1,2,\cdots,n$。如果 $\boldsymbol{A}$ 可以被分解，即：

$$\boldsymbol{A}=\boldsymbol{D}-\boldsymbol{L}-\boldsymbol{U}=\boldsymbol{D}+(-\boldsymbol{L})+(-\boldsymbol{U})$$

其中的 $\boldsymbol{D}$、$\boldsymbol{L}$ 和 $\boldsymbol{U}$ 满足下述条件：

(1) $\boldsymbol{D}$ 是对角阵，$\boldsymbol{D}=\mathrm{diag}(a_{11},a_{22},\cdots,a_{nn})$；

(2) $-L$ 是严格下三角阵,其主对角线及右上方元素均为零,主对角线左下方元素均取自 A 的对应元素;

(3) $-U$ 是严格上三角矩阵,其主对角线及其左下方元素均为零,主对角线右上方元素均取自 A 中对应元素。

把 $A=D-L-U$ 代入 $Ax=b$,可得出等价方程组 $Dx=(L+U)x+b$。由于 D 是可逆阵,可以把此式变换成:

$$x=D^{-1}[(L+U)x+b]=D^{-1}(L+U)x+D^{-1}b$$

据此便可构造出雅可比(Jacobi)迭代公式:

$$x_{k+1}=D^{-1}((L+U)x_k+b)=D^{-1}(L+U)xk+D^{-1}b$$

雅可比迭代公式是迭代公式 $x_{k+1}=Mx_k+g$ 的一种特殊形式。

如果已知 x_0 是方程组 $Ax=b$ 的一个初始近似解向量,代入雅可比迭代公式的右侧可以得出 x_1,把 x_1 代入雅可比迭代公式又可得出 x_2,不断重复这一步骤便可得出一个迭代向量序列:$x_0,x_1,x_2,\cdots,x_k,\cdots$。

若令 $M=D^{-1}(L+U)$,称其为雅可比迭代矩阵,这样可把雅可比迭代公式写成:

$$x_{k+1}=D^{-1}(L+U)x_k+D^{-1}b=Mx_k+D^{-1}b$$

例 5.9 已知方阵 $A=\begin{bmatrix}2&1&-5&1\\1&-3&0&-6\\0&2&-1&2\\1&4&-7&6\end{bmatrix}$,求 A 的雅可比迭代矩阵。

解 用 MATLAB 软件求出 $|A|$,在指令窗中输入:

```
>> A=[2 1 -5 1;1 -3 0 -6;0 2 -1 2;1 4 -7 6];det(A) ↵
   ans =
                    27
```

可见 $|A|=\det(A)=27\neq0$,表明存在 A^{-1}。由 A 可知 $a_{ii}\neq0$,所以可把 A 分解成:

$$A=D-L-U$$

其中

$$D=\begin{bmatrix}2&0&0&0\\0&-3&0&0\\0&0&-1&0\\0&0&0&6\end{bmatrix},L=\begin{bmatrix}0&0&0&0\\-1&0&0&0\\0&-2&0&0\\-1&-4&7&0\end{bmatrix},U=\begin{bmatrix}0&-1&5&-1\\0&0&0&6\\0&0&0&-2\\0&0&0&0\end{bmatrix}$$

用 MATLAB 软件求出 D^{-1},在指令窗中输入(指令中用 D1 代替 D^{-1}):

```
>> D=[2 0 0 0;0 -3 0 0;0 0 -1 0;0 0 0 6];
>> format rat,D1=inv(D) ↵
   D1 =
            1/2          0          0          0
```

```
0        -1/3        0        0
0         0         -1        0
0         0          0       1/6
```

把 $D^{-1}=D_1$ 代入式 $M=D^{-1}(L+U)$ 中，得出 A 的雅可比迭代矩阵：

$$M=D^{-1}(L+U)=\begin{bmatrix}0 & -1/2 & 5/2 & -1/2\\ 1/3 & 0 & 0 & -2\\ 0 & 2 & 0 & 2\\ -1/6 & -2/3 & 7/6 & 0\end{bmatrix}$$

2. 雅可比迭代公式的向量形式

为了将雅可比迭代公式写成向量的分量形式，设迭代序列中的第 k 个元素是向量 $\boldsymbol{x}_k$，$k=0,1,2,\cdots$，它的第 j 个分量可以写成 $(\boldsymbol{x}_k)_j$，$j=1,2,\cdots,n$，于是有：

$$\boldsymbol{x}_k=[(\boldsymbol{x}_k)_1,(\boldsymbol{x}_k)_2,\cdots,(\boldsymbol{x}_k)_n]^{\mathrm{T}},k=0,1,2,\cdots$$

由于 $D^{-1}=\mathrm{diag}\left(\frac{1}{a_{11}},\frac{1}{a_{22}},\cdots,\frac{1}{a_{nn}}\right)$，所以雅可比迭代公式的分量形式可写成：

$$(\boldsymbol{x}_{k+1})_i=\frac{1}{a_{ii}}\Big(-\sum_{\substack{j=1\\ j\neq i}}^{n}a_{ij}(\boldsymbol{x}_k)_j+b_i\Big),i=0,1,2,\cdots,n$$

式中 $(\boldsymbol{x}_k)_j$ 表示迭代序列中第 k 个元素 $\boldsymbol{x}_k$ 向量的第 j 个分量。一个方阵 $A=(a_{ij})_{n\times n}$ 如果满足 $a_{ii}>\sum\limits_{\substack{j=1\\ j\neq i}}^{n}|a_{ij}|$，则称它为对角占优矩阵，这种矩阵的雅可比迭代格式收敛。

***例 5.10** 用雅可比迭代法求解方程组 $\begin{cases}64x_1-3x_2-x_3=14\\ 2x_1-90x_2+x_3=-5\\ x_1+x_2+40x_3=20\end{cases}$，求出 5 次迭代的结果。

解 把题设的方程组写成矩阵方程 $Ax=b$，其中系数矩阵 A 和自由项 b 分别为：

$$A=\begin{bmatrix}64 & -3 & -1\\ 2 & -90 & 1\\ 1 & 1 & 40\end{bmatrix},b=\begin{bmatrix}14\\ -5\\ 20\end{bmatrix}$$

用 MATLAB 软件求出系数矩阵 A 的行列式值 $|A|$，在指令窗中输入：

```
>> A = [64 -3 -1;2 -90 1;1 1 40];
>> disp('|A| = '), det(A) ↵
      |A| =

                    - 230319
```

可见系数矩阵行列式值 $|A|=\det(A)=-230319\neq0$，表明 A 的逆阵 A^{-1} 存在。

由题设的 A 可知 $a_{ii}\neq0$，所以可把 A 分解成 $A=D-L-U$，其中：

$$D=\begin{bmatrix}64 & 0 & 0\\ 0 & -90 & 0\\ 0 & 0 & 40\end{bmatrix},\quad D^{-1}=\begin{bmatrix}\frac{1}{64} & 0 & 0\\ 0 & -\frac{1}{90} & 0\\ 0 & 0 & \frac{1}{40}\end{bmatrix}$$

由于方程组系数矩阵 $\boldsymbol{A}=(a_{ij})_{3\times 3}$ 满足 $a_{ii}>\sum\limits_{\substack{j=1\\ j\neq i}}^{n}|a_{ij}|$，所以它是对角占优矩阵，因此它的雅可比迭代格式收敛，利用它的分量式 $(\boldsymbol{x}_{k+1})_i=\frac{1}{a_{ii}}\left(-\sum\limits_{\substack{j=1\\ j\neq i}}^{n}a_{ij}\ (\boldsymbol{x}_k)_j+b_i\right)$，此处 $i=1,2,3$，所以得出迭代公式：

$$\begin{cases}(\boldsymbol{x}_{k+1})_1=\frac{1}{a_{11}}[-a_{12}(\boldsymbol{x}_k)_2-a_{13}(\boldsymbol{x}_k)_3+b_1]=\frac{1}{64}[3(\boldsymbol{x}_k)_2+(\boldsymbol{x}_k)_3+14]\\ (\boldsymbol{x}_{k+1})_2=\frac{1}{a_{22}}[-a_{21}(\boldsymbol{x}_k)_1-a_{23}(\boldsymbol{x}_k)_3+b_2]=\frac{1}{90}[2(\boldsymbol{x}_k)_1+(\boldsymbol{x}_k)_3+5]\\ (\boldsymbol{x}_{k+1})_3=\frac{1}{a_{33}}[-a_{31}(\boldsymbol{x}_k)_1-a_{32}(\boldsymbol{x}_k)_2+b_3]=\frac{1}{40}[-(\boldsymbol{x}_k)_1-(\boldsymbol{x}_k)_2+20]\end{cases}$$

取初始向量 $(\boldsymbol{x}_0)_i=(0,0,0)^{\mathrm{T}}$，代入上式得出第1次迭代结果为：

$$\begin{cases}(\boldsymbol{x}_1)_1=\frac{1}{64}[3(\boldsymbol{x}_0)_2+(\boldsymbol{x}_0)_3+14]=\frac{14}{64}\approx 0.218750\\ (\boldsymbol{x}_1)_2=\frac{1}{90}[2(\boldsymbol{x}_1)_1+(\boldsymbol{x}_1)_3+5]=\frac{5}{90}\approx 0.055556\\ (\boldsymbol{x}_1)_3=\frac{1}{40}[-(\boldsymbol{x}_0)_1-(\boldsymbol{x}_0)_2+20]=\frac{1}{2}=0.500000\end{cases}$$

再把 $(\boldsymbol{x}_1)_1=0.218750$，$(\boldsymbol{x}_1)_2=0.055556$ 和 $(\boldsymbol{x}_1)_3=0.50$ 代入迭代公式，得出第2次迭代结果：

$$\begin{cases}(\boldsymbol{x}_2)_1=\frac{1}{64}[3(\boldsymbol{x}_1)_2+(\boldsymbol{x}_1)_3+14]=\frac{11}{48}\approx 0.229167\\ (\boldsymbol{x}_2)_2=\frac{1}{90}[(\boldsymbol{x}_1)_3+2(\boldsymbol{x}_1)_1+5]=\frac{19}{288}\approx 0.065972\\ (\boldsymbol{x}_2)_3=\frac{1}{40}[-(\boldsymbol{x}_1)_1-(\boldsymbol{x}_1)_2+20]=\frac{827}{1677}\approx 0.493142\end{cases}$$

用同样方法可以得出第3次迭代结果：

$$\begin{cases}(\boldsymbol{x}_3)_1=\dfrac{1}{64}[3(\boldsymbol{x}_2)_2+(\boldsymbol{x}_2)_3+14]=\dfrac{665}{2897}\approx 0.22954\\(\boldsymbol{x}_3)_2=\dfrac{1}{90}[(\boldsymbol{x}_2)_3+2(\boldsymbol{x}_2)_1+5]=\dfrac{139}{2102}\approx 0.0661275\\(\boldsymbol{x}_3)_3=\dfrac{1}{40}[-(\boldsymbol{x}_2)_1-(\boldsymbol{x}_2)_2+20]=\dfrac{701}{1423}\approx 0.492622\end{cases}$$

继续迭代下去，到第5次时得出的结果为：

$$x_1=0.229547,\quad x_2=0.066130,\quad x_3=0.492608$$

3. 赛德尔迭代法

为了提高雅可比迭代向量序列的收敛速度和计算精度，在对雅可比方法进行改进中提出了赛德尔(Seidel)迭代法。

依照雅可比迭代法，由$(\boldsymbol{x}_{k+1})_i$的表达式可知，要计算$\boldsymbol{x}_k$的一个分量$(\boldsymbol{x}_{k+1})_i$，得用向量$\boldsymbol{x}_k$的全部分量$(\boldsymbol{x}_k)_j$，$j=1,2,\cdots,n$。实际上，在计算$\boldsymbol{x}_{k+1}$的第$i(i>1)$个分量$(\boldsymbol{x}_{k+1})_i$时，$\boldsymbol{x}_{k+1}$前面的$(i-1)$个分量$(\boldsymbol{x}_{k+1})_1,(\boldsymbol{x}_{k+1})_2,\cdots,(\boldsymbol{x}_{k+1})_{i-1}$都已经算出，而且通常它们比$(\boldsymbol{x}_k)_1,(\boldsymbol{x}_k)_2,\cdots,(\boldsymbol{x}_k)_{i-1}$更接近精确解$\boldsymbol{x}^*$的前$(i-1)$个分量。因此，可以用$(\boldsymbol{x}_{k+1})_1$，$(\boldsymbol{x}_{k+1})_2,\cdots,(\boldsymbol{x}_{k+1})_{i-1}$代替$(\boldsymbol{x}_k)_1,(\boldsymbol{x}_k)_2,\cdots,(\boldsymbol{x}_k)_{i-1}$，从而使计算更加简便，计算结果也更精确。按此思路，把$(\boldsymbol{x}_{k+1})_i$表达式中对$\boldsymbol{x}_k$的前$(i-1)$个分量求和，用$\boldsymbol{x}_{k+1}$的前$(i-1)$个分量的和代替，这样就得出赛德尔迭代公式的分量表达式为：

$$(\boldsymbol{x}_{k+1})_i=\frac{1}{a_{ii}}\left(-\sum_{j=1}^{i-1}a_{ij}(\boldsymbol{x}_{k+1})_j-\sum_{j=i+1}^{n}a_{ij}(\boldsymbol{x}_k)_j+b_i\right),i=1,2,\cdots,n$$

用这个分量表达式可以推出它的矩阵形式。为此将它变换移项，写成：

$$a_{ii}(\boldsymbol{x}_{k+1})_i+\sum_{j=1}^{i-1}a_{ij}(\boldsymbol{x}_{k+1})_j=-\sum_{j=i+1}^{n}a_{ij}(\boldsymbol{x}_k)_j+b_i,i=1,2,\cdots,n$$

仍然沿用雅可比迭代公式中的矩阵符号：$\boldsymbol{D}=\mathrm{diag}(a_{11},a_{22},\cdots,a_{nn})$，$-\boldsymbol{L}$是严格下三角矩阵，$-\boldsymbol{U}$是严格上三角矩阵，则有：

$$(\boldsymbol{D}-\boldsymbol{L})x_{k+1}=\boldsymbol{U}\boldsymbol{x}_k+\boldsymbol{b}$$

这样便可得出赛德尔迭代公式的矩阵形式：

$$\boldsymbol{x}_{k+1}=(\boldsymbol{D}-\boldsymbol{L})^{-1}\boldsymbol{U}\boldsymbol{x}_k+(\boldsymbol{D}-\boldsymbol{L})^{-1}\boldsymbol{b}=\boldsymbol{M}\boldsymbol{x}_k+(\boldsymbol{D}-\boldsymbol{L})^{-1}\boldsymbol{b}$$

式中$\boldsymbol{M}=(\boldsymbol{D}-\boldsymbol{L})^{-1}\boldsymbol{U}$称为赛德尔迭代矩阵。利用赛德尔迭代矩阵，很容易求出例5.9中矩阵$\boldsymbol{A}$的赛德尔迭代矩阵为：

$$\boldsymbol{M}=(\boldsymbol{D}-\boldsymbol{L})^{-1}\boldsymbol{U}=\begin{bmatrix}0 & -\frac{1}{2} & \frac{5}{2} & -\frac{1}{2}\\ 0 & -\frac{1}{6} & \frac{5}{6} & -\frac{13}{6}\\ 0 & -\frac{1}{3} & \frac{5}{3} & -\frac{7}{3}\\ 0 & -\frac{7}{36} & \frac{35}{36} & -\frac{43}{36}\end{bmatrix}$$

***例 5.11** 用赛德尔迭代法求解例 5.10 的方程组。

解 由赛德尔迭代法可知，例 5.10 方程组的赛德尔迭代格式为：

$$\begin{cases}(\boldsymbol{x}_{k+1})_1=\frac{1}{a_{11}}[-a_{12}(\boldsymbol{x}_k)_2-a_{13}(\boldsymbol{x}_k)_3+b_1]=\frac{1}{64}[3(\boldsymbol{x}_k)_2-(\boldsymbol{x}_k)_3+14]\\(\boldsymbol{x}_{k+1})_2=\frac{1}{a_{22}}[a_{21}(\boldsymbol{x}_k)_1+a_{23}(\boldsymbol{x}_k)_3-b_2]=\frac{1}{90}[2(\boldsymbol{x}_k)_1+(\boldsymbol{x}_k)_3+5]\\(\boldsymbol{x}_{k+1})_3=\frac{1}{a_{33}}[-a_{31}(\boldsymbol{x}_k)_1-a_{32}(\boldsymbol{x}_k)_2+b_3]=\frac{1}{40}[-(\boldsymbol{x}_k)_1-(\boldsymbol{x}_k)_2+20]\end{cases}$$

通常，对于同一个线性代数方程组，雅可比和塞德尔迭代格式都收敛时，后一格式收敛速度比前者快，另外，在计算机上塞德尔法只需一组存储单元，也优于雅可比法。

5.4.2 迭代法的敛散性

通过对方程组 $\boldsymbol{Ax}=\boldsymbol{b}$ 系数矩阵 $\boldsymbol{A}$ 的分解变形，得出其迭代公式 $\boldsymbol{x}_{k+1}=\boldsymbol{Mx}_k+\boldsymbol{g}$。不过，只有当这个公式收敛，即 $\lim\limits_{k\to\infty}\boldsymbol{x}_k=\boldsymbol{x}^*$ 时，才能构造出一个收敛于方程组解的向量序列，也只有这时序列 $\boldsymbol{x}_k$ 中的每个元素才能成为方程组的一个不同精度解向量。向量序列 $\boldsymbol{x}_k$ 收敛与否，或者说迭代公式收敛与否，关键在于迭代矩阵 $\boldsymbol{M}$。为了讨论其敛散性，下面先介绍与迭代矩阵 $\boldsymbol{M}$ 敛散性密切相关的一些参量。

1. 方阵的谱半径

在迭代公式的一般形式 $\boldsymbol{x}_{k+1}=\boldsymbol{Mx}_k+\boldsymbol{g}$ 中，取 $\boldsymbol{M}=\boldsymbol{D}^{-1}(\boldsymbol{L}+\boldsymbol{U})$ 就得出雅可比迭代公式；若取 $\boldsymbol{M}=(\boldsymbol{D}-\boldsymbol{L})^{-1}\boldsymbol{U}$ 就得出赛德尔迭代公式。无论哪种形式的迭代公式，只有形成的迭代序列收敛，也称迭代公式收敛，才可以用于求解线性方程组 $\boldsymbol{Ax}=\boldsymbol{b}$。由迭代公式的一般形式可以推出解向量序列 $\boldsymbol{x}_k$ 为：

$$\boldsymbol{x}_1=\boldsymbol{Mx}_0+\boldsymbol{g}$$

$$\boldsymbol{x}_2=\boldsymbol{Mx}_1+\boldsymbol{g}=\boldsymbol{M}(\boldsymbol{Mx}_0+\boldsymbol{g})+\boldsymbol{g}=\boldsymbol{M}^2\boldsymbol{x}_0+(\boldsymbol{M}+\boldsymbol{E})\boldsymbol{g}$$

$$\vdots$$

$$\boldsymbol{x}_{k+1}=\boldsymbol{M}^{k+1}\boldsymbol{x}_0+(\boldsymbol{M}^k+\boldsymbol{M}^{k-1}+\cdots+\boldsymbol{M}+\boldsymbol{E})\boldsymbol{g}=\boldsymbol{M}^{k+1}\boldsymbol{x}_0+\boldsymbol{g}\sum_{n=0}^{k}\boldsymbol{M}^n$$

$$\vdots$$

理论证明,这个序列收敛与否,只与迭代矩阵 $\boldsymbol{M}$ 有关,收敛的充要条件是:

$$\lim_{k\to\infty}\boldsymbol{M}^k = \boldsymbol{0}$$

由矩阵理论知道,若 λ_i 是矩阵 $\boldsymbol{M}$ 的第 i 个特征值,相应的特征向量 $\boldsymbol{x}_i\neq\boldsymbol{0}$,则有:

$$\boldsymbol{M}\boldsymbol{x} = \lambda_i\boldsymbol{x}_i$$

把 $\boldsymbol{M}$ 最大特征值的绝对值称为 $\boldsymbol{M}$ 的谱半径,记作 $\rho(\boldsymbol{M})$:

$$\rho(\boldsymbol{M}) = \max_{1\leqslant i\leqslant n}|\lambda_i|$$

由矩阵理论可知,满足 $\lim_{k\to\infty}\boldsymbol{M}^k=\boldsymbol{0}$ 的充要条件是方阵 $\boldsymbol{M}$ 的谱半径 $\rho(\boldsymbol{M})<1$,即:

$$\rho(\boldsymbol{M}) = \max_{1\leqslant i\leqslant n}|\lambda_i| < 1$$

由于具体问题中方阵的谱半径 $\rho(\boldsymbol{M})$ 不易求算,所以总是用跟它相当而容易计算的其他数学量替代,来判断迭代公式的收敛性,并估计迭代序列近似值的误差,“范数”就属于这类数学量。为此,下面介绍范数的概念。范数是进行算法分析的基本工具,在研究数值算法的收敛性、稳定性及误差分析以及建立矩阵分析概念和理论时都会用到的一种数学量。

2. 向量范数

向量范数是向量长度概念的推广。设 n 维向量 $\boldsymbol{x}=[x_1,x_2,\cdots,x_n]^{\mathrm{T}}$,按照一定的规则确定一个实数与其相对应,把这个实数记作 $\|\boldsymbol{x}\|$,如果它满足下面的“范数三条件”:

(1) 非负性——$\|\boldsymbol{x}\|\geqslant 0$,当 $\boldsymbol{x}\neq\boldsymbol{0}$ 时,$\|\boldsymbol{x}\|>0$;当 $\boldsymbol{x}=\boldsymbol{0}$ 时,$\|\boldsymbol{x}\|=0$。

(2) 齐次性——对任意实数 a,都有 $\|a\boldsymbol{x}\|=|a|\,\|\boldsymbol{x}\|$。

(3) 三角不等式——对于任意维数相等的向量 $\boldsymbol{x}$ 和 $\boldsymbol{y}$,都有 $\|\boldsymbol{x}\|+\|\boldsymbol{y}\|\geqslant\|\boldsymbol{x}+\boldsymbol{y}\|$。

就称该实数 $\|\boldsymbol{x}\|$ 为向量 $\boldsymbol{x}$ 的范数。

根据实数与角度的不同对应关系,可以定义出多种三角函数,与此类似,根据“范数”与向量间的不同对应关系,可以定义出多种范数。下面介绍几种经常使用的基本向量范数。

(1) 1-范数

$$\|\boldsymbol{x}\|_1 = |x_1|+|x_2|+\cdots+|x_n| = \sum_{i=1}^{n}|x_i|$$

(2) 2-范数(也称欧氏范数或 Schur 范数)

$$\|\boldsymbol{x}\|_2 = \sqrt{{x_1}^2+{x_2}^2+\cdots+{x_n}^2} = \left(\sum_{i=1}^{n}x_i^2\right)^{1/2}$$

(3) 无穷范数

$$\|\boldsymbol{x}\|_\infty=\max(|x_1|,|x_2|,\cdots,|x_n|)$$

这三种向量范数的定义,可以表示成下列的一般公式:

$$\|\boldsymbol{x}\|_p = |x_1|^p+|x_2|^p+\cdots+|x_n|^p = \left(\sum_{i=1}^{n}|x_i|^p\right)^{1/p}$$

根据需求选取 $p=1,2$ 或∞时,分别对应于上面的三种不同的向量范数。

3. 矩阵范数

按照一定法则确定的与矩阵 $\boldsymbol{A}$ 对应的实数 $\|\boldsymbol{A}\|$，如果满足范数三条件，同时满足矩阵乘法相容性(次乘性)：

$$\|\boldsymbol{A}\| \cdot \|\boldsymbol{B}\| \geqslant \|\boldsymbol{A} \cdot \boldsymbol{B}\|$$

(式中 B 为与 A 同维数的矩阵)就称实数 $\|\boldsymbol{A}\|$ 为矩阵 $\boldsymbol{A}$ 的矩阵范数。

如同生活中根据需要可以抽取出人的“身高”、“血压”等多种体征一样，对于一个矩阵可以根据需要和可能定义出它与实数间的不同对应关系，从而定义出矩阵的多种范数。常用的矩阵范数有下列几种。

1) 列和范数(1-范数)

对矩阵的每列元素的绝对值求和，取其最大值定义为矩阵的 1-范数：

$$\|\boldsymbol{A}\|_1 = \max_{1 \leqslant j \leqslant n}\left(\sum_{i=1}^{m} |a_{ij}|\right)$$

2) 行和范数(∞-范数)

对矩阵的每行元素的绝对值求和，取其最大值定义为矩阵的行和范数(∞-范数)：

$$\|\boldsymbol{A}\|_\infty = \max_{1 \leqslant i \leqslant m}\left(\sum_{j=1}^{n} |a_{ij}|\right)$$

3) 矩阵的 F-范数(Frobenius 范数)

对矩阵所有元素平方和的开方(与向量的欧氏范数对应)，定义为矩阵的 F-范数：

$$\|\boldsymbol{A}\|_\mathrm{F} = \left(\sum_{i=1}^{m}\sum_{j=1}^{n} |a_{ij}|^2\right)^{\frac{1}{2}}$$

以上三种矩阵范数也可表示成下面的统一公式：

$$\|\boldsymbol{A}\|_p = \left(\sum_{i=1}^{m}\sum_{j=1}^{n} |a_{ij}|^p\right)^{\frac{1}{p}}, 1 \leqslant p \leqslant \infty$$

若选取 $p=1,2$ 或∞，则分别对应于矩阵的列和范数、F-范数及行和范数。

4) 矩阵的谱范数

设矩阵 $\boldsymbol{A}$ 的共轭转置阵为 $\boldsymbol{A}^\mathrm{H} = (\bar{\boldsymbol{A}})^\mathrm{T}$，把$(\boldsymbol{A}^\mathrm{H}\boldsymbol{A})$称为埃尔米特矩阵。用 $\rho(\boldsymbol{A}^\mathrm{H}\boldsymbol{A})$ 表示埃尔米特矩阵$(\boldsymbol{A}^\mathrm{H}\boldsymbol{A})$的谱半径，通常把矩阵 $\boldsymbol{A}$ 的谱范数定义为：

$$\|\boldsymbol{A}\|_2 = \sqrt{\rho(\boldsymbol{A}^\mathrm{H}\boldsymbol{A})}$$

此外，根据不同的需求，还定义出了许多不同的矩阵范数。例如，由于实际应用中经常出现矩阵和向量同时存在的情况，于是定义出“算子范数”：设 $\boldsymbol{A}$ 是 $m \times n$ 阶矩阵，$\boldsymbol{x}$ 是 n 维向量，定义 $\boldsymbol{A}$ 的算子范数为：

$$\|\boldsymbol{A}\| = \max_{\boldsymbol{x} \neq \boldsymbol{0}} \frac{\|\boldsymbol{A}\boldsymbol{x}\|}{\|\boldsymbol{x}\|} = \max_{\|\boldsymbol{x}\|=1} \|\boldsymbol{A}\boldsymbol{x}\|$$

由于这个 $\|\boldsymbol{A}\|$ 是从向量范数 $\|\boldsymbol{x}\|$ 诱导而成的，所以也称它为“诱导范数”。可以证明，算子范

数$\|\boldsymbol{A}\|$完全满足范数三条件和次乘性，而且与向量范数$\|\boldsymbol{x}\|$具有相容性：

$$\|\boldsymbol{A}\| \cdot \|\boldsymbol{x}\| \geqslant \|\boldsymbol{A} \cdot \boldsymbol{x}\|$$

上述矩阵范数都具有等价性：对于任意两种矩阵范数$\| * \|_s$和$\| * \|_p$，存在两个大于零的常数c_1和c_2，使得下述关系成立：

$$c_2 \|\boldsymbol{A}\|_s \leqslant \|\boldsymbol{A}\|_p \leqslant c_1 \|\boldsymbol{A}\|_s$$

矩阵范数的这种等价性使得一个矩阵序列在一种范数下收敛，则在另一种范数下也收敛。于是在理论推导或计算中，经常根据需求和方便程度选用适当的范数，而所得结果具有普遍性。

4. 迭代公式收敛性的判断及其误差

根据定义，若数λ是方阵$\boldsymbol{M}$的特征值，$\boldsymbol{x}$为与其对应的特征向量，则它们间应满足$\boldsymbol{Mx}=\lambda\boldsymbol{x}$。若对这个等式两边取范数，利用范数的相关性质可有：

$$|\lambda| \|\boldsymbol{x}\| \leqslant \|\boldsymbol{M}\| \|\boldsymbol{x}\|$$

由于$\|\boldsymbol{x}\| \neq 0$，所以有：

$$|\lambda| \leqslant \|\boldsymbol{M}\|$$

因为λ是方阵$\boldsymbol{M}$的任意一个特征值，方阵$\boldsymbol{M}$的谱半径$\rho(\boldsymbol{M})=\max\limits_{1\leqslant i\leqslant n}|\lambda_i|$，所以$n$阶方阵$\boldsymbol{M}$的谱半径$\rho(\boldsymbol{M})$和方阵范数$\|\boldsymbol{M}\|$存在下述关系：

$$\rho(\boldsymbol{M}) \leqslant \|\boldsymbol{M}\|$$

由此可知，判断迭代公式收敛条件的$\rho(\boldsymbol{M})=\max\limits_{1\leqslant i\leqslant n}|\lambda_i|<1$，可以换成下述关系式：

$$\|\boldsymbol{M}\|<1$$

计算方阵$\boldsymbol{M}$的范数要比求它的谱半径容易，所以根据迭代矩阵的范数$\|\boldsymbol{M}\|<1$，就可以判断迭代公式$\boldsymbol{x}_{k+1}=\boldsymbol{M}\boldsymbol{x}_k+\boldsymbol{g}$的敛散性。

如果迭代公式收敛，则当$k\to\infty$时，$x_k\to\boldsymbol{x}^*$，由此可推出误差估计关系式：

$$\|\boldsymbol{x}^* - \boldsymbol{x}_k\| \leqslant \frac{\|\boldsymbol{M}\|}{1-\|\boldsymbol{M}\|}\|\boldsymbol{x}_k - \boldsymbol{x}_{k-1}\| \text{或} \|\boldsymbol{x}^* - \boldsymbol{x}_k\| \leqslant \frac{\|\boldsymbol{M}\|^k}{1-\|\boldsymbol{M}\|}\|\boldsymbol{x}_1 - \boldsymbol{x}_0\|$$

5.4.3 范数和谱半径

按照定义求算向量或矩阵的范数是很麻烦的，而在MATLAB软件中设有求算范数的专用指令norm，用它可以方便地求出它们的范数。norm的使用格式为：

```
>> norm(A, ex) ↵
```

指令中输入的参数A，可以是向量或矩阵。

(1) 若A是向量，输入参数ex有以下几种选择：

选取 1 时，回车输出向量 $\boldsymbol{A}$ 的 1-范数 $\|\boldsymbol{A}\|_1$；选取 2 或省略 ex 项时，回车输出向量 $\boldsymbol{A}$ 的 2-范数 $\|\boldsymbol{A}\|_2$；选取 inf 时，回车输出向量 $\boldsymbol{A}$ 的 ∞-范数 $\|\boldsymbol{A}\|_\infty$，即 $\boldsymbol{A}$ 各分量绝对值中的最大者；选取 $-$inf 时，回车输出向量 $\boldsymbol{A}$ 各分量绝对值中的最小者。

(2) 若 $\boldsymbol{A}$ 是矩阵，输入参数 ex 有以下几种选择：

选取 1 时，回车输出矩阵 $\boldsymbol{A}$ 的列和范数 $\|\boldsymbol{A}\|_1$；选取 2 或省略 ex 项时，回车输出矩阵 $\boldsymbol{A}$ 的谱范数 $\|\boldsymbol{A}\|_2$；选取 fro 时，回车输出矩阵 $\boldsymbol{A}$ 的 F-范数 $\|\boldsymbol{A}\|_F$；选取 inf 时，回车输出矩阵 $\boldsymbol{A}$ 的行和范数。

在 MATLAB 软件中没有预设直接计算方阵谱半径的指令，但是可以按其定义用多个指令的组合来完成。方阵 $\boldsymbol{A}$ 的谱半径 $\rho(\boldsymbol{A})$ 就是 $\boldsymbol{A}$ 的特征值中绝对值最大者，所以可用求方阵特征值指令 eig 和求向量 ∞-范数两个指令的组合完成，即在指令窗中输入：

```
>> norm(eig(A),inf) ↵
```

指令中的 eig(A)得出矩阵 $\boldsymbol{A}$ 的特征值；norm(eig(A),inf)则得出 eig(A)中绝对值的最大者。

例 5.12 求矩阵 $\boldsymbol{A}=\begin{bmatrix}2 & 2 & 3\\5 & 4 & -6\\1 & 4 & 2\\3 & 5 & 7\end{bmatrix}$ 的列和范数、谱范数、F-范数及行和范数。

解 在指令窗中输入：

```
>> A = [2 2 3;5 4 -6;1 4 2;3 5 7];
>> s1 = norm(A,1), s2 = norm(A,2), s3 = norm(A,'fro'), s4 = norm(A,inf) ↵
    s1 =
                            18
    s2 =
                         10.8040
    s3 =
                         14.0712
    s4 =
                            15
```

整理得出：

$$\text{列和范数}\|\boldsymbol{A}\|_1=18,\quad \text{谱范数}\|\boldsymbol{A}\|_2=10.8040,$$
$$\text{F-范数}\|\boldsymbol{A}\|_F=14.0712,\quad \text{行和范数}\|\boldsymbol{A}\|_\infty=15$$

例 5.13 已知矩阵 $\boldsymbol{c}=\begin{bmatrix}\frac{1}{2} & \frac{-2}{3}\\\frac{1}{4} & \frac{1}{5}\end{bmatrix}$，求它的行和范数及谱半径 $\rho(\boldsymbol{c})$。

解 在指令窗中输入：

```
>> c = [1/2  - 2/3;1/4 1/5];
>> norm(c,inf), p = norm(eig(c),inf) ↵
        ans =
              1.1667
         p =
              0.5164
```

表明矩阵的行和范数$\|\boldsymbol{c}\|_\infty=1.1667$，谱半径$\rho(\boldsymbol{c})=0.5164$。

5.4.4 特征值和特征向量

在研究振动、波动以及自动控制的稳定性等问题时，数学化后的求解常常归结为求一些矩阵的特征值和特征向量。矩阵特征值的计算方法分两类：

一类是解多项式方程，就是由矩阵得出其特征多项式和特征方程，特征方程的根就是矩阵的特征值。但是，当矩阵的阶数很高时，由于高次多项式方程的求根较为繁杂，而且重根将使计算精度难于提高，所以这一方法并不理想。

另一类是用迭代法，就是构造出一个极限为矩阵特征值和特征向量的收敛序列，序列中的每个元素都是特征值和特征向量的近似值，只是误差不同而已。这种迭代循环方法用计算机求解极为方便，所以广为流行。

1. 方阵的特征值和特征向量

如果n阶方阵$\boldsymbol{A}$和n维向量$\boldsymbol{x}$以及数λ满足关系式：

$$\boldsymbol{A}\boldsymbol{x}=\lambda\boldsymbol{x}$$

就把数值λ叫做方阵$\boldsymbol{A}$的特征值，而非零向量$\boldsymbol{x}$就是与λ对应的方阵$\boldsymbol{A}$的特征向量。移项可得$(\boldsymbol{A}-\lambda\boldsymbol{E})\boldsymbol{x}=\boldsymbol{0}$，式中$\boldsymbol{E}$为$n$阶单位方阵。由线性代数知道，该方程存在非零解的充要条件是系数行列式等于零：

$$\det(\boldsymbol{A}-\lambda\boldsymbol{E})=0$$

这个方程式称为方阵$\boldsymbol{A}$的特征方程。方程左端的$\det(\boldsymbol{A}-\lambda\boldsymbol{E})$是特征值$\lambda$的$n$次多项式，称为方阵$\boldsymbol{A}$的特征多项式。特征方程是一个以$\lambda$为未知量的$n$次代数方程，它的根就是方阵$\boldsymbol{A}$的特征值。把特征值代入特征向量满足的方程$\boldsymbol{A}\boldsymbol{x}=\lambda\boldsymbol{x}$中，就可以求出特征向量$\boldsymbol{x}$。

当n不太大时，经常用上述方法求方阵$\boldsymbol{A}$的特征值和特征向量，但是当n较大时，就需要用迭代法。

2. 对称矩阵的雅可比法

雅可比法是用迭代法求出对称方阵特征值和特征向量的经典方法，它的基本思想是不断对方阵进行正交相似变换，使其对角线外的元素越来越小。

由线性代数知道，对于 n 阶的实对称方阵 $\boldsymbol{A}$，必然存在正交阵 $\boldsymbol{P}$，使得：

$$\boldsymbol{P}^{-1}\boldsymbol{A}\boldsymbol{P}=\boldsymbol{P}^{\mathrm{T}}\boldsymbol{A}\boldsymbol{P}=\boldsymbol{\Lambda}$$

其中 $\boldsymbol{\Lambda}$ 是对角阵。这个等式表明方阵 $\boldsymbol{A}$ 与对角阵 $\boldsymbol{\Lambda}$ 相似。由于相似方阵具有相同的特征多项式和特征值，而对角阵 $\boldsymbol{\Lambda}=\mathrm{diag}(\lambda_1,\lambda_2,\cdots,\lambda_n)$，因此，$\lambda_j(j=1,2,\cdots,n)$就是 $\boldsymbol{\Lambda}$ 和 $\boldsymbol{A}$ 的特征值，而正交阵 $\boldsymbol{P}$ 的第 j 列，就是与 λ_j 对应的特征向量。所以如果能找到使方阵 $\boldsymbol{A}$ 对角化的正交阵 $\boldsymbol{P}$，就很容易求得它的特征值和特征向量。雅可比法就是根据这个原理，用矩阵的正交相似变换实现实对称矩阵对角化的一种方法。因为它相当于坐标的旋转变换，所以也叫旋转法。下边以一个二阶方阵的对角化为例，引导出雅可比法的思路。

假设实对称矩阵 $\boldsymbol{A}=\begin{bmatrix}a & b\\ b & d\end{bmatrix}$，若已知正交阵 $\boldsymbol{P}=\begin{bmatrix}\cos\varphi & -\sin\varphi\\ \sin\varphi & \cos\varphi\end{bmatrix}$，则 $\boldsymbol{P}^{-1}=\boldsymbol{P}^{\mathrm{T}}=\begin{bmatrix}\cos\varphi & \sin\varphi\\ -\sin\varphi & \cos\varphi\end{bmatrix}$，若取 $\varphi=\dfrac{1}{2}\tan\dfrac{2b}{a-c}$，用 $\boldsymbol{P}^{-1}$ 从左右两边乘以矩阵 $\boldsymbol{A}$，则可得：

$$\boldsymbol{P}^{-1}\boldsymbol{A}\boldsymbol{P}=\begin{bmatrix}\cos\varphi & \sin\varphi\\ -\sin\varphi & \cos\varphi\end{bmatrix}\begin{bmatrix}a & b\\ b & d\end{bmatrix}\begin{bmatrix}\cos\varphi & -\sin\varphi\\ \sin\varphi & \cos\varphi\end{bmatrix}=\begin{bmatrix}a_1 & 0\\ 0 & a_2\end{bmatrix}=\boldsymbol{A}_1$$

表明 $\boldsymbol{A}$ 经过正交变换后成为对角阵 $\boldsymbol{A}_1$，所以 $\boldsymbol{A}$ 和 $\boldsymbol{A}_1$ 相似。于是 $\boldsymbol{A}_1$ 的对角元素 a_1 和 a_2 就是 $\boldsymbol{A}$ 和 $\boldsymbol{A}_1$ 的特征值，而正交阵 $\boldsymbol{P}$ 的两列 $\begin{bmatrix}\cos\varphi\\ \sin\varphi\end{bmatrix}$ 和 $\begin{bmatrix}-\sin\varphi\\ \cos\varphi\end{bmatrix}$ 分别为与之对应的特征向量。

可以把这个变换方法推广到 n 阶实对称矩阵。设 n 阶实对称矩阵 $\boldsymbol{A}$ 的某对非对角线元素 $a_{ij}=a_{ji}\neq 0$，为将它们变换成零，仿照刚才二阶方阵的例子，取如下的正交矩阵 $\boldsymbol{P}_{ij}$：

$$\boldsymbol{P}_{ij}=\begin{bmatrix}
1 & & & \vdots & & & & \vdots & & & \\
 & \ddots & 1 & \vdots & & & & \vdots & & & \\
\cdots & \cdots & \cdots & \cos\varphi & \cdots & \cdots & \cdots & -\sin\varphi & \cdots & \cdots & \cdots \\
 & & & \vdots & 1 & & & \vdots & & & \\
 & & & \vdots & & \ddots & & \vdots & & & \\
 & & & \vdots & & & 1 & \vdots & & & \\
\cdots & \cdots & \cdots & \sin\varphi & \cdots & \cdots & \cdots & \cos\varphi & \cdots & \cdots & \cdots \\
 & & & \vdots & & & & \vdots & 1 & & \\
 & & & \vdots & & & & \vdots & & \ddots & \\
 & & & \vdots & & & & \vdots & & & 1
\end{bmatrix}\begin{matrix}\\ \\ i\text{ 行}\\ \\ \\ \\ j\text{ 行}\\ \\ \\ \\ \end{matrix}$$

（第 4 列为 i 列，第 8 列为 j 列）

对角线外被省略的元素均为零。用 $\boldsymbol{P}_{ij}$ 对方阵 $\boldsymbol{A}$ 进行变换，有 $\boldsymbol{P}_{ij}^{-1}\boldsymbol{A}\boldsymbol{P}_{ij}=\boldsymbol{P}_{ij}^{\mathrm{T}}\boldsymbol{A}\boldsymbol{P}_{ij}=\boldsymbol{A}_1$，对这个等式两边进行转置，由于 $\boldsymbol{A}$ 为对称阵，所以得出：

$$\boldsymbol{A}_1^{\mathrm{T}}=(\boldsymbol{P}_{ij}^{\mathrm{T}}\boldsymbol{A}\boldsymbol{P}_{ij})^{\mathrm{T}}=\boldsymbol{P}_{ij}^{\mathrm{T}}\boldsymbol{A}^{\mathrm{T}}\boldsymbol{P}_{ij}=\boldsymbol{P}_{ij}^{\mathrm{T}}\boldsymbol{A}\boldsymbol{P}_{ij}=\boldsymbol{A}_1$$

可见 $\boldsymbol{A}$ 与 $\boldsymbol{A}_1$ 相似，且若 $\boldsymbol{A}$ 对称则 $\boldsymbol{A}_1$ 也对称。

另外，由二阶方阵的例子可知，若取 φ 满足关系式 $\varphi=\dfrac{1}{2}\arctan\dfrac{2a_{ij}}{a_{ii}-a_{jj}}$ 时，就能使 $\boldsymbol{A}_1$ 的两个非对角元素 $(a_1)_{ij}=(a_1)_{ji}=0$。不断进行这样的正交变换，就可使 $\boldsymbol{A}$ 的所有非对角元素都变成零。假设第 k 次变换得到的矩阵为 $\boldsymbol{A}_k$，如果它的某对非对角元素 $(a_k)_{pq}=(a_k)_{qp}\neq 0$，就仿照上述方法构成正交矩阵 $\boldsymbol{P}_{pq}$，对 $\boldsymbol{A}_k$ 进行变换：

$$\boldsymbol{P}_{pq}^{\mathrm{T}}\boldsymbol{A}_k\boldsymbol{P}_{pq}=\boldsymbol{A}_{k+1}$$

于是，在变换后的矩阵 $\boldsymbol{A}_{k+1}$ 中非对角元素 $(a_{k+1})_{pq}=(a_{k+1})_{qp}=0$。如此不断进行这样的变换，就可得出一系列实对称矩阵 $\boldsymbol{A}_1,\boldsymbol{A}_2,\boldsymbol{A}_3,\cdots$，它们将逐渐趋向于对角阵 $\boldsymbol{\Lambda}$。

实际运算并非如此简单，在迭代过程的每次变换中虽然能使被变换的非对角元素为零，但也有可能使一些与被变换元素同行或同列的、先前已经变成零的元素又成了非零元素。不过理论已经证明，正交相似变换中方阵元素的平方和（方阵的 F-范数）保持不变，而雅可比方法的每次变换，却总能使对角线元素的平方和增大，非对角元素平方和减小，所以该方法得出的矩阵序列肯定是收敛的，即 $k\to\infty$ 时，总有 $\boldsymbol{A}_k\to\boldsymbol{\Lambda}$。

雅可比方法的优点是同时可以求出实对称矩阵的特征值和特征向量，算法稳定，精度较高，适于求出阶数不太高、且零元素较少的矩阵（稠密矩阵）的特征值和特征向量。

3. QR 算法

由线性代数中的施密特（Schmidt）正交化方法可以推得，任意 n 阶方阵 $\boldsymbol{A}$ 总可以分解成一个正交矩阵 $\boldsymbol{Q}$（满足 $\boldsymbol{Q}^{\mathrm{T}}\boldsymbol{Q}=\boldsymbol{E}$）和一个上三角阵 $\boldsymbol{R}$ 的乘积，即：

$$\boldsymbol{A}=\boldsymbol{QR}$$

把矩阵的这种分解叫做正交三角分解或 QR 分解。如果 $\boldsymbol{A}$ 是非奇异方阵，则这种分解是唯一的，在此理论基础之上就产生了计算中小型矩阵特征值问题的 QR 算法。

若 $\boldsymbol{A}$ 是一个方阵，设 $\boldsymbol{A}_1=\boldsymbol{A}$，且 $\boldsymbol{A}_1$ 可以分解为正交阵 $\boldsymbol{Q}_1$ 和上三角阵 $\boldsymbol{R}_1$ 之积：

$$\boldsymbol{A}_1=\boldsymbol{Q}_1\boldsymbol{R}_1$$

将 $\boldsymbol{Q}_1$ 和 $\boldsymbol{R}_1$ 的顺序颠倒，令 $\boldsymbol{A}_2=\boldsymbol{R}_1\boldsymbol{Q}_1=\boldsymbol{Q}_1^{-1}\boldsymbol{A}_1\boldsymbol{Q}_1$，再对 $\boldsymbol{A}_2$ 重复上述步骤，得到 $\boldsymbol{A}_3$，……，不断重复这种变换，则得出 QR 算法的计算公式：

$$\begin{cases}\boldsymbol{A}_k=\boldsymbol{Q}_k\boldsymbol{R}_k,\boldsymbol{Q}_k^{\mathrm{T}}\boldsymbol{Q}_k=\boldsymbol{E}\\ \boldsymbol{A}_{k+1}=\boldsymbol{R}_k\boldsymbol{Q}_k=\boldsymbol{Q}_k^{-1}\boldsymbol{A}_k\boldsymbol{Q}_k\end{cases},k=1,2,\cdots$$

上式中的 $\boldsymbol{E}$ 是 n 阶单位方阵。于是便可得出方阵序列 $\boldsymbol{A}_1,\boldsymbol{A}_2,\cdots,\boldsymbol{A}_k,\cdots$，这个序列的每个方阵都与方阵 $\boldsymbol{A}_1=\boldsymbol{A}$ 相似，而且由于：

$$\begin{aligned}\boldsymbol{A}_{k+1}&=\boldsymbol{R}_k\boldsymbol{Q}_k=\boldsymbol{Q}_k^{-1}\boldsymbol{A}_k\boldsymbol{Q}_k=\boldsymbol{Q}_k^{-1}\boldsymbol{Q}_{k-1}^{-1}\boldsymbol{A}_{k-1}\boldsymbol{Q}_{k-1}\boldsymbol{Q}_k=\cdots\\&=\boldsymbol{Q}_k^{-1}\boldsymbol{Q}_{k-1}^{-1}\cdots\boldsymbol{Q}_k^{-1}\boldsymbol{Q}_1^{-1}\boldsymbol{A}_1\boldsymbol{Q}_1\boldsymbol{Q}_2\cdots\boldsymbol{Q}_k\end{aligned}$$

若令 $\boldsymbol{G}_k=\boldsymbol{Q}_1\boldsymbol{Q}_2\cdots\boldsymbol{Q}_k,k=1,2,\cdots$，则

$$\boldsymbol{A}_{k+1}=\boldsymbol{G}_k^{-1}\boldsymbol{A}_1\boldsymbol{G}_k$$

若令 $F_k = R_k R_{k-1} \cdots R_1$，$k=1,2,\cdots$，因为

$$A_k = Q_k R_k$$

$$G_k A_{k+1} = Q_1 Q_2 \cdots Q_k A_{k+1} = Q_1 Q_2 \cdots Q_k R_k Q_k = Q_1 Q_2 \cdots Q_{k-1} A_k Q_k =$$

$$Q_1 Q_2 \cdots Q_{k-1} R_{k-1} Q_{k-1} Q_k = \cdots = A_1 G_k, k = 1,2,\cdots$$

所以

$$G_k F_k = Q_1 Q_2 \cdots Q_k R_k R_{k-1} \cdots R_1 = G_{k-1} A_k F_{k-1} = A_1 G_{k-1} F_{k-1} = A_1^2 G_{k-2} F_{k-2} = \cdots = A_1^k$$

因为 $Q_1,Q_2,\cdots,Q_k$ 都是正交阵，所以 G_k 也是正交阵，同理 F_k 应是三角阵。由 $A_1^k = G_k F_k$ 可知，$A_1^k = A^k$ 也可以进行正交三角分解。

理论证明，当 $k\to\infty$ 时，在一定的条件下方阵序列 $A_1,A_2,\cdots,A_k,\cdots$ 的主对角线元素趋于方阵 A 的特征值。

QR 算法的收敛速度是线性的，而且运算量很大。但是它不限定方阵 A 必须得对称，有一定实用价值。不过实际使用中还需进行许多改进，这里不予介绍。

5.4.5　用 MATLAB 软件求特征值

在 MATLAB 软件中设有求出关于矩阵特征值等多项指令，下面略加介绍。

1. 求方阵的行列式

在 MATLAB 软件中求方阵 a 行列式值 $|a|$ 的指令是 det，使用格式为：

```
>> det(a) ↵
```

得出方阵 a 的行列式值 $|a|$，注意 a 必须是方阵。

2. 求方阵的特征多项式

方阵 a 的特征多项式 $\det(a-\lambda E)$ 是关于 λ 的代数多项式，它的根称为方阵 a 的特征值。MATLAB 软件中求方阵 a 特征多项式的专用指令是 poly，使用格式为：

```
>> P = poly(a) ↵
```

回车输出方阵 a 的特征多项式 $P(\lambda) = |a-\lambda E|$ 的系数向量 P，若 $P(\lambda) = c_n\lambda^n + c_{n-1}\lambda^{n-1} + \cdots + c_0$，其系数向量 $P = [c_n \; c_{n-1} \cdots \; c_0]$。

3. 求方阵的特征值和特征向量

在 MATLAB 软件中还设有一个方便而专用的指令 eig，它是根据 QR 算法求出方阵特征值的。用指令 eig 同时可以得出方阵的特征值和一组特征向量，其调用格式有三种：

```
>> eig (a) ↵
```

回车输出方阵 $\boldsymbol{a}$ 的特征值构成的列阵。

```
>>[x r] = eig (a) ↵
```

回车输出的 $\boldsymbol{x}$ 为一矩阵，它的各列是 $\boldsymbol{a}$ 的特征向量；输出的 $\boldsymbol{r}$ 是对角阵，对角元素是 $\boldsymbol{a}$ 的特征值；$\boldsymbol{r}$ 与 $\boldsymbol{x}$ 的同列向量相对应。

```
>> [x r] = eig (a, "nobalance") ↵
```

当方阵 $\boldsymbol{a}$ 中含有小到与截断误差相当的元素时，加写输入参数“nobalance”可以提高该小值元素的作用。使用中常被省略，以免使结果的误差变大。

例 5.14 求方阵 $\boldsymbol{a}=\begin{bmatrix}-2 & 1 & 1\\ 0 & 2 & 0\\ -4 & 1 & 3\end{bmatrix}$ 的行列式值、特征多项式、特征值和特征向量。

解 (1)求方阵 $\boldsymbol{a}$ 的行列式值。在指令窗中输入：

```
>> a = [ - 2 1 1;0 2 0; - 4 1 3];
>> det(a) ↵
      ans =
                                        - 4
```

表明方阵 $\boldsymbol{a}$ 的行列式值 $|\boldsymbol{a}|=\det(\boldsymbol{a})=-4$。

(2) 求方阵 $\boldsymbol{a}$ 的特征多项式。在指令窗中输入：

```
>> P = poly(a) ↵
P =
                        1     - 3     0     4
```

可知方阵 $\boldsymbol{a}$ 的特征多项式 $|\boldsymbol{a}-\lambda \boldsymbol{E}|$ 的系数向量 $\boldsymbol{P}=[1,-3,0,4]$。

把系数向量 $\boldsymbol{P}$ 转换成多项式。在指令窗中输入(指令中用 y 代替 λ)：

```
   >> P = [1, - 3,0,4];p = poly2str(P,'y') ↵
        p =
                        y^3 - 3 y^2 + 4
```

所以 $\boldsymbol{a}$ 的特征多项式为 $|\boldsymbol{a}-\lambda \boldsymbol{E}|=\lambda^3-3\lambda^2+4$。

(3) 用 eig 指令时若不写输出变量[x,r]，回车只输出特征值列向量。在指令窗中输入：

```
>> eig(a) ↵
ans =
                                        - 1
                                          2
                                          2
```

如果使用写有输出量格式[x r]，在指令窗中输入：

```
>> [x r] = eig(a)  ↵
        x =
                      - 0.7071   - 0.2425    0.3015
                        0          0          0.9045
                      - 0.7071   - 0.9701    0.3015
          r =
                             - 1     0     0
                               0     2     0
                               0     0     2
```

输出矩阵 $\boldsymbol{x}$ 的各列是方阵 $\boldsymbol{a}$ 的特征向量，输出对角阵 $\boldsymbol{r}$ 的对角元素，由 $\boldsymbol{a}$ 的特征值构成。

思考与练习题

5.1　确定方程组解的结构并求其解：

(1) $\begin{cases} x_1+4x_2-2x_3+3x_4=6 \\ 2x_1+2x_2+4x_4=2 \\ 3x_1-x_3+2x_4=1 \\ x_1+2x_2+2x_3-3x_4=8 \end{cases}$；　(2) $\begin{cases} x_1+2x_2+3x_3=2 \\ 2x_1+3x_2+4x_3=3 \\ 3x_1+4x_2+4x_3=3 \end{cases}$；

(3) $\begin{cases} 10^{-5}x_1+10^{-5}x_2+x_3=2\times10^{-5} \\ 10^{-5}x_1-10^{-5}x_2+x_3=-2\times10^{-5} \\ x_1+x_2+2x_3=1 \end{cases}$；　(4) $\begin{cases} x_1-2x_2+4x_3=56 \\ 2x_1+8x_2+x_3=-4 \\ 20x_1-x_2+2x_3=74 \end{cases}$；

(5) $\begin{cases} 0.5x_1+1.1x_2+3.1x_3+1.1x_4=9.85 \\ 2.0x_1+4.5x_2+0.36x_3+0.1x_4=0.37 \\ 5.0x_1+0.96x_2+6.5x_3+2.5x_4=9.71 \\ 0.6x_1+2.5x_2+0.55x_3+0.4x_4=3.44 \end{cases}$；　(6) $\begin{cases} 0.5x_1+1.1x_2+3.1x_3=6.0 \\ 6.5x_1-5.78x_2-8.7x_3=-40.8 \\ 5.0x_1+0.96x_2+6.5x_3=0.96 \end{cases}$；

(7) $\begin{bmatrix} 1 & 0.25 & & & \\ -0.25 & 1 & -0.25 & & \\ & -0.25 & 1 & -0.25 & \\ & & -0.25 & 1 & -0.25 \\ & & & -0.25 & 1 \end{bmatrix}\begin{bmatrix} x_1 \\ x_2 \\ x_3 \\ x_4 \\ x_5 \end{bmatrix}=\begin{bmatrix} 1 \\ 1 \\ 1 \\ 1 \\ 1 \end{bmatrix}$

5.2　根据各个矩阵的条件，对它们进行三角分解和楚列斯基分解：

(1) $\begin{bmatrix} 5 & 7 & 3 \\ 7 & 11 & 2 \\ 3 & 2 & 6 \end{bmatrix}$；　(2) $\begin{bmatrix} -2 & 1 & 0 \\ 1 & -2 & 1 \\ 0 & 1 & -2 \end{bmatrix}$；

(3) $\begin{bmatrix} 1 & 1 & 1 & 1 \\ 1 & 2 & 3 & 4 \\ 1 & 3 & 6 & 10 \\ 1 & 4 & 10 & 20 \end{bmatrix}$；　(4) $\begin{bmatrix} 10 & 5 & 4 & 3 & 2 & 1 \\ -1 & 10 & 5 & 4 & 3 & 2 \\ -2 & -1 & 10 & 5 & 4 & 3 \\ -3 & -2 & -1 & 10 & 5 & 4 \\ -4 & -3 & -2 & -1 & 10 & 5 \\ -5 & -4 & -3 & -2 & -1 & 10 \end{bmatrix}$

5.3　对下列矩阵做正交三角分解：

(1) $\begin{bmatrix} 2 & -1 & 0 & 0 \\ 1 & 2 & -1 & 0 \\ 0 & -1 & 2 & -1 \\ 0 & 0 & -1 & 2 \end{bmatrix}$；　(2) $\begin{bmatrix} 1 & 4 & -1 & 5 & 6 \\ 2 & 0 & 0 & 0 & -14 \\ -1 & 2 & -4 & 0 & 1 \\ 2 & 6 & -5 & 5 & 1 \end{bmatrix}$；

(3) $\begin{bmatrix} 1 & 1 & 2 \\ 1 & 2 & 1 \\ 1 & 1 & 3 \\ 2 & 3 & 3 \end{bmatrix}$；　(4) $\begin{bmatrix} 1 & 3 & 2 & 1 & 4 \\ 2 & 6 & 1 & 0 & 7 \\ 3 & 9 & 3 & 1 & 11 \end{bmatrix}$

5.4　求下列矩阵的行列式值、范数：

(1) $\begin{bmatrix} 5 & 7 & 3 \\ 7 & 11 & 2 \\ 3 & 2 & 6 \end{bmatrix}$；　(2) $\begin{bmatrix} -2 & 1 & 0 \\ 1 & -2 & 1 \\ 0 & 1 & -2 \end{bmatrix}$；

(3) $\begin{bmatrix} 3 & 1 & -1 & 2 \\ -5 & 1 & 3 & -4 \\ 2 & 0 & 1 & -1 \\ 1 & -5 & 3 & -3 \end{bmatrix}$；　(4) $\begin{bmatrix} 2 & 1 & 4 & 1 & 7 \\ 3 & -1 & 2 & 1 & 1 \\ 1 & 2 & 3 & 2 & 2 \\ 5 & 0 & 6 & 2 & 4 \\ 0 & 3 & 1 & 4 & 0 \end{bmatrix}$

5.5　求下列方阵的特征值和特征向量：

(1) $\begin{bmatrix} 3 & -1 \\ -1 & 3 \end{bmatrix}$；　(2) $\begin{bmatrix} -1 & 1 & 0 \\ -4 & 3 & 0 \\ 1 & 0 & 2 \end{bmatrix}$；

(3) $\begin{bmatrix} 1 & 2 & 3 \\ 2 & 1 & 3 \\ 3 & 3 & 6 \end{bmatrix}$；　(4) $\begin{bmatrix} 1 & 1 & & & \\ 1 & 2 & 1 & & \\ & 1 & 3 & 1 & \\ & & 1 & 4 & 1 \\ & & & 1 & 5 \end{bmatrix}$

第6章 数值微积分

许多科技问题的最终解决常常需要计算函数的微分或定积分，然而实践中提出的微积分问题并非都能用高校教材中介绍的计算方法解决。比如，两个物理量间的函数关系，经过实验得出了由列表法给出的数据，这时若要求其函数的导数，就不能用教材中求导的定义或软件中的指令 diff 计算。又如，利用牛顿-莱布尼茨(Newton-Leibniz)公式 $\int_a^b f(x)\mathrm{d}x = F(b)-F(a)$ 计算定积分时，要求被积函数 $f(x)$在区间$[a,b]$上连续，求出它满足 $F'(x)=f(x)$的一个原函数，然后把积分上下限代入其中，得出定积分结果。但是，具体问题中求出这个原函数并非易事，所以实际应用中很难利用这个公式计算出求定积分，经常遇到以下情况。

(1) 有不少被积函数 $f(x)$，理论上讲一定存在原函数，但却无法用有限的初等函数表示出来，像函数 $\sin x^2$、$\frac{\sin x}{x}$、$\ln^{-1}x$、e^{-x^2}、……就是例子。

(2) 有时要用很高的计算技巧，方可找到一些被积函数的原函数，有的原函数非常冗长，实际上难以应用。例如，下式表明 $F(x)$是 $f(x)$的原函数：

$$
\begin{aligned}
F'(x) &= \left[\frac{1}{4}x^2\sqrt{2x^2+3}+\frac{1}{\ln x}x\sqrt{2x^2+3}-\frac{9}{16\sqrt{2}}\ln(x\sqrt{2}+\sqrt{2x^2+3})\right]' \\
&= x^2\sqrt{2x^2+3} = f(x)
\end{aligned}
$$

但是，却很难用这个 $F(x)$算出定积分 $\int_a^b f(x)\mathrm{d}x$，因为把它代入牛顿-莱布尼茨公式太繁杂了。

(3) 更多的情况是在科技工程的实验中，据测得的大量数据可以形成的被积函数本身就不是解析表达式，而是表格或图线，由其计算定积分就更难找到解析形式的原函数了。

可见，在科学技术的实际工作中，难以利用教科书中的方法算出函数的微积分。另外，虽然解析表达式很精确，实际工作不一定非得求出其绝对精确的解析解，只要达到工作需求的精度就足够了。因此，研究计算微积分的近似方法——数值微积分是非常必要的。

本章首先介绍数值微积分的基本原理，以及用 MATLAB 软件实现它们的常用指令，最后介绍用该软件求出积分解析解或精确解的符号法。

6.1 数值微分

在微分学中，函数的导数是据导数定义或求导法则求出的。但是，当函数的表达式形式复杂、不易求导（例如：递推公式形式的函数表达式）或者函数以列表法给出时，就不能用这些方法求出导数了，有必要研究用“数值方法”求出函数的导数——数值微分法。

数值微分（Numerical Differentiation）就是用给定点处函数值的线性组合，来近似表示出函数在该点的导数值。下面介绍两种求数值微分的方法——Taylor 展开法和 Lagrange 插值函数法。

6.1.1 中点法

按导数定义，函数 $f(x)$ 在 $x=a$ 点处的导数为：

$$f'(a)=\lim_{h\to 0}\frac{f(a+h)-f(a)}{h}$$

式中 h 为 x 的一个增量。如果精度要求不太高，可用差商近似表示导数，于是可以得到一种数值微分的“向前差商”法：

$$f'(a)\approx\frac{f(a+h)-f(a)}{h}$$

类似地，若用“向后差商”作近似计算，则有：

$$f'(a)\approx\frac{f(a)-f(a-h)}{h}$$

若用“中心差商”作近似计算，可得：

$$f'(a)\approx\frac{f(a+h)-f(a-h)}{2h}$$

把上面差商式中的 h 称为步长。把中心差商方法称为中点方法，相应地把其计算表达式称为中点公式。实际上，它是前两种方法的算术平均。

计算导数 $f'(a)$ 的近似值，首先必须选取合适的步长 h，为此需要进行误差分析。分别将 $f(a\pm h)$ 在 a 点处进行泰勒（Taylor）级数展开，有：

$$f(a\pm h)=f(a)\pm hf'(a)+\frac{h^2}{2!}f''(a)\pm\frac{h^3}{3!}f'''(a)+\frac{h^4}{4!}f^{(4)}(a)\pm\cdots$$

代入差商公式，分别得出：

$$\frac{f(a\pm h)-f(a)}{\pm h}=f'(a)\pm\frac{h}{2!}f''(a)+\frac{h^2}{3!}f'''(a)\pm\cdots$$

$$\frac{f(a+h)-f(a-h)}{2h}=f'(a)+\frac{h^2}{3!}f'''(a)+\frac{h^4}{5!}f^{(5)}(a)+\cdots$$

由此可知,向前差商和向后差商公式的截断误差均为 $O(h)$,而中点公式的截断误差是 $O(h^2)$。

用中点公式计算导数的近似值时,必须选取适当的步长 h。因为从中点公式的截断误差看,步长 h 越小,计算结果就越准确。但是,从舍入误差的角度看,如果 h 过小时,$f(a+h)$与 $f(a-h)$非常接近,直接将两个接近的数相减,会造成有效数字的严重损失,因此,步长 h 又不易取得太小。例如,用中点公式求 $f(x)=\sqrt{x}$ 在 $x=2$ 处的导数,据计算公式可得

$$f'(2)\approx G(h)=\frac{\sqrt{2+h}-\sqrt{2-h}}{2h}$$

若取 4 位小数计算,结果见表 6-1。

表 6-1 步长 h 和导数 $G(h)$ 函数关系数据表

h	1	0.5	0.1	0.05	0.01	0.005	0.001	0.0005	0.0001
$G(h)$	0.3660	0.3564	0.3535	0.3530	0.3500	0.3500	0.3500	0.3500	0.3500

由于导数 $f'(2)$的准确值为 0.353553,可见,取 $h=0.1$ 时逼近效果最好,如果进一步缩小步长,则逼近的效果反倒会越来越差。

6.1.2 插值型求导公式

当函数 $f(x)$以表格形式给出时,即:$y_i=f(x_i)$,$i=0,1,2,\cdots,n$,用插值多项式 $P_n(x)$ 作为 $f(x)$的近似函数 $f(x)=P_n(x)$。由于多项式的导数容易求得,我们取 $P_n(x)$的导数 $P'_n(x)$作为 $f'(x)$的近似值,这样建立的数值求导公式为:

$$f'(x)=P'_n(x)$$

统称为 Lagrange 插值型的求导公式。

其截断误差可用插值多项式的余项定理得出,由于

$$f(x)=P_n(x)+\frac{f^{(n+1)}(\xi)}{(n+1)!}\omega_{n+1}(x)$$

其中 $\omega_{n+1}(x)=(x-x_0)(x-x_1)\cdots(x-x_n)=\prod_{i=0}^{n}(x-x_i)$,对上式两边求导,可得:

$$f'(x)=P'_n(x)+\frac{f^{(n+1)}(\xi)}{(n+1)!}\omega'_{n+1}(x)+\frac{\omega_{n+1}(x)}{(n+1)!}\frac{\mathrm{d}}{\mathrm{d}x}f^{(n+1)}(\xi)$$

由于 $f'(x)$表达式中的 ξ 是 x 的未知函数,我们无法对上式右边的第 3 项进行估计,因此,对于任意的 x,截断误差 $f'(x)-P'_n(x)$是无法估计的。但是,如果求节点 x_i 处的导数,则截断误差为:

$$R_n(x) = f'(x) - P'_n(x) = \frac{f^{(n+1)}(\xi)}{(n+1)!}\omega'_{n+1}(x)$$

下面我们仅仅考察节点处的导数值。为简化讨论,假定所给的节点是等距排列的。

1. 两点公式

过节点 x_0 和 x_1 做线性插值多项式 $P_1(x)$,并记 $h=x_1-x_0$,则有:

$$P_1(x) = f(x_1)\frac{x-x_0}{h} - f(x_0)\frac{x-x_1}{h}$$

对 $P_1(x)$表达式两边求导,可得:

$$P'_1(x) = \frac{1}{h}[f(x_1) - f(x_0)]$$

于是得出两点公式 :

$$f'(x_0) = f'(x_1) \approx \frac{1}{h}[f(x_1) - f(x_0)]$$

其截断误差为:

$$\begin{cases} R_1(x_0) = f'(x_0) - P'_1(x_0) = -\dfrac{h}{2}f''(\xi_0) \\ R_1(x_1) = f'(x_1) - P'_1(x_1) = \dfrac{h}{2}f''(\xi_1) \end{cases}$$

2. 三点公式

过等距节点 x_0、x_1 和 x_2 作二次插值多项式 $P_2(x)$,并记步长为 h,则有:

$$P_2(x) = f(x_0)\frac{(x-x_1)(x-x_2)}{2h^2} - f(x_1)\frac{(x-x_2)(x-x_0)}{h^2} + f(x_2)\frac{(x-x_0)(x-x_1)}{2h^2}$$

对上式两边求导数,得:

$$P'_2(x) = f(x_0)\frac{2x-x_1-x_2}{2h^2} - f(x_1)\frac{2x-x_0-x_2}{h^2} + f(x_2)\frac{2x-x_0-x_1}{2h^2}$$

于是得出三点公式为:

$$\begin{cases} f'(x_0) \approx \dfrac{1}{2h}[-3f(x_0) + 4f(x_1) - f(x_2)] \\ f'(x_1) \approx \dfrac{1}{2h}[-f(x_0) + f(x_2)] \\ f'(x_2) \approx \dfrac{1}{2h}[f(x_0) - 4f(x_1) + 3f(x_2)] \end{cases}$$

其截断误差为:

$$\begin{cases} R_2(x_0) = f'(x_0) - P'_2(x_0) = \dfrac{h^2}{3}f'''(\xi_0) \\ R_2(x_1) = f'(x_1) - P'_2(x_1) = -\dfrac{h^2}{6}f'''(\xi_1) \\ R_2(x_2) = f'(x_2) - P'_2(x_2) = \dfrac{h^2}{3}f'''(\xi_2) \end{cases}$$

例 6.1 已知函数 $y=e^x$ 的下列数值列表(见表 6-2)：

表 6-2 函数 $y=e^x$ 关系数据表

x	2.5	2.6	2.7	2.8	2.9
$y=e^x$	12.1825	13.4637	14.8797	16.4446	18.1741

试用两点数值公式 $f'(x_1) \approx \dfrac{1}{h}[f(x_1) - f(x_0)]$ 和三点数值微分公式 $f'(x_1) \approx \dfrac{1}{2h}[-f(x_0)+f(x_2)]$，分别计算 $x=2.7$ 时函数的一阶导数值。

解 取步长 $h=0.2$，并设 $x_0=2.5, x_1=2.7, x_2=2.9$，用上述公式计算结果如下：

$$f'(2.7) \approx \frac{1}{0.2}[f(2.7) - f(2.5)] = 13.486$$

$$f'(2.7) \approx \frac{1}{0.2}[-f(2.5) + f(2.9)] = 14.979$$

取步长 $h=0.1$，并设 $x_0=2.6, x_1=2.7, x_2=2.8$，用上述公式计算结果如下：

$$f'(2.7) \approx \frac{1}{0.1}[f(2.7) - f(2.6)] = 14.160$$

$$f'(2.7) \approx \frac{1}{0.1}[-f(2.6) + f(2.8)] = 14.905$$

$f'(2.7)$的真值为 14.87973。上面的计算表明，三点公式比两点公式准确，步长越小，结果就越准确。

6.2 牛顿-柯特斯积分公式

大多数实际问题中的积分，不是用牛顿-莱布尼茨公式，而是用数值积分方法求出的。数值积分原则上可以用于计算各种被积函数的定积分，无论被积函数是解析形式还是数表等其他形式，基本原理都是用多项式函数近似代替原来的被积函数，然后用对多项式的积分代替对被积函数的积分。由于所选多项式形式的不同，可以有许多种数值积分方法，下面仅介绍一种最常用的插值型数值积分方法。

用一个容易积分的函数 $\varphi(x)$代替被积函数 $f(x)$，即找出满足 $\int_a^b f(x)\mathrm{d}x \approx \int_a^b \varphi(x)\mathrm{d}x$

的 $\varphi(x)$，这样的函数 $\varphi(x)$ 中自然以多项式函数 $P_n(x)$ 为最佳选择。因为多项式可以很好地逼近任何连续函数，而且容易求出其原函数。下边介绍的牛顿-柯特斯积分公式，就是用多项式函数 $P_n(x)$ 近似地代替被积函数 $f(x)$，用对 $P_n(x)$ 的积分代替对 $f(x)$ 的积分的一种数值积分法。

6.2.1 公式的推导

用代数多项式 $P_n(x)$ 近似地代替被积函数 $f(x)$ 时，即要求

$$\int_a^b P_n(x)\mathrm{d}x \approx \int_a^b f(x)\mathrm{d}x$$

为此，可以用前面讲过的插值法：将被积函数 $f(x)$ 的自变量 x 离散化，即把区间 $[a,b]$ 按步长 $h=(b-a)/n$ 分成 n 等份，取 $x_0=a, x_n=b$，则等分点的坐标为：

$$x_i = a + ih,\quad i = 0,1,2,\cdots,n$$

利用函数 $y=f(x)$ 关系，可以求出函数在这 $(n+1)$ 个等分点上的取值 $y_i=f(x_i)=f(a+ih), i=0,1,2,\cdots,n$。于是，根据 n 次 Lagrange 插值多项式，在区间 $[a,b]$ 上构造出一个逼近函数 $f(x)$ 的 n 次 Lagrange 插值多项式：

$$P_n(x) = \sum_{i=0}^{n} \frac{\omega(x)}{(x-x_i)\bar{\omega}(x_i)} f(x_i) = \sum_{i=0}^{n} \frac{\omega(x)}{(x-x_i)\bar{\omega}(x_i)} y_i$$

式中 $\omega(x)=(x-x_0)(x-x_1)\cdots(x-x_n)$，$\bar{\omega}(x_i)=(x_i-x_0)(x_i-x_1)\cdots(x_i-x_{i-1})(x_i-x_{i+1})\cdots(x_i-x_n)$，于是得出：

$$\int_a^b f(x)\mathrm{d}x \approx \int_a^b P_n(x)\mathrm{d}x = \int_a^b \left[\sum_{i=0}^{n} \frac{\omega(x)}{(x-x_i)\bar{\omega}(x_i)} f(x_i)\right]\mathrm{d}x$$

调换积分和累加和的次序，并令 $K_i = \int_a^b \frac{\omega(x)}{(x-x_i)\bar{\omega}(x_i)}\mathrm{d}x$，则得出：

$$\int_a^b f(x)\mathrm{d}x \approx \int_a^b P_n(x)\mathrm{d}x = \sum_{i=0}^{n}\int_a^b \left(\frac{\omega(x)}{(x-x_i)\bar{\omega}(x_i)}\mathrm{d}x\right) f(x_i) = \sum_{i=0}^{n} K_i f(x_i)$$

对 K_i 进行变量代换：令 $x = a + th$，整数 $t \in [0,n]$，则 $\mathrm{d}x=h\mathrm{d}t$。把 $x-x_i=(t-i)h$ 和 $x_i-x_0=ih$ 代入 $\omega(x)$ 和 $\bar{\omega}(x_i)$，则有

$$\omega(x) = \omega(a+th) = h^{n+1}t(t-1)(t-2)\cdots(t-n) \text{ 和 } \bar{\omega}(x_i) = h^n(-1)^{n-1}(i)!(n-i)!$$

于是得出：

$$K_i = \int_a^b \frac{\omega(x)}{(x-x_i)\bar{\omega}(x_i)}\mathrm{d}x = \int_0^n \frac{h^{n+1}t(t-1)(t-2)\cdots(t-n)}{(-1)^{n-i}h^n(i)!(n-i)!h(t-i)}h\mathrm{d}t$$
$$= \frac{(-1)^{n-i}}{i!(n-i)!}\int_0^n \frac{t(t-1)(t-2)\cdots(t-n)}{(t-i)}\mathrm{d}t$$

若令

$$c_i^{(n)} = \frac{(-1)^{n-i}}{i!(n-i)!}\int_0^n \frac{t(t-1)(t-2)\cdots(t-n)}{(t-i)}\mathrm{d}t$$

$$= \frac{(-1)^{n-i}}{i!(n-i)!}\int_0^n t(t-1)\cdots(t-i+1)(t-i-1)\cdots(t-n)\mathrm{d}t$$

注意 $h=(b-a)/n$，则 $K_i = nhc_i^{(n)} = (b-a)c_i^{(n)}$。式中的 $c_i^{(n)}$ 与被积函数 $f(x)$ 及积分区间 $[a,b]$ 毫无关系，仅取决于插值多项式的次数 n。把 $c_i^{(n)}$ 称为柯特斯求积系数(正整数 i 满足 $0\leqslant i\leqslant n$，为系数序号)，这样便得出用柯特斯系数 $c_i^{(n)}$ 表示的牛顿-柯特斯求积公式：

$$\int_a^b f(x)\mathrm{d}x \approx \int_a^b P_n(x)\mathrm{d}x = \sum_{i=0}^{n} K_i f(x_i) = (b-a)\sum_{i=0}^{n} c_i^{(n)} f(x_i)$$
$$= (b-a)[c_0^{(n)} f(x_0) + c_1^{(n)} f(x_1) + \cdots + c_{n-1}^{(n)} f(x_{n-1}) + c_n^{(n)} f(x_n)]$$

既然柯特斯系数 $c_i^{(n)}$ 与被积函数、积分区间无关，只与代替被积函数的多项式次数 n 有关，就可以事先把它计算出来。例如，用四次多项式代替被积函数时 $n=4$，牛顿-柯特斯求积公式为

$$\int_a^b f(x)\mathrm{d}x \approx \int_a^b P_n(x)\mathrm{d}x = \sum_{i=0}^{4} K_i f(x_i) = (b-a)\sum_{i=0}^{4} c_i^{(4)} f(x_i)$$
$$= (b-a)[c_0^{(4)} f(x_0) + c_1^{(4)} f(x_1) + c_2^{(4)} f(x_2) + c_3^{(4)} f(x_3) + c_4^{(n)} f(x_4)]$$

式中的 $f(x_i)(i=0,1,2,3,4)$ 是被积函数在 $[a,b]$ 区间等分点 x_i 上的取值，系数 $c_0^{(4)}$、$c_1^{(4)}$、$c_2^{(4)}$、$c_3^{(4)}$ 和 $c_4^{(4)}$ 可以由计算 $c_i^{(n)}$ 的公式得出。如，计算系数 $c_2^{(4)}$ 时，将 $n=4$ 和 $i=2$ 代入公式可得：

$$c_2^{(4)} = \frac{(-1)^{4-2}}{4\times 2!\times(4-2)!}\int_0^4 t(t-1)(t-3)(t-4)\mathrm{d}t = \frac{2}{15}$$

利用柯特斯求积系数 $c_i^{(n)}$ 的这个特性，我们可以预先把它们都计算出来并列成表格，使用时只要查表即可。表 6-3 就是部分柯特斯系数的取值表。

表 6-3　部分柯特斯系数取值表

n	$c_i^{(n)}(0\leqslant i\leqslant n)$
0	1
1	$\frac{1}{2},\frac{1}{2}$
2	$\frac{1}{6},\frac{4}{6},\frac{1}{6}$
3	$\frac{1}{8},\frac{3}{8},\frac{3}{8},\frac{1}{8}$
4	$\frac{7}{90},\frac{16}{45},\frac{2}{15},\frac{16}{45},\frac{7}{90}$
5	$\frac{19}{288},\frac{25}{96},\frac{25}{144},\frac{25}{144},\frac{25}{96},\frac{19}{288}$
6	$\frac{41}{840},\frac{9}{35},\frac{9}{280},\frac{34}{105},\frac{9}{280},\frac{9}{35},\frac{41}{840}$

续表

n	$c_i^{(n)}\ (0\leqslant i\leqslant n)$
7	$\frac{751}{17280},\frac{3577}{17280},\frac{1323}{17280},\frac{2989}{17280},\frac{2989}{17280},\frac{1323}{17280},\frac{3577}{17280},\frac{751}{17280}$
8	$\frac{989}{28350},\frac{5888}{28350},-\frac{928}{28350},\frac{10496}{28350},-\frac{4540}{28350},\frac{10496}{28350},-\frac{928}{28350},\frac{5888}{28350},\frac{989}{28350}$

此外，柯特斯系数 $c_i^{(n)}$ 还具有下述特性：

(1) 在 $c_i^{(n)}$ 定义式中作代换，令 $t=n-i$ 时其值不变，即 $c_i^{(n)}$ 具有对称性：$c_i^{(n)}=c_{n-i}^{(n)}$。

(2) $\sum_{i=0}^{n}c_i^{(n)}=1$。将 $f(x)\equiv 1$ 代入牛顿-柯特斯求积公式便可得出该性质，或者把表 6-3 中任一行的 $c_i^{(n)}$ 取值相加，也可以验证该性质。

(3) 由于 $n\geqslant 8$ 时，柯特斯系数出现负值，根据误差理论这将导致舍入误差急剧增大。因此，一般都采用次数较低的插值多项式逼近被积函数，通常 n 的取值不得大于 8。

6.2.2 求积公式的误差

1. 截断误差

牛顿-柯特斯积分公式是一个插值型数值求积公式，当用插值多项式 $P_n(x)$代替$f(x)$进行积分时，其截断误差 $R(f)$等于积分值和近似值之差，即：

$$R(f)=\int_a^b f(x)\mathrm{d}x-\int_a^b P_n(x)\mathrm{d}x=\int_a^b[f(x)-P_n(x)]\mathrm{d}x$$

由插值多项式的误差估计可知，用 n 次 Lagrange 插值多项式 $P_n(x)$代替函数 $f(x)$时，产生的误差为：

$$f(x)-P_n(x)=\frac{f^{(n+1)}(\xi)}{(n+1)!}\omega_{n+1}(x)$$

式中 $\xi\in[a,b]$，$\omega_{n+1}(x)=(x-x_0)(x-x_1)\cdots(x-x_n)=\prod_{i=0}^{n}(x-x_i)$。对上式两边从 a 到 b 作定积分，便可得出它的截断误差为：

$$R(f)=\frac{f^{(n+1)}(\xi)}{(n+1)!}\int_a^b\omega_{n+1}(x)\mathrm{d}x$$

2. 代数精度的概念

由截断误差公式 $R(f)$的表达式可知，它与被积函数 $f(x)$和积分限密切相关。如果被积函数 $f(x)$是一个 n 次多项式，则因 $f^{(n+1)}(x)=0$，使 $R(f)=0$，得出 $\int_a^b f(x)\mathrm{d}x=$

$\int_a^b P_n(x)\mathrm{d}x$。所以被积函数 $f(x)$ 为高次多项式时，能使积分公式 $\int_a^b f(x)\mathrm{d}x = \int_a^b P_n(x)\mathrm{d}x = \sum_{i=0}^{n} K_i f(x_i)$ 成为精确等式，于是它就成为衡量数值求积公式精确程度的一个指标，据此提出数值求积公式代数精度这一重要概念。

如果被积函数 $f(x)$ 为任意一个次数不高于 n 次的多项式时，数值求积公式一般形式的截断误差 $R(f)=0$，而当它为 $(n+1)$ 次多项式时 $R(f)\neq 0$，则说该数值求积公式具有 n 次代数精度。一个数值求积公式的代数精度越高，就表示用于逼近该被积函数的多项式次数越高。

3. 求积公式的代数精度

如果被积函数 $f(x)$ 是一个不高于 n 次的多项式，则 $f^{(n+1)}(x)=0$，即 $R(f)=0$；若 $f(x)$ 是任意一个 $(n+1)$ 次多项式时，$f^{(n+1)}(x)\neq 0$，所以 $R(f)\neq 0$。因此按照代数精度的定义可知，一般情况下牛顿-柯特斯求积公式的代数精度等于 n，但当 n 为偶数时，其代数精度为 $(n+1)$，下面对此加以证明。

***定理** 当 n 为偶数时，牛顿-柯特斯求积公式的代数精度为 $(n+1)$。

证明 当 $f(x)$ 为 n 次多项式时，$f^{(n+1)}(\xi)=0(\xi\in[a,b])$，牛顿-柯特斯求积公式的代数精确度起码等于 n。若设 $f(x)$ 是一个 $(n+1)$ 次多项式，这时 $f^{(n+1)}(\xi)$ 为一常数，而

$$R(f) = \int_a^b [f(x) - P_n(x)]\mathrm{d}x = \frac{f^{(n+1)}(\xi)}{(n+1)!}\int_a^b (x-x_0)(x-x_1)\cdots(x-x_n)\mathrm{d}x$$

因此，只要证明在 n 为偶数时 $\int_a^b (x-x_0)(x-x_1)\cdots(x-x_n)\mathrm{d}x = 0, R(f) = 0$，上述定理就得证。为此设 $x_{i+1}-x_i=h,(i=0,1,2,\cdots,n)$，令 $x=a+th, t\in[0,n], \mathrm{d}x=h\mathrm{d}t$。于是

$$\int_a^b (x-x_0)(x-x_1)\cdots(x-x_n)\mathrm{d}x = h^{n+1}\int_0^n t(t-1)(t-2)\cdots(t-n)\mathrm{d}t$$

由于 n 为偶数，不妨设 $n=2k$，k 为正整数，则 $t\in[0,2k]$。于是有：

$$\int_0^n t(t-1)(t-2)\cdots(t-n)\mathrm{d}t =$$

$$\int_0^{2k} t(t-1)\cdots(t-k)(t-k-1)\cdots(t-2k-1)(t-2k)\mathrm{d}t$$

再引进变换 $u=t-k$，则 $t=u+k, \mathrm{d}u=\mathrm{d}t, u\in[-k,k]$，代入上式右侧，得出：

$$\begin{aligned}&\int_0^n t(t-1)(t-2)\cdots(t-n)\mathrm{d}t\\ &= \int_{-k}^{k} (u+k)(u+k-1)\cdots(u+1)u(u-1)\cdots(u-k+1)(u-k)\mathrm{d}u\\ &= \int_{-k}^{k} u(u^2-1)\cdots[u^2-(k+1)^2](u^2-k^2)\mathrm{d}u\end{aligned}$$

最后一行积分中的被积函数是奇函数，所以积分结果等于零，定理得证。

6.2.3 积分的近似公式

从上边的讨论可知，用多项式近似代替被积函数计算数值积分时，虽然最高次数可以是8，但是8次多项式的计算却是非常繁杂的，经常用低次多项式近似代替被积函数。

1. 矩形和梯形积分公式

在牛顿-柯特斯求积公式中，如果取 $n=0$，用零次多项式（常数）代替被积函数，即用矩形面积代替曲边梯形的面积，则得：

$$\int_a^b f(x)\mathrm{d}x \approx \int_a^b P_0(x)\mathrm{d}x = (b-a)c_0^{(0)} f(x_0) = (b-a)f(x_0)$$

根据牛顿-柯特斯求积公式的误差理论，由截断误差公式 $R(f)$ 可知，矩形求积公式的误差估计为：

$$R_0(f) = \frac{f^{(0+1)}(\xi)}{(0+1)!}\int_a^b \omega_{0+1}(x)\mathrm{d}x = f'(\xi)(b-a)$$

由于它用零次多项式 $P_0(x)$ 近似代替被积函数 $f(x)$，所以它的代数精度是0，也就是说只有当被积函数是常数，即平行于 x 轴的直线时，使用矩形求积公式才是准确的。

如果在牛顿-柯特斯求积公式中取 $n=1$，用一次多项式代替被积函数，即用梯形面积代替曲边梯形面积，这时有：

$$\int_a^b f(x)\mathrm{d}x \approx \int_a^b P_1(x)\mathrm{d}x = (b-a)[c_0^{(1)} f(x_0) + c_1^{(1)} f(x_1)]$$

其中 $f(x_0)=f(a)$，$f(x_1)=f(b)$，查表可得 $c_0^{(1)}=c_1^{(1)}=1/2$，代入上式得出：

$$\int_a^b f(x)\mathrm{d}x \approx \int_a^b P_1(x)\mathrm{d}x = \frac{b-a}{2}[f(b)+f(a)]$$

由于它用一次多项式 $P_1(x)$ 近似代替被积函数 $f(x)$，所以它的代数精度是1，也就是说只有当被积函数是一次多项式时，使用梯形求积公式才是准确的。

根据牛顿-柯特斯求积公式的误差理论 $R(f)$ 式，梯形求积公式的误差估计为：

$$R_1(f) = \frac{f''(\xi)}{2!}\int_a^b \omega_2(x)\mathrm{d}x = \frac{f''(\xi)}{2!}\int_a^b (x-a)(x-b)\mathrm{d}x = \frac{-(b-a)^3}{12}f''(\xi)$$

$f''(\xi)$ 是被积函数 $f(x)$ 的二阶导数在 $x=\xi\in[a,b]$ 点的取值。

2. 抛物线积分公式

在牛顿-柯特斯求积公式中，如果取 $n=2$，用二次多项式代替被积函数，即用抛物线边代替曲边，则有：

$$\int_a^b f(x)\mathrm{d}x \approx \int_a^b P_2(x)\mathrm{d}x = (b-a)[c_0^{(2)} f(x_0) + c_1^{(2)} f(x_1) + c_2^{(2)} f(x_2)]$$

其中 $x_0=a$，$x_1=(a+b)/2$，$x_2=b$，查表可得 $c_0^{(2)}=c_2^{(2)}=1/6$，$c_1^{(2)}=2/3$，代入上式得：

$$\int_a^b f(x)\mathrm{d}x \approx \int_a^b P_2(x)\mathrm{d}x = (b-a)\left[\frac{1}{6}f(a) + \frac{2}{3}f\left(\frac{a+b}{2}\right) + \frac{1}{6}f(b)\right]$$
$$= \frac{b-a}{6}\left[f(a) + 4f\left(\frac{a+b}{2}\right) + f(b)\right]$$

这就是抛物线(Simpson)求积公式。它的几何意义是在 x-y 平面上，用过三个点 $(a,f(a))$，$\left(\frac{a+b}{2},f\left(\frac{a+b}{2}\right)\right)$ 和 $(b,f(b))$ 的抛物线代替被积函数 $f(x)$ 曲线，求出曲边梯形面积。由于抛物线求积公式是用二次多项式代替被积函数的，据 6.1.2 节的理论，其多项式次数 $n=2$ 为偶数，所以它的代数精度应该是 3。

过三个点 $(a,f(a))$，$\left(\frac{a+b}{2},f\left(\frac{a+b}{2}\right)\right)$ 和 $(b,f(b))$ 构造一个 $f(x)$ 的三次 Lagrange 插值多项式 $P_3(x)$，且使 $P_3'\left(\frac{a+b}{2}\right)=f'\left(\frac{a+b}{2}\right)$，则据插值多项式的误差估计式，可得：

$$f(x) - P_3(x) = \frac{f^{(4)}(\xi)}{4!}\omega_4(x) = \frac{f^{(4)}(\xi)}{4!}(x-a)\left(x-\frac{a+b}{2}\right)^2(x-b), \xi \in [a,b]$$

对上式两边作从 a 到 b 的定积分，得：

$$R_2(f) = \int_a^b [f(x) - P_3(x)]\mathrm{d}x = \frac{1}{4!}\int_a^b f^{(4)}(\xi)(x-a)\left(x-\frac{a+b}{2}\right)^2(x-b)\mathrm{d}x$$

由定积分中值定理可知，在 $[a,b]$ 上总有一点 η 满足下述关系：

$$\int_a^b f^{(4)}(\xi)(x-a)\left(x-\frac{a+b}{2}\right)^2(x-b)\mathrm{d}x = f^{(4)}(\eta)\int_a^b (x-a)\left(x-\frac{a+b}{2}\right)^2(x-b)\mathrm{d}x$$

通过变量代换：令 $t=x-a$，$\mathrm{d}t=\mathrm{d}x$，很容易求得：

$$\int_a^b (x-a)\left(x-\frac{a+b}{2}\right)^2(x-b)\mathrm{d}x = -\frac{(b-a)^5}{120}$$

把这个结果代入 $R_2(f)$ 的表达式，便得出抛物线求积公式的误差估计式：

$$R_2(f) = \frac{1}{4!}\left[-\frac{(b-a)^5}{120}f^{(4)}(\eta)\right] = -\frac{(b-a)^5}{2880}f^{(4)}(\eta), \eta \in [a,b]$$

6.3 复合求积法

用一个多项式去逼近被积函数时，无论如何都会给积分带来较大的误差。由 $R(f)$ 表示的截断误差公式可知，为了减小误差可以采用两种方法：一是增加多项式次数 n，二是减小积分区间 $[a,b]$ 的宽度。但是，增大 n 会带来计算上的麻烦，而且 n 最大不能超过 8，因此就只能在减小积分区间宽度上想办法。于是便产生了复合求积法的思想：把积分区间 $[a,b]$ 分成若干个子区间，在每个子区间上使用 n 较小的牛顿-柯特斯求积公式，最后把各段相加，就可以得出整个区间上的“复合数值求积公式”。

6.3.1 基本原理

定积分的几何意义是计算平面上曲边梯形的面积，若将积分区间$[a,b]$分为n段，每段都是一个小的曲边梯形，用一个个小矩形、梯形或其他形代替这些小的曲边梯形，然后把它们的面积加起来，就近似地等于整个曲边梯形的面积，从而得出定积分的近似值。这就是复合求积法的基本原理。

1. 复合矩形求积法

将积分区间$[a,b]$分为n段，每段都是一个小的曲边梯形，若用一个个小矩形代替这些小的曲边梯形，设第i个小矩形的宽度$h_i=x_i-x_{i-1}$，高度$y_i=f(x_i)$，$i=1,2,\cdots,n$，根据矩形求积公式，可知其面积为$(x_i-x_{i-1})f(x_i)=h_iy_i$。于是可得出复合矩形求积公式：

$$\int_a^b f(x)\mathrm{d}x \approx h_1y_1+h_2y_2+\cdots+h_ny_n=\sum_{i=1}^{n}y_ih_i$$

如果积分区间$[a,b]$被等分为n段：$a=x_0<x_1<\cdots<x_n=b$，$(x_i-x_{i-1})=(b-a)/n=h$，则有：

$$\int_a^b f(x)\mathrm{d}x \approx \frac{b-a}{n}\sum_{i=1}^{n}y_i=h\sum_{i=1}^{n}y_i=R_n$$

这就是区间分为n等份时用复合矩形法得出的定积分近似值。

2. 复合梯形求积法

将积分区间$[a,b]$分为n段，用直线依次连接被积函数上各分点，使积分曲线下的面积分成一个个小的直边梯形，用这些直边梯形面积之和代替原来的小曲边梯形面积之和，就可求得定积分的近似值。设第i个小梯形的宽度$h_i=x_i-x_{i-1}$，梯形上下底的高度分别为$y_{i-1}=f(x_{i-1})$和$y_i=f(x_i)$，$i=1,2,\cdots,n$，由梯形求积公式可知，定积分的近似值为：

$$\begin{aligned}\int_a^b f(x)\mathrm{d}x&=\sum_{i=1}^{n}\int_{x_{i-1}}^{x_i}f(x)\mathrm{d}x\approx\sum_{i=1}^{n}\frac{1}{2}(y_{i-1}+y_i)h_i\\&=\frac{1}{2}[(y_0+y_1)h_1+(y_1+y_2)h_2+\cdots+(y_{n-2}+y_{n-1})h_{n-1}+(y_{n-1}+y_n)h_n]\end{aligned}$$

假设被积函数$f(x)$在$[a,b]$上连续，而且是二阶可导的，把$[a,b]$区间n等分，令$h=(b-a)/n$，则有：

$$\int_a^b f(x)\mathrm{d}x\approx\frac{h}{2}(y_0+2y_1+2y_2+\cdots+2y_{n-2}+2y_{n-1}+y_n)=\frac{h}{2}\left(y_0+y_n+2\sum_{j=1}^{n-1}y_j\right)$$

把$y_0=f(a)$，$y_n=f(b)$，$y_j=f(x_j)=f(a+jh)$代入上式，就得出复合梯形求积公式：

$$\int_a^b f(x)\mathrm{d}x\approx\frac{h}{2}\left[f(a)+f(b)+2\sum_{j=1}^{n-1}f(a+jh)\right]=T_n$$

T_n 就是区间分为 n 等份时用复合梯形法得出的定积分近似值。

复合梯形求积公式的推导中，据误差理论 $R(f)$ 可知，每个子区间上都会带来一定的误差，即 $-\dfrac{h^3}{12}f''(\xi_j)$，把它们相加后的总误差为：

$$R(f,T_n)=\int_a^b f(x)\mathrm{d}x-T_n=-\frac{h^3}{12}\sum_{j=1}^{n-1}f''(\xi_j)$$

由于 $f''(x)$ 在 $[a,b]$ 上连续，所以若用 $\overline{f''}$ 表示函数 $f(x)$ 在 $[a,b]$ 上各分节点处二阶导数的平均值，即 $\overline{f''}=\dfrac{1}{n}\sum\limits_{j=1}^{n}f''(\xi_j)$，代入上式可得出复合梯形求积公式的误差为

$$R(f,T_n)=-\frac{nh^3}{12}\overline{f''}=-\frac{b-a}{12}h^2\overline{f''}$$

3. 复合抛物线求积法

复合抛物线法就是把积分区间 $[a,b]$ 分成若干个子区间，在每个子区间上使用抛物线求积公式，然后把各段相加得出整个积分区间上的数值求积公式。

假设被积函数 $f(x)$ 在 $[a,b]$ 上连续而且四阶可导，因为抛物线公式要用到区间中点的函数值，所以构造复合抛物线公式时必须把区间等分成偶数份。用 $(n-1)$ 个节点（含两端点）把 $[a,b]$ 等分为 n（偶数）份，则称每份长度 $h=(b-a)/n$ 为步长。若取 $n=2m$（m 为正整数），则这 m 个子区间 $[x_{2j-2},x_{2j}]$ $(j=1,2,\cdots,n)$ 的宽度都是 $2h=x_{2j}-x_{2j-2}=(b-a)/m$，其间有三个节点 x_{2j-2}、x_{2j-1} 和 x_{2j}。在每个子区间上用抛物线求积公式把这 m 个子区间的结果相加，就可求得定积分的近似值：

$$\int_a^b f(x)\mathrm{d}x=\sum_{j=1}^{m}\int_{x_{2j-2}}^{x_{2j}}f(x)\mathrm{d}x\approx\sum_{j=1}^{m}\frac{h}{3}[f(x_{2j-2})+4f(x_{2j-1})+f(x_{2j})]=S_m$$

对上式进行整理便可得出抛物线求积公式：

$$S_m=\frac{h}{3}\left[f(a)+f(b)+4\sum_{j=1}^{m}f(x_{2j-1})+2\sum_{j=1}^{m-1}f(x_{2j})\right]$$

对每个宽度为 $2h$ 的子区间都使用抛物线求积公式，按照抛物线求积公式的误差估计式 $R_2(f)$，则每个子区间上都会带来的截断误差为：

$$R(f_j)=-\frac{(2h)^5}{2880}f^{(4)}(\eta_j),x_{2j-2}<\eta_j<x_{2j},j=1,2,3,\cdots,m$$

把这 m 个子区间上的误差累加后的总误差为：

$$R(f,S_m)=-\frac{(2h)^5}{2880}\sum_{i=1}^{m}f_i^{(4)}(\eta_i)=-\frac{h^4}{180}\frac{b-a}{m}\sum_{j=1}^{m}f_j^{(4)}(\eta_j)$$

令 $\overline{f_i^{(4)}}=\dfrac{1}{m}\sum\limits_{j=1}^{m}f_j^{(4)}(\eta_j)$，表示 $f^{(4)}(x)$ 在 $[a,b]$ 间的 m 个子区间上的平均值，把它代入上式，可得出复合抛物线求积公式的误差估计式：

$$R(f,S_m)=-\frac{(b-a)h^4}{180}\overline{f_i^{(4)}}$$

6.3.2 复合积分法的 MATLAB 实现

MATLAB 软件中设有一些求出基本几何形状面积的指令，用它们可以实现复合求积法。

1. 求和指令

用 MATLAB 软件中的求和指令 sum，可以完成 $\sum_{i=1}^{n} y_i$ 式 的计算，其调用格式为：

```
>> s = sum (y) ↵
```

指令中输入的参量 y 若是向量，回车得出的 s 为向量 $\boldsymbol{y}$ 的各分量累加和，即：

$$s=\text{sum}(y)=\sum_{i=1}^{n} y_i=y_1+y_2+\cdots+y_n$$

指令中输入的参量 y 若是 $m\times n$ 矩阵，回车得出的 s 为一个 $1\times n$ 的行阵，其元素为矩阵 $\boldsymbol{y}$ 的列元素之和构成的行阵，即：

$$\mathbf{s}=\text{sum}(\mathbf{y})=\left(\sum_{i=1}^{m} y_{i1},\sum_{i=1}^{m} y_{i2},\cdots,\sum_{i=1}^{m} y_{in}\right)$$

例 6.2 计算 $\sum_{n=1}^{31} n^2$。

解 $\sum_{n=1}^{31} n^2=1+2^2+3^2+\cdots+31^2$，可用 sum 指令计算。在指令窗中输入：

```
>> n = 1:31; a = sum(n.^2) ↵
      a =

                    10416
```

例 6.3 已知矩阵 $\boldsymbol{a}=\begin{bmatrix}1 & 2 & 3\\ 4 & 5 & 6\end{bmatrix}$，求出各列元素之和。

解 在指令窗中输入：

```
>> a = [1 2 3;4 5 6]; S = sum(a) ↵
     S =

               5      7      9
```

2. 复合矩形求积的计算

(1) 用复合矩形求积公式计算积分的近似值时，先将区间$[a,b]$分成 n 段，第 i 个节点上的函数值 $y_i=f(x_i)$，$i=0,1,2,\cdots,n$，第 i 段长度 $h_i=x_i-x_{i-1}$，$i=1,2,\cdots,n$，则定积分为：

$$\int_a^b f(x)\mathrm{d}x \approx \sum_{i=1}^{n} y_i h_i = s = \mathrm{sum}(y \cdot h)$$

若 i 从 0 计起，则算到$(n-1)$，因为一共分成 n 段。

(2) 输入参量 y 和 h 都是向量，它们之间的乘法运算得用数组乘法符号连接。

注：length(y) = length(h) + 1，上式中必须去掉行矩阵 **y** 的起始（或最后）一个分量。

(3) 通常总是将区间$[a,b]$等分为 n 段，每段长均为 $h=x_i-x_{i-1}$，$i=1,2,\cdots,n$，则有：

$$\int_a^b f(x)\mathrm{d}x \approx \frac{b-a}{n}\sum_{i=1}^{n} y_i h_i = h \cdot \mathrm{sum}(y)$$

这里取 $i=1,2,\cdots,n$，去掉了起始分量 y_0。

例 6.4 用复合矩形法计算下列积分(给出 16 位浮点数结果)：

$$s = \int_0^{3\pi} y(t)\mathrm{d}t, \text{其中 } y(t) = \mathrm{e}^{-0.6t}\sin\left(t+\frac{\pi}{3}\right)$$

解 在指令窗中输入：

```
>> format long e,h = pi/1000; t = h:h:3 * pi;     % 去掉了 t 的第一个分量
>> y = exp( - 0.6 * t). * sin(t + pi/3);
>> s = h * sum(y) ↵
   s =
                          7.509763339880702e - 001
```

若将 t = h:h:3 * pi 改成 t = 0:h:3 * pi - h 则 s = 7.537065566765496e - 001，但不得取 t = 0:h:3 * pi（两个端点只能取其一）。

用矩形法计算时，改变 h 的取值，s 将会发生变化，h 越小 s 越精确。

3. 求梯形面积指令

MATLAB 软件中设有求梯形面积指令，可用于实现复合梯形求积的计算。该软件中求梯形面积的指令是 trapz，它是英文 trapezeium(梯形)的缩写，其调用格式为：

```
>> s = trapz(x,y)  ↵
```

指令中的输入参量 x、y 是同维数向量，即 $y_i=f(x_i)(i=0,1,2,\cdots,n)$时，回车得出：

$$s = \sum_{i=1}^{n} \frac{y_i + y_{i-1}}{2}(x_i - x_{i-1})$$

指令中的输入参量 x 是 m 行的列向量、输入参量 y 是 $m\times n$ 矩阵时，回车输出的 s 是一个$1\times n$ 的行矩阵，s 的元素值等于 **y** 中与之对应列与 **x** 进行上式运算的结果。

指令中若缺省参数 x 时，表示 **x** 被等分，每份宽均为 $h_i=x_i-x_{i-1}=1$，即：

$$s = \sum_{i=1}^{n} \frac{y_i + y_{i-1}}{2}$$

4. 复合梯形求积的计算

(1) 用复合梯形求积公式计算积分的近似值时,先将积分区间$[a,b]$分成n段,取$a=x_0$时第i个节点上的函数值为$y_i=f(x_i)$,第i段长为$h_i=x_i-x_{i-1}$,$i=1,2,\cdots,n$,则定积分为:

$$\int_a^b f(x)\mathrm{d}x \approx T_n = \sum_{i=1}^{n} \frac{y_i + y_{i-1}}{2} h_i = s = \mathrm{trapz}(x,y)$$

使用时要求 length(x) = length(y) = n + 1。

(2) 如果$[a,b]$被等分成n段,每段长均为$h_i=h$,其使用格式为:

```
>> s = trapz(y) * h ↵
```

例 6.5 用复合梯形法计算例 6.4 中的积分。

解 在指令窗中输入:

```
>> h = pi/1000; t = 0:h:3 * pi;    % 与例 6.3 中 t = h:h:3 * pi 不同
>> format long e, y = exp( - 0.6 * t). * sin(t + pi/3);
>> s = h * trapz(y) ↵
        s =
                                  7.523414453323106e - 001
```

6.4 数值积分法

对前边介绍的方法进行改进,提出了变步长抛物线法,成为计算数值积分的基础。

6.4.1 变步长复合抛物线法

由复合抛物线法求积公式的误差公式$R(f,S_m)$,可知步长h的大小对误差有着直接的影响。实际问题中如果预先提出了对误差的要求,如何据这个要求确定出h的大小呢?如果直接按照$R(f,S_m)$表达式确定的话,将涉及被积函数的高阶导数,一般较为困难。为此,提出“步长减半法”:每次总是在前一次的基础上,将区间对分使节点加密一倍,这样不断减小积分的子区间宽度,就提高了计算精度,直至满足误差要求。这种办法不仅避免了计算函数的高阶导数,而且还可以减少计算工作量。根据误差要求确定步长,不断改变步长满足误差要求的方法叫自适应法。

在前一次使用步长的基础上,将区间对分使节点加密一倍时,把区间$[a,b]$等分成偶数n份,由$n=2m$知被分成m个子区间,根据抛物线求积公式,可得出复合抛物线求积结果是:

$$S_m = \frac{h}{3}\left[f(a) + f(b) + 4\sum_{j=1}^{m} f(x_{2j-1}) + 2\sum_{j=1}^{m-1} f(x_{2j})\right]$$

式中的 $f(a)$、$f(b)$和 $f(x_{2j})$都是前一次分点上的函数取值，不用再行计算。只有 $f(x_{2j-1})$是新分点上的函数值，需要计算。对此，可以从下面的简单例子看出：

当 $n=2$ 时，

$$S_1 = \frac{h}{3}\left[f(a) + f(b) + 4f(\frac{a+b}{2})\right]$$

若将区间对分使节点加密一倍，即令 $n=4$ 时，$S_2 = \frac{h}{6}[f(a)+f(b)+4f(x_1)+4f(x_3)+2f(x_2)]$，则 $x_2 = \frac{a+b}{2}$，$f(x_2)$不用重新计算，只需计算新分点 x_1 和 x_3 上的函数值 $f(x_1)$和 $f(x_3)$。

另外，采用步长减半法还可以由预先要求的误差 ε 确定出步长 h。若令 $I = \int_a^b f(x)\mathrm{d}x$ 代表积分的真值，预先提出的误差限为 ε。把$[a,b]$分成 m 个子区间，采用复合抛物线求积公式时，由 $R(f,S_m)$的表达式可知，其截断误差估计式为：

$$R(f,S_m) = -\frac{(b-a)h^4}{180}\overline{f_m^{(4)}}$$

若采用步长减半法，把$[a,b]$分成 $2m$ 个子区间，采用复合抛物线求积公式时，其截断误差估计式为：

$$R(f,S_{2m}) = -\frac{(b-a)}{180}h^4\overline{f_{2m}^{(4)}}$$

把上面两个 R 式相减，则得：

$$R(f,S_m) - R(f,S_{2m}) = S_{2m} - S_m = -\frac{(b-a)}{180}\left(\frac{h}{2}\right)^4(16\overline{f_m^{(4)}} - \overline{f_{2m}^{(4)}})$$

当 m 很大时$\overline{f_m^{(4)}} \approx \overline{f_{2m}^{(4)}}$，所以有：

$$\frac{S_{2m} - S_m}{15} \approx -\frac{(b-a)}{180}\left(\frac{h}{2}\right)^4\overline{f_{2m}^{(4)}} = R(f,S_m) = 1 - S_{2m}$$

若要求绝对误差为 ε，则当$|S_{2m}-S_m|<\varepsilon$ 时，必有$|R(f,S_{2m})|=|1-S_{2m}|<\varepsilon$。可见采用步长减半法计算时，当相邻两次运算结果之差小于 ε，就可停止计算，认为 S_{2m}就是满足精度要求的近似值。

6.4.2 MATLAB 实现

在 MATLAB 软件中设有求数值积分的专用指令，这里仅介绍两个常用的指令 quad 和 quadl，它们都是根据自适应复合抛物线法进行数值积分计算的。

1. quad 指令

指令 quad 是在要求的绝对误差范围内，用自适应递推复合低阶抛物线法计算出数值积分的，可以自动地变换并选择步长，以满足精度要求，实现变步长复合抛物线积分的数值计算。它的调用格式为：

```
>> quad ( S, a, b, tol ) ↵
```

指令中的输入参量 S 是描述被积函数的字符表达式、临时文件或永久文件名称，无论哪种格式表达式，其中的乘、除和幂运算必须用数组算法符号；输入参数 a 和 b 是定积分的下限和上限；输入参数 tol 是要求计算结果的绝对误差限，省略时默认值为 1e-6。

回车输出积分结果的数值表示式。

例 6.6 计算下述积分，结果取成最优化长格式小数：

$$\int_1^5 x^2\sqrt{2x^2+3}\,\mathrm{d}x$$

解 由于可用三种描述被积函数的文件，下面分别应用它们求解。

(1) 把被积函数定义成字符

在指令窗中输入：

```
>> y1 = 'x.^2. * sqrt(2 * x.^2 + 3)';
>> format long g, s1 = quad(y1,1,5) ↵
      s1 =
                                 232.805729993697
```

(2) 把被积函数编辑成临时文件

若编辑成匿名函数，则在指令窗中输入：

```
>> y2 = @(x)x.^2. * sqrt(2 * x.^2 + 3) ;
>> format long, s2 = quad(y2,1,5) ↵
      s2 =
                              2.328057299936971e + 002
```

*(3) 把被积函数编成 M-函数文件(永久文件)

打开编辑调试窗，编辑名为“Li6_6”的函数文件，输入：

```
function y = Li6_6(x)
  y = x.^2. * sqrt(2 * x.^2 + 3);
```

将上述文件以“Li6_6”为名存盘，退出编辑调试窗。在指令窗中输入：

```
>> tic, s3 = quad(@Li6_46,1,5) , toc  ↵
      s3 =
                                 232.805729993697
```

```
Elapsed_time is 0.001521 seconds.
```

前两种方法建立的被积函数关机即逝，而第三种方法不受关机影响，可以被长期反复调用。

注：指令中的 tic 和 toc 是秒表计时指令，前者表示计时开始，后者表示计时结束。其间程序运行花费时间由输出格式“Elapsed_time is＝”表示，计时单位为秒。如要比较几种算法花费的机时，可以用这类计时指令。关于计时的指令还有四个：clock、etime、date 和 cputime，详情可查看 timefun(时间和日期)函数库。

2. quadl 指令

指令 quadl 是在要求的绝对误差范围内，用自适应递推变步长复合 Lobatto 高阶数值积分法计算出数值积分。其使用方法、要求、输入参数和 quad 相同，调用格式为：

```
>> quadl (S, a, b, tol) ↵
```

例 6.7 用 quadl 指令求积分 $S=\int_{e^{-5}}^{5}\sin x^2\,dx$，结果取成 14 位定点小数。

解 把被积函数编写成匿名(或内联)函数，然后积分。在指令窗中输入：

```
>> y = @(x)sin(x.^2);
>> format long
>> S = quadl(y,exp(-5),5) ↵
   S =
                    0.52791717919279
```

6.5 符号积分法

如果被积函数的原函数可以用初等函数表示，自然应该求出积分的解析解，它不仅精确而且便于进行分析和数学处理。MATLAB 软件中的符号计算功能完全可以胜任这项工作，下边介绍该软件中求积分的符号法。

该软件中进行符号积分计算的指令是 int(取自 integrate 前 3 个字母)，其调用格式为：

```
>> S = int( fun, v, a, b ) ↵
```

指令中输入的参量 fun 是被积函数的符号表达式，它可以是函数向量或函数矩阵；输入的参量 v 是指定的积分变量(符号量)，如果被积函数中只有一个变量，则可缺省；输入的参数 a、b 分别为定积分的下限和上限，缺省它们时回车输出被积函数的一个原函数。

回车输出的S是积分结果，通常是有理表达式。如果有理表达式太冗长或含有未知函数，可在输入的fun两端加写单引号，使其自动转换成形式上的32位有效数字，或者用vpa指令把它转换成有限长度的数字形式。

例6.8 计算定积分 $S=\int_0^{\pi/3}\sin x\mathrm{d}x$。

解 在指令窗中输入：

```
>> syms x    % 把积分变量x定义成符号变量
>> S = int(sin(x),0,pi/3) ↵
     S =
                                      1/2
```

如果求不定积分 $S_0=\int\sin x\mathrm{d}x$，可在指令窗中输入：

```
>> syms x c,
>> S0 = int(sin(x)) + c   或 int(sin(x)) + 'c' ↵
     S0 =
                                  - cos(x) + c
```

式中的c是积分常数，本来的输出结果只给出一个原函数$-\cos x$。

例6.9 计算定积分 $S=\int_0^{\pi/3}3x^y\mathrm{d}y$。

解 在指令窗中输入：

```
>> syms x y
>> S = int(3 * x ^ y,y,0,pi/3) ↵
     S =
                           3 * (x ^ (1/3 * pi) - 1)/log(x)
```

例6.10 计算定积分 $S=\int_0^{3\pi}y(t)\mathrm{d}t$，其中 $y(t)=\mathrm{e}^{-0.6t}\sin\left(t+\frac{\pi}{3}\right)$。

解 在指令窗中输入：

```
>> syms x
>> S = int(exp( - 0.6 * x) * sin(x + pi/3),x,0,3 * pi) ↵
     S =
       25/68 * exp( - 9/5 * pi) + 15/68 * exp( - 9/5 * pi) * 3 ^ (1/2) + 25/68 + 15/68 * 3 ^ (1/2)
```

这个结果太冗长，可用下述两种方法转换成“数字”：

(1) 在被积函数两端加单引号,在指令窗中输入:

```
>> syms t
>> S = int('exp( - 0.6 * t) * sin(t + pi/3)',t,0,3 * pi) ↵
      S =
                                    .7523414291427570730782126087O297
```

(2) 用 vpa 指令对积分结果进行转换,在指令窗中输入:

```
>> S1 = vpa(S,6)   % 转换成 6 位有效数字 ↵
      S1 =
                                    .752340
```

虽然 S 和 S1 都显示为数字,但它们仍属符号量。如果在指令窗中输入查验变量性质指令>> class(S)和>> class(S1),回车得出的都是 sym,而不是 double 或 char。

例 6.11 计算广义积分 $S=\int_{-\infty}^{+\infty}\frac{\mathrm{d}t}{1+t^2}$。

解 在指令窗中输入:

```
>> syms t
>> S = int(1/(1 + t ^2), - inf, inf) ↵
      S =
                                    pi
```

积分结果表明 $S=\pi$,是永久变量 pi 表示的无理数精确解。因此无论被积函数 1/(1+t ^2)两端是否加引号,积分结果都一样。需要用小数表示时,可用 vpa(pi, n)转换成 n 位有效数字。

例 6.12 已知函数矩阵 $\boldsymbol{A}(t)=[a(t)]_{2\times 3}=\begin{bmatrix}\cos xt & 5\,xt^3 & (xt)^9\\ \ln xt & \mathrm{e}^{-2xt} & \arcsin xt\end{bmatrix}$,计算出 $\boldsymbol{A}(t)$中 6 个元素的定积分 $S=\int_{-1}^{2}a(t)\mathrm{d}t$。

解 在指令窗中输入:

```
>> syms x t,A = [cos(x * t) 5 * x * t ^3  (x * t)^9;  log(x * t) exp( - 2 * x * t) asin(x * t)];
>> S = int(A,t, - 1,2);
>> disp('S = '),pretty(simple(S)) ↵
      S =
          [sin(2 x)  +  sin(x)                               1023        9]
          [ --------------           ,    75/4 x    ,    --------  x   ]
          [        x                                          10          ]

          [
          [                                        - exp( - 4 x) + exp(2x)
          [ - 3 + 2log(x) + log( - 4x) ,    1/2  ----------------------- ,
          [                                                   x
```

```
                            2 1/2                        2 1/2]
2x asin(2x)  +  (1 - 4x    )      - x asin(x)  -  (1 - x )  ]
---------------------------------------------------------- ]
                             x                              ]
```

整理得出：

$$\int_{-1}^{2}\cos xt\,\mathrm{d}t=\frac{\sin 2x+\sin x}{x},\quad \int_{-1}^{2}5\,xt^{3}\,\mathrm{d}t=\frac{75}{4}x,\quad \int_{-1}^{2}(xt)^{9}\,\mathrm{d}t=\frac{1023}{10}x^{9}$$

$$\int_{-1}^{2}\ln xt\,\mathrm{d}t=2\ln x+\ln(-4x)-3,\quad \int_{-1}^{2}\mathrm{e}^{-2xt}\,\mathrm{d}t=\frac{\mathrm{e}^{2x}-\mathrm{e}^{-4x}}{2x}$$

$$\int_{-1}^{2}\arcsin xt\,\mathrm{d}t=\frac{2x\arcsin 2x+\sqrt{1-4x^{2}}-x\arcsin x-\sqrt{1-x^{2}}}{x}$$

例 6.13 求二重积分 $Y=\iint t^{2}\mathrm{e}^{-3tx}\,\mathrm{d}t\mathrm{d}x$。

解 在指令窗中输入：

```
>> syms t x c1 c2
>> Y = int(int(t^2 * exp( - 3 * t * x),t) + c1,x) + c2;
>> disp('Y = '),pretty(Y) ↵
    Y =
              2 /        exp( - 3 t x)       exp( - 3 t x)\
       - 1/3 t  | - 1/3 ---------- 1/9 ----------- | + c1 x + c2
                |           t x                 2  2 |
                \                              t  x /
```

整理得出：

$$Y=\iint t^{2}\mathrm{e}^{-3tx}\,\mathrm{d}t\mathrm{d}x=\left(1+\frac{1}{3tx}\right)\frac{t}{9x}\mathrm{e}^{-3tx}+c_{1}x+c_{2}$$

例 6.14 计算积分 $\iint_{D}3x^{2}y^{2}\,\mathrm{d}\sigma$，积分区域 D 在第 1 象限内，是由 x 轴、y 轴和抛物线 $y=1-x^{2}$ 所围成的区域(图 6-1)。

解 先把二重积分化成二次积分：

$$\iint_{D}3x^{2}y^{2}\,\mathrm{d}\sigma=\int_{0}^{1}\left[\int_{0}^{1-x^{2}}3x^{2}y^{2}\,\mathrm{d}y\right]\mathrm{d}x=\int_{0}^{1}\left[\int_{0}^{\sqrt{1-y}}3x^{2}y^{2}\,\mathrm{d}x\right]\mathrm{d}y$$

在指令窗中输入：

```
>> syms x y
>> int(int(3 * x^2 * y^2,y,0,1 - x^2),x,0,1) ↵
    ans =
                        16/315
```

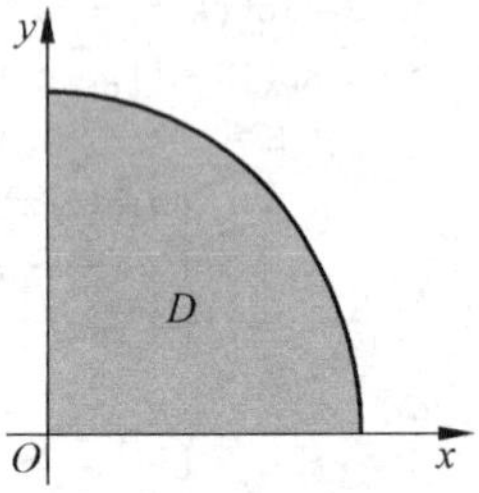

图 6-1 积分区域 D

整理得出：

$$\iint_D 3x^2y^2\mathrm{d}\sigma = \frac{16}{315}$$

思考与练习题

6.1 已知函数 $f(x)=(1+x)^{-2}$ 的数值如表 6-4 所示：

表 6-4 练习题 6.1 的数值表

x	1.0	1.1	1.2
$f(x)$	0.2500	0.2268	0.2066

用三点公式计算 $f'(x)$ 在 $x=1.0,1.1,1.2$ 的值。

6.2 用梯形求和指令 trapz 实现复合梯形求积法，计算积分

$$\int_0^{\pi/2}\sin x\mathrm{d}x$$

并变换分节点数，观察对积分结果的影响。

6.3 试用符号法、复合矩形法、复合梯形法和“quad”指令计算下列积分：

(1) $\int_0^{\pi/2}\sqrt{4-\sin^2 x}\,\mathrm{d}x$；　(2) $\int_0^1 \mathrm{e}^{-x^2}\sqrt{1+x^2}\,\mathrm{d}x$；

(3) $\int_{-4}^{4}\frac{\mathrm{d}x}{1+x^2}$；　(4) $\int_0^1 (x^3-2x^2-3)\mathrm{d}x$；

(5) $\int_{1.1}^{3}\frac{\mathrm{d}x}{\ln x}$；　(6) $\int_1^3 (\frac{\sin x^2}{x}+x\mathrm{e}^x-4)\mathrm{d}x$。

6.4 根据表 6-5 所列函数 $y=F(x)$ 的数据，计算表下面的积分：

表 6-5 练习题 6.4 函数数据表

x	0.5	0.6	0.7	0.8	0.9	1.0	1.1
y	0.4804	0.5669	0.6490	0.7262	0.7985	0.8658	0.9281

(1) $\int_{0.5}^{1.1} y^2\mathrm{d}x$；　(2) $\int_{0.5}^{1.1} x^2 y\mathrm{d}x$ 。

6.5 计算定积分：

(1) $\int_{0.01}^{1}\frac{\ln(1+x)}{1+x^2}\mathrm{d}x$；　(2) $\int_{\pi/4}^{\pi/3}\frac{x}{\sin^2 x}\mathrm{d}x$；

(3) $\int_{-1}^{2}\left[\int_{y^2}^{y+2} xy\,\mathrm{d}x\right]\mathrm{d}y$。

第7章

常微分方程组

科学技术的许多理论中，经常需要处理常微分方程的定解问题，通常把含有自变量 x、未知的一元函数 $y(x)$及其导数 $y'(x)$或微分 $\mathrm{d}y(x)$的方程叫做常微分方程，其一般形式为：

$$G(x,y,y',\cdots,y^{(m)})=0 \text{ 或 } y^{(m)}=f(x,y,y',\cdots,y^{(m-1)})$$

若方程中出现的函数最高阶导数项为 $y^{(m)}(x)$，就把 m 称为常微分方程的阶数。

求解常微分方程，就是寻找一个能满足该微分方程的函数 $y=f(x)$。m 阶常微分方程的通解，往往含有 m 个待定常数。如果已知 m 阶常微分方程的 m 个初值条件：

$$y(x_0)=y_0,y'(x_0)=y_1,\cdots,y^{(m-1)}(x_0)=y_{m-1}$$

就能确定出通解中的 m 个待定常数。

把不含待定常数的解函数称为常微分方程的特解。

如果常微分方程的解函数 $y=f(x)$，可以写成解析表达式，并满足初值条件，就称其为微分方程的解析解；如果解函数是用表格或图线表示的函数关系 $y_i=F(x_i),i=0,1,\cdots$，它们满足或近似满足微分方程和初值条件，就称它为微分方程的数值解。

除了少数几种类型的常微分方程可以求得解析解外，多数情况下只能求出它们的近似数值解。有的常微分方程看似非常简单，例如，具有初值条件的一阶微分方程：

$$\begin{cases} y'(x)+2xy(x)=1 \\ y(0)=0 \end{cases}$$

很容易得出它的解函数为 $y(x)=\mathrm{e}^{-x^2}\int_0^x \mathrm{e}^{t^2}\mathrm{d}t$。但是，要求出它的最终解，还得进行数值积分，而且也无法得出其解析解。即使解法最简单的线性常系数微分方程，特征方程若是高次代数方程，求其根也并非易事，有时还会因为求代数方程的根把问题搞得更为复杂，更别说非线性微分方程了。因此，学习和掌握微分方程数值解方法是非常必要的。

本章首先介绍一阶常微分方程数值解的基本原理，由于高阶微分方程可以变换成一阶微分方程组，所以也就能求出其数值解了；然后介绍用 MATLAB 软件实现常微分方程组数值解和解析解的方法。

7.1 常微分方程数值解

求常微分方程的数值解，就是找出用表格或图线表示的解函数，使它能近似满足微分方程及其初值条件。下面先介绍求出一阶常微分方程数值解的基本原理和方法。

7.1.1 一阶常微分方程

为了求出在 $x\in[a,b]$ 区间内一阶常微分方程 $y'(x)=g(x,y(x))$ 的数值解，先把自变量 x 在 $[a,b]$ 内离散成 $x_0,x_1,\cdots,x_i,\cdots,x_n$，并找出与 x_i 点相应的函数值 $y_i=y(x_i)$，如表 7-1 所示。

表 7-1 函数 $y=f(x)$ 的表格表示

x_i	$x_0=a$	x_1	x_2	$\cdots$	x_i	x_{i+1}	$\cdots$	$x_n=b$
$y_i=y(x_i)$	y_0	y_1	y_2	$\cdots$	y_i	y_{i+1}	$\cdots$	y_n

这些数据满足微分方程及其初值条件：

$$\begin{cases} y'(x_i)=g(x,y(x_i)), & i=0,1,2,\cdots,n \\ y(a)=y_0, \quad y(b)=y_n \end{cases}$$

其中 $a=x_0<x_1<x_2<\cdots<x_i<\cdots<x_n=b$，变量 x 各节点的分割是任意的。不过通常为了方便，选取相邻两个节点间的距离 h 为恒值，即称为步长的节点间距离 $h=x_{i+1}-x_i$ 为定值，这样 $x_i=x_0+ih,i=0,1,2,\cdots,n$。

然后，从已知的 $x_0=a$ 和 $y(a)=y(x_0)=y_0$ 点出发，求出 x_1 点处的函数近似值 $y_1\approx y(x_1)$，再由已知的 y_0 和 y_1 求出 $y_2\approx y(x_2)$，依此类推，再由 y_0,y_1 和 y_2 求出 $y_3,\cdots\cdots$。如果能找出这样的递推公式(也称计算格式)，就可以求出自变量在各节点 x_i 上满足或近似满足微分方程的函数值 y_i，也就是求出了方程的数值解 $y_i\approx y(x_i),i=0,1,2,\cdots,n$。

可见，求出一阶常微分方程初值问题的数值解，就是把求解连续性微分方程 $f'(x)=g(x,y)$ 变成求出自变量 x 在一系列离散节点 x_i 上的函数近似值 $y_i\approx f(x_i)$。解决这个问题有许多方法，常用的是泰勒展开法、数值积分法和数值微分法，下面介绍常微分方程数值解的基本方法——泰勒展开法及其扩充方法。

7.1.2 泰勒展开法

如果常微分方程 $f'(x)=g(x,y)$ 中的函数 $g(x,y)$ 和解函数 $y=f(x)$ 是充分光滑的，就可以利用泰勒(Taylor)公式将 $y=f(x)$ 在自变量的节点 x_i 上展开，即：

$$f(x)=f(x_i)+(x-x_i)f'(x_i)+\frac{1}{2}(x-x_i)^2 f''(x_i)$$

$$+\cdots+\frac{1}{p!}(x-x_i)^p f^{(p)}(x_i)+\frac{1}{(p+1)!}(x-x_i)^{p+1} f^{(p+1)}(\xi_i)$$

其中 $\xi_i\in(x_i,x)$。由上式可求出 x_{i+1} 点处的函数值：把 $x=x_{i+1}$ 代入上式并令 $x_{i+1}-x_i=h$，于是得：

$$f(x_{i+1})=f(x_i)+hf'(x_i)+\frac{1}{2!}h^2 f''(x_i)+\cdots+\frac{1}{p!}h^p f^{(p)}(x_i)$$

$$+\frac{1}{(p+1)!}h^{p+1} f^{(p+1)}(\xi_i)$$

由于已知 $y'=f'(x)=g(x,y)$，代入上式，有：

$$f(x_{i+1})=f(x_i)+hg(x_i,f(x_i))+\frac{1}{2!}h^2 g'(x_i,f(x_i))+\cdots+\frac{1}{p!}h^p g^{(p-1)}(x_i,f(x_i))$$

$$+\frac{1}{(p+1)!}h^{p+1} g^{(p)}(\xi_i,f(\xi_i)),\xi_i\in(x_i,x_{i+1})$$

略去上式中的余项，并用 y_i 和 y_{i+1} 分别代替 $f(x_i)$ 和 $f(x_{i+1})$，则得到差分方程：

$$y_{i+1}=y_i+hg(x_i,y_i)+\frac{1}{2!}h^2 g'(x_i,y_i)+\cdots+\frac{1}{p!}h^p g^{(p-1)}(x_i,y_i)$$

这便是求解一阶常微分方程初值问题的泰勒格式，它是一个递推关系式。

把 $i=0$ 时自变量的初值 x_0、初值条件 $y_0=f(a)=f(x_0)$，以及 $g(x,y(x_i))$ 的各阶导数 $g^{(p)}(x_0,y_0)(p=0,1,2,\cdots)$ 一并代入 y_{i+1} 式，就可得出 y_1，再把 x_1 和 y_1 代入 y_{i+1} 式，又可以得出 y_2，……。如此不断做下去，就可得出函数在 $x_0,x_1,x_2,\cdots,x_n$ 各节点上的取值 $y_0,y_1,y_2,\cdots,y_n$，于是就得出了微分方程满足初始条件的数值解，据此可以推得许多公式。

1. 欧拉折线法

作为泰勒格式的最简单特例，若取 $p=1$，即只取 y_{i+1} 式的前两项，则得出数值解的最简单形式：$y_{i+1}=y_i+hg(x_i,y_i)(i=0,1,2,\cdots,n)$，称其为欧拉(Euler)格式。将它和初始条件结合在一起，就得出求微分方程数值解的欧拉折线法公式：

$$\begin{cases}y(x_0)=y_0\\ y_{i+1}=y_i+hg(x_i,y_i)\end{cases}$$

欧拉格式也可以用数值微分法由差商代替导数直接得出。它的几何意义如图 7-1 所示：求解微分方程就是先在曲线 $y=f(x)$ 上找一点 (x_0,y_0)，过该点作曲线的切线，在切线上找到 x_1 点，得出 y_1 点；如此不断

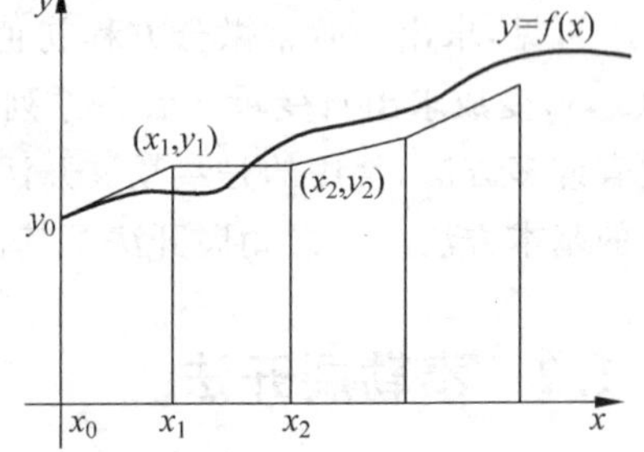

图 7-1 欧拉折线法原理示意图

做下去,使每一点的坐标、切线斜率都满足微分方程,这条折线就是 $f(x)$曲线的近似值。

欧拉折线法就是用 $x_1,x_2,\cdots$节点将 x 轴等分,过(x_0,y_0)点作一段直线,其斜率等于点(x_0,y_0)处曲线 $y=f(x)$的斜率,从而得到点(x_1,y_1),再过点(x_1,y_1)作一段直线,其斜率等于过曲线上 x_1 处的斜率,如此继续下去便得到一条接近所求函数曲线的折线,用这条折线近似地代替要寻求的函数曲线。

显然这个方法求得的结果误差是很大的。由泰勒格式可以看出,如果 p 取得越大,格式中的项数就取得越多,得到的数值微分公式误差就越小。因此它可以成为比较各种不同数值解法的标准。但是,p 增大时会带来计算 $g(x_i,y_i)$高阶导数的麻烦,所以又提出了下边的龙格-库塔法。

2. 龙格-库塔法

龙格-库塔(Runge-Kutta)法是把微分方程 $y'(x)=g(x,y)$中的函数 $g(x,y)$在前一节点 x_i 上的取值 $g(x_i,y_i)$进行线性组合,从而构造出一个表示 y_{i+1}的近似公式,避免了计算 y_{i+1}时用 $g(x,y)$高阶导数的麻烦。龙格-库塔法有多种推导方式,下面介绍数值积分法。

先把题设的微分方程加以变形,得出 $\mathrm{d}y=g(x,y)\mathrm{d}x$,对该式两边在相邻两个节点 x_i 和 x_{i+1}之间进行积分,移项得出:

$$y_{i+1} = y_i + \int_{x_i}^{x_{i+1}} g(x,y)\mathrm{d}x$$

当采用不同的近似方法计算这个定积分时,便可得出不同的近似结果。

1) 二阶龙格-库塔公式

如果用矩形求积公式计算 $\int_{x_i}^{x_{i+1}} g(x,y)\mathrm{d}x$,则得出$(x_{i+1}-x_i)g(x_i,y_i)=hg(x_i,y_i)$,把这个结果代入 y_{i+1}式,可得:

$$y_{i+1} = y_i + hg(x_i,y_i)$$

这和由泰勒公式得出的欧拉格式完全一样。

如果用梯形求积公式计算 $\int_{x_i}^{x_{i+1}} g(x,y)\mathrm{d}x$,则有:

$$\int_{x_i}^{x_{i+1}} g(x,y)\mathrm{d}x \approx \frac{1}{2}h[g(x_i,y_i) + g(x_{i+1},y_{i+1})]$$

令 $K_1=g(x_i,y_i)$,上式中 $g(x_{i+1},y_{i+1})$里的 $x_{i+1}=x_i+h$ 和 y_{i+1}用 Euler 格式代换,可得出 $y_{i+1}=y_i+hg(x_i,y_i)=y_i+hK_1$。把 K_1、x_{i+1}和 y_{i+1}代入上式的积分中,则有:

$$\int_{x_i}^{x_{i+1}} g(x,y)\mathrm{d}x \approx \frac{1}{2}h[K_1 + g(x_i + h, y_i + hK_1)]$$

令 $K_2=g(x_i+h,y_i+hK_1)$,代入上式,则得出求积公式的一个近似结果:

$$y_{i+1} = y_i + \frac{1}{2}h(K_1 + K_2)$$

这就是二阶龙格-库塔公式,它的局部截断误差为 $O(h^3)$。上式右边是 K_1 和 K_2 的线性组合，而 K_1 和 K_2 是把 x_i、y_i 和 $x_{i+1}=x+h$ 的值代入函数 $g(x,y)$ 得出的。所以，计算 y_{i+1} 时就不用像泰勒格式那样，需要求出 $g(x,y)$ 的导数。

2）三阶龙格-库塔公式

若用抛物线求积公式计算 y_{i+1} 式中的积分，则有：

$$\int_{x_i}^{x_{i+1}} g(x,y)\mathrm{d}x \approx \frac{1}{6}h[g(x_i,y_i)+4g(x_{i+\frac{1}{2}},y_{i+\frac{1}{2}})+g(x_{i+1},y_{i+1})]$$

式中 $h=x_{i+1}-x_i$，$x_{i+1/2}=x_i+h/2$，而 $y_{i+1/2}$ 和 y_i 都是未知的，可以用欧拉格式估算：

$y_{i+\frac{1}{2}}=y_i+\dfrac{1}{2}hg(x_i,y_i)$ 和 $y_{i+1}=y_i+hg(x_i,y_i)$。类似于二阶龙格-库塔公式的推导，令

$$K_1=g(x_i,y_i),K_2=g(x_i+\frac{h}{2},y_i+\frac{h}{2}K_1),K_3=g(x_i+h,y_i-hK_1+2hK_2)$$

把 K_1、K_2 和 K_3 代入 y_{i+1} 式的积分中，则得出三阶龙格-库塔公式：

$$y_{i+1}=y_i+\frac{h}{6}(K_1+4K_2+K_3)$$

这个公式的局部截断误差为 $O(h^4)$。

3）四阶和更高阶的龙格-库塔公式

若用三次多项式代替计算 y_{i+1} 式中积分里的 $g(x,y)$ 去计算定积分，则有：

$$\int_{x_i}^{x_{i+1}} g(x,y)\mathrm{d}x \approx \frac{h}{8}[g(x_i,y_i)+3g(x_{i+\frac{1}{3}},y_{i+\frac{1}{3}})+3g(x_{i+\frac{2}{3}},y_{i+\frac{2}{3}})+g(x_{i+1},y_{i+1})]$$

式中 $x_{i+\frac{1}{3}}=x_i+\dfrac{h}{3}$，$x_{i+\frac{2}{3}}=x_i+\dfrac{2h}{3}$（参见表 6-3，取 $n=3$），未知的 $y_{i+\frac{1}{3}}$、$y_{i+\frac{2}{3}}$ 和 y_{i+1} 用欧拉格式代换后，一并代入 y_{i+1} 式，并令

$$K_1=g(x_i,y_i),K_2=g\left(x_i+\frac{h}{3},y_i+\frac{1}{3}K_1\right)$$

$$K_3=g\left(x_i+\frac{2h}{3},y_i+\frac{1}{3}K_1+\frac{1}{3}K_2\right),\quad K_4=g(x_i+h,y_i+K_1-K_2+K_3)$$

于是可得出四阶龙格-库塔公式：

$$y_{i+1}=y_i+\frac{h}{8}(K_1+3K_2+3K_3+K_4)$$

这是用 3/8 辛普森(Simpson)求积法（积分区间被分为 3 的倍数份）得出的结果，它的局部截断误差为 $O(h^5)$。

使用较多的是基于 1/3 辛普森求积法（积分区间被分为偶数份）得出的四阶龙格-库塔公式：

$$y_{i+1}=y_i+\frac{h}{6}(K_1+2K_2+2K_3+K_4)$$

其推导方法和截断误差与四阶龙格-库塔公式相同，式中 K_1、K_2、K_3 和 K_4 分别为：

$$K_1 = g(x_i, y_i),\quad K_2 = g(x_i + \frac{h}{2},\quad y_i + \frac{h}{2}K_1)$$

$$K_3 = g(x_i + \frac{h}{2},\quad y_i + \frac{h}{2}K_2),\quad K_4 = g(x_i + h, y_i + hK_3)$$

利用上述思路还可以构造出更高阶的龙格-库塔公式，它的一般形式是

$$y_{i+1} = y_i + C_1K_1 + C_2K_2 + \cdots + C_nK_n = \sum_{j=1}^{n} C_jK_j$$

其中

$$K_1 = g(x_i, y_i), K_j = g\left(x_i + a_jh, y_i + \sum_{m=1}^{j-1} b_{jm}K_j\right), h = x_{i+1} - x_i, j = 2,3,\cdots,n$$

把 y_{i+1}式中的 n 与 Taylor 公式中的 p 取成相同的数值，然后进行拟合，让它们中 h 同幂次项的系数相等，确定出参数 c_j 和 a_j、b_{jm}，从而得出 n 阶龙格-库塔公式，根据泰勒级数理论可知，它的总体截断误差是 $O(h^n)$。

*3. 阿达姆斯法

用泰勒格式和龙格-库塔格式计算 y_{i+1}时，只用到前一点 x_i 处的 y_i 和 $g(x_i, y_i)$近似值，在给定初始值后可以逐步往后推算，这种方法被称为一步法，其优点是只要知道初值就可进行计算。但是，要提高精度就得增加中间函数值的计算，如得计算 $y_{i+1/3}$、$y_{i+2/3}$等，这样就增大了计算工作量。

阿达姆斯(Adams)提出了多步法，下面以四阶为例介绍这种方法。在计算 y_{i+1}的值时，除了利用 y_i 外还要用到已经算出的 $y_{i-p}(p=1,2,\cdots,)$等，虽然也增多了预知函数值，但它们都是已经算出过的，没有新增计算工作量。

假设已知微分方程的解函数 $y(x)$在 x_i、x_{i-1}、x_{i-2}、x_{i-3}处的函数 $y(x)$取值分别为 y_i、y_{i-1}、y_{i-2}、y_{i-3}，由于龙格-库塔法的 y_{i+1}式中被积函数 $g(x,y)=g[x,y(x)]$，这就表明 g 是 x 的函数，于是可用这四点构造出一个三次拉格朗日多项式 $P_3(x)$，近似地代替 $g(x,y)$：

$$\begin{aligned}
P_3(x) &= \frac{(x-x_{i-1})(x-x_{i-2})(x-x_{i-3})}{(x_i-x_{i-1})(x_i-x_{i-2})(x_i-x_{i-3})}g[x_i, y(x_i)] \\
&+ \frac{(x-x_i)(x-x_{i-2})(x-x_{i-3})}{(x_{i-1}-x_i)(x_{i-1}-x_{i-2})(x_{i-1}-x_{i-3})}g[x_{i-1}, y(x_{i-1})] \\
&+ \frac{(x-x_i)(x-x_{i-1})(x-x_{i-3})}{(x_{i-2}-x_i)(x_{i-2}-x_{i-1})(x_{i-2}-x_{i-3})}g[x_{i-2}, y(x_{i-2})] \\
&+ \frac{(x-x_i)(x-x_{i-1})(x-x_{i-2})}{(x_{i-3}-x_i)(x_{i-3}-x_{i-1})(x_{i-3}-x_{i-2})}g[x_{i-3}, y(x_{i-3})]
\end{aligned}$$

于是得出：

$$y_{i+1} = y_i + \int_{x_i}^{x_{i+1}} g(x,y)\mathrm{d}x \approx y_i + \int_{x_i}^{x_{i+1}} P_3(x,y)\mathrm{d}x$$

把 $P_3(x)$代入上式积分。下面仅计算 $P_3(x)$第 4 项的积分，令 $g_{i-3}=g[x_{i-3}, y(x_{i-3})]$，$h=x_{i-3}-x_i$，则有：

$$\frac{(x-x_i)(x-x_{i-1})(x-x_{i-2})}{(x_{i-3}-x_i)(x_{i-3}-x_{i-1})(x_{i-3}-x_{i-2})}g[x_{i-3},y(x_{i-3})]$$
$$=\frac{(x-x_i)(x-x_i+h)(x-x_i+2h)}{-6h^3}g_{i-3}$$

式中 h 和 g_{i-3} 都是常量，$\int_{x_i}^{x_{i+1}}(x-x_i)(x-x_i+h)(x-x_i+2h)\mathrm{d}x=\frac{9}{4}hg_{i-3}$，于是得到：

$$\int_{x_i}^{x_{i+1}}\frac{(x-x_i)(x-x_{i-1})(x-x_{i-2})}{(x_{i-3}-x_i)(x_{i-3}-x_{i-1})(x_{i-3}-x_{i-2})}g[x_{i-3},y(x_{i-3})]\mathrm{d}x=-\frac{9}{24}hg_{i-3}$$

同样可以算出其他三项积分值，代入式 $y_{i+1}\approx y_i+\int_{x_i}^{x_{i+1}}P_3(x)\mathrm{d}x$ 中，则得阿达姆斯公式：

$$y_{i+1}=y_i+\frac{h}{24}(55g_i-59g_{i-1}+37g_{i-2}-9g_{i-3})$$

由于式中所取的各节点都在积分区间$[x_i,x_{i+1}]$之外，所以也称其为阿达姆斯外插值公式，其局部截断误差是 $O(h^5)$。因为阿达姆斯外插值公式得预先知道许多个点的函数取值，所以它不能独立使用，或者说无法自启动。

若所取各节点中含有 x_i 点，类似地还有所谓阿达姆斯内插值公式：

$$y_{i+1}=y_i+\frac{h}{24}(9g_{i+1}+19g_i-5g_{i-1}+g_{i-2})$$

7.1.3 高阶微分方程

求高阶微分方程的数值解时，往往需要把它变换成一阶常微分方程组，这样就能利用7.1.1节介绍过的基本原理求出它的数值解了。

一般 m($m>1$ 的整数)阶微分方程的形式为

$$\frac{\mathrm{d}^m y}{\mathrm{d}x^m}=y^{(m)}=f(x,y,y',\cdots,y^{(m-1)})$$

它所满足的 m 个初值条件为：

$$y(x_0)=b_0,y'(x_0)=b_1,\cdots,y^{(m-1)}(x_0)=b_{m-1}$$

式中 $b_i(i=0,1,2,\cdots,m-1)$为已知常数。

如果引入新变量：令 $y_1=y,y_2=y',\cdots,y_{m-1}=y^{(m-2)},y_m=y^{(m-1)}$，则可把原来关于自变量 x 的高阶微分方程，变换成关于新变量 $y_1,y_2,\cdots,y_m$ 的一阶微分方程组：

$$\begin{cases}y_1'=y_2\\y_2'=y_3\\\quad\vdots\\y_{m-1}'=y_m\\y_m'=y^{(m)}=f(x,y_1,\cdots,y_m)\end{cases}$$

相应地，可把初值条件写成：

$$y_1(x_0)=y(x_0)=b_0, y_2(x_0)=y'(x_0)=b_1, \cdots, y_m(x_0)=y^{(m-1)}(x_0)=b_{m-1}$$

于是，就能按前面介绍过的方法，求出其数值解。

一阶微分方程组也可以写成矩阵方程的形式，为此令：

$$\boldsymbol{Y}=\begin{bmatrix} y_1 \\ y_2 \\ \vdots \\ y_{m-1} \\ y_m \end{bmatrix},\quad \boldsymbol{A}=\begin{bmatrix} 1 & & & & \\ & 1 & & & \\ & & \ddots & & \\ & & & \ddots & 1 \\ f(y_1) & f(y_2) & \cdots & \cdots & f(y_{m-1}) & f(y_m) \end{bmatrix},\quad \boldsymbol{c}=\begin{bmatrix} 0 \\ 0 \\ \vdots \\ 0 \\ f(x) \end{bmatrix}$$

矩阵 $\boldsymbol{A}$ 中的 $f(y_j)(j=1,2,\cdots,m)$ 表示函数 $f(x,y_1,\cdots,y_{m-1})$ 中 y_j 项的系数；列阵 $\boldsymbol{c}$ 中的 $f(x)$，代表 $f(x,y_j)$ 中不含 y_j 项部分。于是一阶微分方程组可写成矩阵方程：

$$\frac{\mathrm{d}\boldsymbol{Y}}{\mathrm{d}x}=\frac{\mathrm{d}}{\mathrm{d}x}\begin{bmatrix} y_1 \\ y_2 \\ \vdots \\ y_{m-1} \\ y_m \end{bmatrix}=\boldsymbol{AY}+\boldsymbol{c}=\begin{bmatrix} 1 & & & & \\ & 1 & & & \\ & & \ddots & & \\ & & & \ddots & 1 \\ f(y_1) & f(y_2) & \cdots & \cdots & f(y_{m-1}) & f(y_m) \end{bmatrix}\begin{bmatrix} y_1 \\ y_2 \\ \vdots \\ y_{m-1} \\ y_m \end{bmatrix}+C$$

7.2 数值解的 MATLAB 实现

MATLAB 软件中设有多个求解常微分方程数值解的指令，如 ode23 和 ode45，以及 ode113、ode15s、ode23s、ode23T、ode23TB 等，读者如想了解这些指令的详情，可用 help 调出“funfun(功能函数)库”查看。下面只介绍两个常用的指令 ode23 和 ode45。

这两个指令中的“ode”，是英文 ordinary differential equation(常微分方程)的缩写，它们都是依据龙格-库塔公式求解一阶常微分方程数值解的，指令中的数字 23 和 45 分别表示使用的是 2/3 阶和 4/5 阶龙格-库塔公式。由于它们是专门用于求解一阶常微分方程组 $y_j'(x)=g_j(x,y_j)(j=1,2,\cdots)$ 的，所以若用它们求高阶常微分方程的数值解时，必须把高阶微分方程变换成一阶微分方程组，即状态方程。

指令 ode23 和 ode45 的调用格式完全相同，下面介绍 ode23 的使用方法。该指令的调用格式为：

```
>>[x,y] = ode23('Fun', Tspan, y0, options) ↵
```

指令中输入的参数 Fun 是描述微分方程 $y_j'=g_j(x,y_j)$ 的临时或永久文件名称。若用永久文件，需在指令中对文件名予以界定；若用临时文件，则不必界定。

指令中输入的参数 Tspan，用矩阵形式 $[x_0,x_f]$ 规定常微分方程组自变量的取值范围，即 $x\in[x_0,x_f]$。指令中输入的参数 y0 是方程组的初值条件向量，使用格式为 $\boldsymbol{y}_0=[y(x_0),$

$y'(x_0), y''(x_0), \cdots$]。求微分方程组特解时，微分方程组中方程的个数必须与初值条件数相等。

指令中输入的选项参数 options 可用 odeset 函数设置，因为较为复杂，在此不作介绍，需要时可用 help 查询。

指令中的输出参数[x,y]，是微分方程组解函数的数值列表，**x** 和 **y** 都是列阵：x_i 表示向量 **x** 的节点，$y_j = f(x_i)$表示第 j 个微分方程的解函数在 x_i 点的取值。

若输入的指令中缺省左边的参数[x,y]，回车则输出解函数 $y=f(x)$的图线，即解函数 $y=f(x)$及其各阶导数 $y_j=f^{(j)}(x)$的图线。

使用 MATLAB 指令求解微分方程数值解时，编辑描述微分方程的文件非常重要，下面对临时和永久文件分别予以介绍。

7.2.1 临时文件

使用 ode 指令求解微分方程的数值解时，指令中的参数 Fun 可选用临时文件，它具有简单、方便和实用的特点，可以随用随编，而且指令中不必对文件名加以界定。

例 7.1 求解微分方程$\frac{\mathrm{d}y(x)}{\mathrm{d}x}+2xy(x)=1$ 满足 $y(-2.5)=0$ 的数值解。

解 把题中的微分方程移项，变成 $y'(x)=1-2xy(x)$。在指令窗中把它编辑成匿名函数，再用 ode23 指令求解。

(1) 求出图示法表示的微分方程数值解

在指令窗中输入：

```
>> li7_1 = @(x,y)1 - 2 * x * y; % 把微分方程编辑成匿名函数
>> ode23(li7_1,[ - 2.5 3],[0]), grid ↵
```

得出图 7-2。

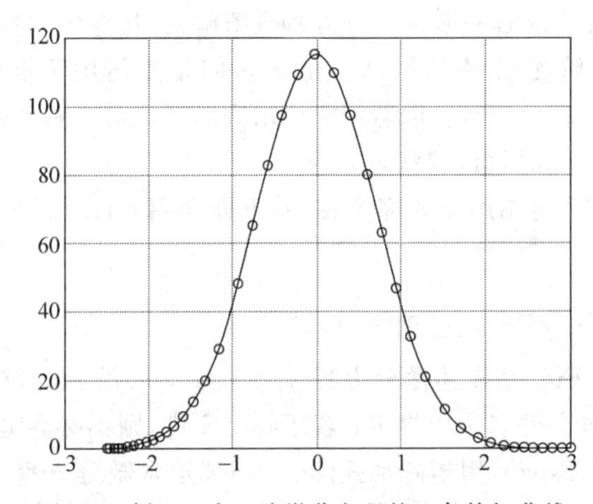

图 7-2 例 7.1 中一阶微分方程的一条特解曲线

(2) 求出表格法表示的微分方程数值解

如果在指令中写上输出变量[x,y],即在指令窗中输入:

```
>>[x,y] = ode23(li7_1,[-2.5;3],[0]) ↵
```

则得出微分方程的数值解:

```
x =
        -2.5000
        -2.4999
        -2.4995
        -2.4975
           ⋮
         2.6758
         2.7884
         2.9154
         3.0000
y =
              0
         0.0001
         0.0005
         0.0025
           ⋮
         0.2876
         0.2389
         0.2055
         0.1910
```

(3) 查验变量 x 和 y 的节点数

在指令窗中输入:

```
>> size(x)或 size(y) ↵
  ans =
        47     1
```

表明变量 x 被离散成 47 个节点,相应地得出函数 y 的 47 个对应值。上面列出了 8 组数据,省略了 39 组数据。

例 7.2 求解常微分方程$\frac{d^2y}{dt^2}+y=1-\frac{t^2}{\pi}$的数值解,当 $t\in[-2,7]$时函数 $y(t)$满足:

$$y(-2)=-5,\quad y'(-2)=5$$

解 (1) 把二阶常微分方程变换成一阶常微分方程组

令 $y_1=y(t),y_2=\frac{dy_1}{dt}$,则可将二阶微分方程变换成一阶微分方程组:

$$\begin{cases} \dfrac{dy_1}{dt} = y_2 \\ \dfrac{dy_2}{dt} = \dfrac{d^2 y}{dt^2} = -y_1 + 1 - \dfrac{t^2}{\pi} \end{cases}$$

(2) 编辑成匿名函数,求出其数值解

① 求出图线表示的数值解,在指令窗中输入:

```
>> li7_2 = @(t,Y)[Y(2); - Y(1) + 1 - t^2/pi];
>> ode23(li7_2,[ - 2, 7],[ - 5, 5]) , grid ↵
```

得出图 7-3。

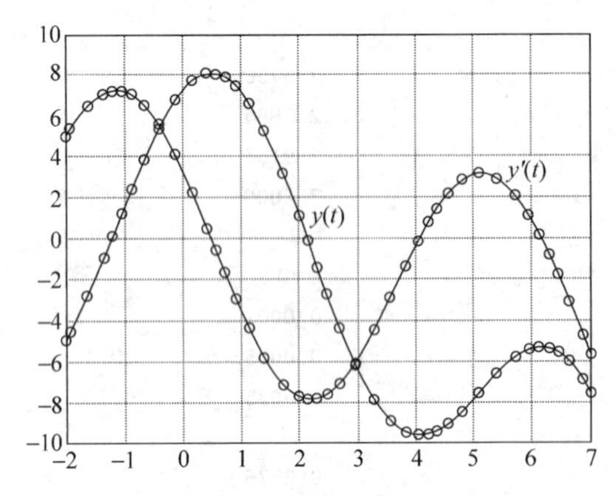

图 7-3　例 7.2 微分方程数值解的图线

② 求出表格法表示的数值解,在指令窗中输入:

```
>>[t Y] = ode23(li7_2,[ - 2, 7],[ - 5, 5])  ↵
```

得出如下数据列表:

```
t =
                - 2.0000
                - 1.9362
                - 1.6719
                - 1.4298
⋮
                  6.1731
                  6.4799
                  6.7539
                  7.0000
```

Y =　$\left(y_1 = y(t), y_2 = \dfrac{dy_1}{dt} = y'(t)\right)$

```
    - 5.0000   5.0000
```

```
-4.5852   5.3658
-2.8192   6.4695
-0.9614   7.0681
  ⋮          ⋮
-5.5401  -1.7726
-6.0074  -3.0962
-6.8931  -4.7083
-7.5759  -5.6421
```

上述结果中 Y 后面的括号及其内容是作者加上去的。

(3) 查验变量 t 和 Y 的节点数

在指令窗中输入：

```
>> s1 = size(t) , s2 = size(Y) ↵
        s1 =
                          42      1
        s2 =
                          42      2
```

可见 t 和 Y 都有 42 个节点，而 t 只有 1 列，Y 有 2 列（$y(t)$和 $y'(t)$）。上述数据只列出了 8 组，略去了 34 组。

例 7.3 求常微分方程 $x^3\dfrac{d^3y}{dx^3}+x^2\dfrac{d^2y}{dx^2}-4x\dfrac{dy}{dx}=3x^2$ 的数值解，并使其满足初始条件：

$$y(1)=0,y'(1)=-1 \text{ 和 } y''(1)=1$$

解 (1) 将三阶微分方程变换成一阶微分方程组

若令 $y_1=y(x),y_2=\dfrac{dy(x)}{dx}=\dfrac{dy_1}{dx},y_3=\dfrac{d^2y(x)}{dx^2}=\dfrac{dy_2}{dx}$，则得出微分方程组：

$$\begin{cases}\dfrac{dy_1}{dx}=y_2\\ \dfrac{dy_2}{dx}=y_3\\ \dfrac{dy_3}{dx}=\dfrac{d^2y_2}{dx^2}=\dfrac{d^3y}{dx^3}=\dfrac{4y_2}{x^2}-\dfrac{y_3}{x}+\dfrac{3}{x}\end{cases}$$

如果令 $\boldsymbol{Y}=\begin{bmatrix}y_1\\y_2\\y_3\end{bmatrix},\boldsymbol{A}=\begin{bmatrix}0&1&0\\0&0&1\\0&\dfrac{4}{x^2}&\dfrac{-1}{x}\end{bmatrix},\boldsymbol{b}=\begin{bmatrix}0\\0\\\dfrac{3}{x}\end{bmatrix}$，则方程组的矩阵形式为

$$\frac{d\boldsymbol{Y}}{dx}=\boldsymbol{AY}+\boldsymbol{b}$$

(2) 求微分方程数值解

把微分方程编辑成匿名函数，在指令窗中输入：

```
>> li7_3 = @(x,Y)[0 1 0;0 0 1;0 4/x^2  - 1/x] * Y + [0;0;3/x];
```

① 求出图线法表示的微分方程数值解

在指令中不写输出变量，即输入：

```
>> ode23(li7_3,[1,4],[0; - 1;1]),grid ↵
```

得出图 7-4，图上的函数 $y(x)$－$y'(x)$和 $y''(x)$是通过图形窗中的 Insert→TextBox 写上的。

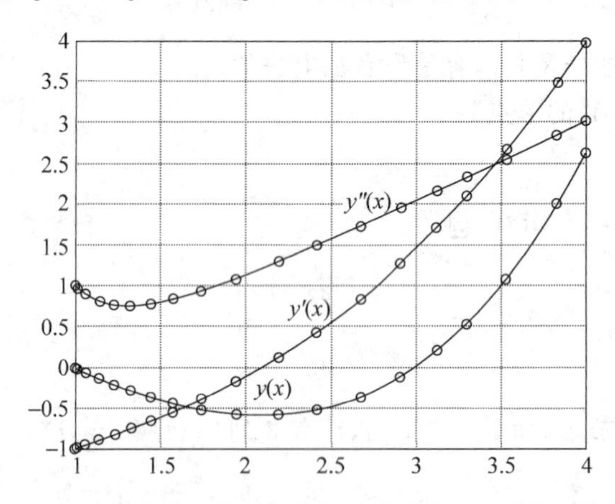

图 7-4　三阶微分方程的一条特解函数及其 1、2 阶导函数曲线

② 求出列表法表示的微分方程数值解

指令中写上输出变量，即在指令窗中输入：

```
>>[x,Y] = ode23(li7_3,[1,4],[0; - 1;1]) ↵
```

得出微分方程数值解的列表法结果：

```
x =
          1.0000
          1.0001
          1.0005
          1.0025
            ⋮
          3.2961
          3.5321
          3.8321
          4.0000
```

$$Y = \left(y_1 = y(x_i),\ y_2 = \left.\frac{dy(x)}{dx}\right|_{x=x_i},\ y_3 = \left.\frac{d^2y(x)}{dx^2}\right|_{x=x_i}\right)$$

```
        0         - 1.0000      1.0000
  - 0.0001        - 0.9999      0.9998
  - 0.0005        - 0.9995      0.9990
```

```
-0.0025        -0.9975        0.9951
   ⋮              ⋮              ⋮
 0.5200         2.0888        2.3234
 1.0798         2.6643        2.5541
 1.9984         3.4746        2.8491
 2.6228         3.9670        3.0148
```

(3) 查验变量 x 的节点数

在指令窗中输入：

```
>> xn = size(x), Yn = size(Y) ↵
```

得出

```
xn =
                 22      1
yn =
                 22      3
```

表明自变量 x 被分成 22 个节点 $x_i, i=0,1,2,\cdots,21$，相应地得出函数 $y(x)$ 及其 1、2 阶导数 $y'(x)$ 和 $y''(x)$ 在 22 个节点上的取值。上面列表中只写出 8 组数据，省略了 14 组数据。

*7.2.2 永久文件

虽然临时文件具有随用随编、简单方便等优点，但是关机即逝，不能存储，这对于需要经常调用的微分方程求解带来了不便。因此，学会用永久文件描述微分方程有时是非常必要的。下面通过例 7.2 和例 7.3 的再编辑，介绍永久文件的编写和使用。

在用 ode 指令求解微分方程的数值解时，指令中输入的文件名若是永久文件，必须加以界定。

例如，对于例 7.2：求解微分方程 $y''(t)+y(t)=1-t^2/\pi$ 满足 $y(-2)=-5, y'(-2)=5$ 时 $t\in[-2,7]$ 的数值解。这是一个二阶常微分方程，要利用 ode23 指令求解，先将它变换成一阶微分方程组(见例 7.2)：令 $\boldsymbol{Y}=\begin{bmatrix} y_1 \\ y_2 \end{bmatrix}, \boldsymbol{A}=\begin{bmatrix} 0 & 1 \\ -1 & 0 \end{bmatrix}, \boldsymbol{b}=\begin{bmatrix} 0 \\ 1-\dfrac{t^2}{\pi} \end{bmatrix}$，则微分方程可以改写成如下的矩阵方程：

$$\frac{\mathrm{d}\boldsymbol{Y}}{\mathrm{d}t}=\boldsymbol{AY}+\boldsymbol{b}$$

把这个矩阵方程编辑成 M-函数文件，在指令窗中单击小图标□打开编辑调试窗，在其中输入如下程序：

```
function    dY = Li7_2(t,Y)
            dY = [0 1; - 1 0] * Y + [0;1] * (1 - t^2/pi);
```

然后以“Li7_2”为函数文件名称存盘。在指令窗中输入下述指令：

```
>>[x,Y] = ode23(@Li7_2,[2,7],[ - 5;5]) ↵
```

即可得出列表法表示的微分方程数值解。

同样地，对于例 7.3，求微分方程 $x^3y^{(3)}(x)+x^2y''(x)-4xy'(x)=3x^2$ 满足初始条件 $y(1)=0,y'(1)=-1$ 和 $y''(1)=1$ 的数值解。先将关于 $y(x)$的 3 阶微分方程变换成一阶微分方程组。令 $y_1=y(x),y_2=\frac{\mathrm{d}y(x)}{\mathrm{d}x}=\frac{\mathrm{d}y_1}{\mathrm{d}x},y_3=\frac{\mathrm{d}y^2(x)}{\mathrm{d}x^2}=\frac{\mathrm{d}y_2}{\mathrm{d}x}$，则得：

$$\frac{\mathrm{d}y^3(x)}{\mathrm{d}x^3}=\frac{\mathrm{d}y_3}{\mathrm{d}x}=\frac{-y_3}{x}+\frac{4y_2}{x^2}+\frac{3}{x}$$

于是就变成关于 y_1、y_2 和 y_3 三个变量的 3 个 1 阶微分方程组。再把它写成矩阵方程：令

$$\boldsymbol{Y}=\begin{bmatrix}y_1\\y_2\\y_3\end{bmatrix},\text{则有}\frac{\mathrm{d}\boldsymbol{Y}}{\mathrm{d}x}=\frac{\mathrm{d}}{\mathrm{d}x}\begin{bmatrix}y_1\\y_2\\y_3\end{bmatrix}=\begin{bmatrix}0&1&0\\0&0&1\\0&\frac{4}{x^2}&\frac{-1}{x}\end{bmatrix}\boldsymbol{Y}+\begin{bmatrix}0\\0\\\frac{3}{x}\end{bmatrix}$$

。打开编辑窗，在其中输入：

```
function dY = Li7_3(x,Y)
         dY = [01 0;0 0 1;0 4/x^2  - 1/x] * Y + [0 0 3/x]';
```

然后以“Li7_3”为文件名存盘，回到指令窗中，输入下述指令，求解该微分方程：

```
>>[x,Y] = ode23('Li7_3',[1,4],[0; - 1;1]) ↵
```

即可得出列表法表示的微分方程数值解。

7.3 解析解的 MATLAB 符号法

在 MATLAB 软件中，设有专用指令 dsolve，用它可以求出常微分方程的解析解，包括其通解和特解。只是求解前需要先把微分方程变换成符号法格式。

7.3.1 微分方程的符号法格式

在 MATLAB 软件中，微分方程的符号法格式，按以下方法予以变换：

微分方程中函数 $y=f(x)$的 m 阶导数 $y^{(m)}=f^{(m)}(x)$记成“Dmy”。例如，函数 $y(x)$对

自变量的一阶导数$\frac{dy}{dx}$或$\frac{dy}{dt}$,用Dy表示;函数$y(x)$对自变量的m阶导数$\frac{d^m y}{dx^m}$或$\frac{d^m y}{dt^m}$,用Dmy表示。式中的D必须大写。据此,在指令窗中把常微分方程一般形式写成:

```
Dmy = F(x,y,Dy,D2y, … ,D(m-1)y)
```

同样按上述规定,把初始条件写成:

```
y(x0) = y0,Dy(x0) = y1, … ,D(m-1)y(x0) = ym-1
```

不加特别界定时,通常默认小写字母“t”为函数的自变量。

据此可知,带有初始条件的一阶微分方程$\begin{cases}\frac{dy(x)}{dx}+2xy(x)=1\\ y(0)=0\end{cases}$,则写成:

```
Dy + 2 * x * y = 1,y(0) = 0
```

7.3.2 符号法求解指令

在MATLAB软件中,用符号法求解析解的指令是dsolve,使用格式为:

```
>>[y1, y2, … , y12] = dsolve(a1, a2, … , a12) ↵
```

指令中输入的参数a1, a2, …, a12都得用单引号界定,两个参数之间用逗号分隔,每个参数都包含三部分内容:符号格式的微分方程、初始条件和界定的自变量。“微分方程”部分不得缺省;“初始条件”部分或全部缺省时,回车输出含有待定常数的微分方程通解,通解中待定常数的数目等于缺省的初始条件数,结果中的待定常数默认用C1,C2,…;当“界定的自变量”缺省时,默认的自变量为英文小写字母“t”。

指令中的输出格式[y1, y2,…, y12],只在求解一个常微分方程时可以缺省,若求解常微分方程组则不能缺省,否则将无法区分得出的多个解函数。

指令里输入的每个参量a_i中,第一部分内容不限于一个微分方程,参量a_i又可以多达12个,所以该指令完全可用于求解常微分方程组。

例7.4 求二阶常微分方程$\frac{d^2 y}{dx^2}+y=1-\frac{t^2}{\pi}$的解析解:通解及满足$y(0)=0.2$和$y'(0)=0$的特解。

解 (1) 将微分方程符号化,即写成:

```
D2y + y = 1 - t^2/pi;
```

(2) 求微分方程的通解

在指令窗中输入：

```
>> y = dsolve('D2y + y = 1 - t ^ 2/pi') ↵
    y =
            - ( - pi - 2 + t ^ 2)/pi + C1 * cos(t) + C2 * sin(t)
```

整理得出：

$$y = C_1 \cos t + C_2 \sin t + (\pi + 2 - t^2)\frac{1}{\pi}$$

函数 y 中含有两个任意常数 C_1 和 C_2。由于方程的自变量 t 正好与默认的变量"t"一致，所以指令中省去了"界定的自变量"。

(3) 求微分方程的特解

在指令窗中输入加上初始条件的指令：

```
>> y = dsolve('D2y + y = 1 - t ^ 2/pi','y(0) = 0.2,Dy(0) = 0.5') ;
>> disp('y(t) = '),pretty(y) ↵
    y(t) =
                                                                  2
                          cos(t) (2 pi + 5)             2 + pi - t
     1/2 sin(t) - 2/5    -----------------    +     -------------
                                 pi                       pi
```

整理得出二阶微分方程的一个特解为：

$$y(t) = \frac{\sin t}{2} - \frac{4\pi + 10}{5\pi}\cos t + \frac{1}{\pi}(2 + \pi - t^2)$$

利用 MATLAB 软件可以把函数 $y(t)$ 画成图线。为此，在指令窗中输入：

```
>> ezplot ('1/2 * sin(t) - 2/5 * (2 * pi + 5)/pi * cos(t) + (pi + 2 - t ^ 2)/pi ',[ - 3 3]),grid ↵
```

得出图 7-5。

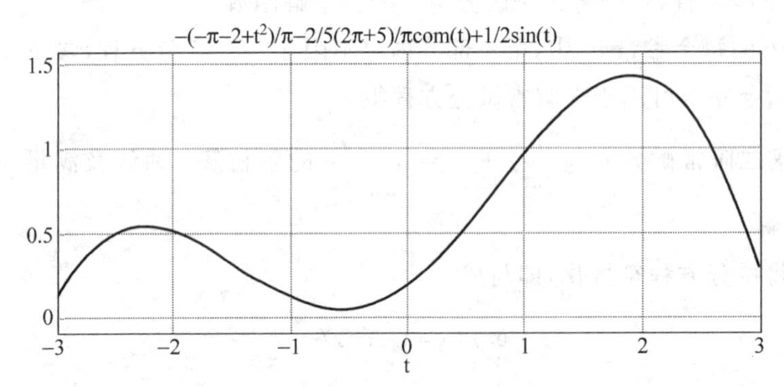

图 7-5　例 7.4 中二阶常微分方程的一条特解曲线

常微分方程通解的图线是一个曲线族，而特解是一条曲线。曲线上的任何一点所对应的坐标值 t、函数值 $y=f(t)$和函数在该点的导数值 $y'(t)$都满足微分方程，同时也满足初始条件。图 7-5 中的两条曲线的起点分别为 $y(0)=0.2$，$y'(0)=0.5$。

例 7.5 求微分方程组$\begin{cases}\dfrac{\mathrm{d}u}{\mathrm{d}s}=3u-2v \\ \dfrac{\mathrm{d}v}{\mathrm{d}s}+v=2u\end{cases}$的解析解：通解及满足初始条件 $u(0)=1$ 和 $v(0)=0$ 的特解。

解 先把微分方程写成符号法格式，再用 dsolve 命令求解。

在指令窗中输入：

```
>>[u,v] = dsolve('Du = 3 * u - 2 * v,Dv = 2 * u - v')  ↵
    u =
                    - exp(t) * (2 * t * C1 - C2 - 2 * t * C2)
    v =
                    - exp(t) * ( - C1 + 2 * t * C1 - 2 * t * C2)
```

这是方程组的通解。指令中没有输入“界定的自变量”，输出结果用了默认的“t”。把 t 换为 s，积分常数换成 A 和 B，略加整理便可得出通解：

$$u=(A+Bs)\mathrm{e}^{s},v=\frac{1}{2}(2A-B+2Bs)\mathrm{e}^{s}$$

求微分方程的特解时，在输入参数中写上“初始条件”。在指令窗中输入：

```
>>[u,v] = dsolve('Du = 3 * u - 2 * v,Dv = 2 * u - v','u(0) = 1,v(0) = 0','s')  ↵
    u =
                    - exp(s) * ( - 1 - 2 * s)
    v =
                    2 * s * exp(s)
```

整理得出其特解为：

$$u=(1+2s)\mathrm{e}^{s},v=2s\mathrm{e}^{s}$$

虽然用符号法可以求出微分方程组的解析解，快捷且准确，但是对于多数不存在解析解的微分方程却是不可行的。例如，要求解微分方程 $y'+2xy=1$ 满足初值条件 $y(-2.5)=0$ 的解析解，如果用符号法，在指令窗中输入：

```
>> y = dsolve('Dy + 2 * x * y = 1','y( - 2.5) = 0','x')  ↵
    y =
                - 1/2 * i * exp( - x^2) * pi^(1/2) * erf(i * x)
```

结果中所含的函数 erf(i * x)无法确定。实际上，多数微分方程是不存在解析解的，因此，学会求微分方程的数值解是非常必要的。

思考与练习题

7.1 根据给出的初值条件，选用适当方法求解下列微分方程：

(1) $\frac{d^2y}{dx^2}=y, y(0)=0, y'(0)=1$；

(2) $\frac{d^2y}{dx^2}=1+(1+x^2)y, y(0)=1, y'(0)=3$；

(3) $\frac{d^2y}{dx^2}+(y^2-1)\frac{dy}{dx}+y=0, y(0)=0, y'(0)=0.25$；

(4) $\frac{d^3y}{dx^3}=-y, y(0)=1, y'(0)=y''(0)=0$；

(5) $\frac{d^3y}{dx^3}-2\frac{d^2y}{dx^2}-3\frac{dy}{dx}=3e^{2x}, y(0)=1, y'(0)=10, y''(0)=30, x\in[0,1.5]$。

7.2 据给出的条件求下列微分方程的解析解或数值解，并画出函数图线：

(1) $\frac{dy}{dx}=2x-y, y(1)=1, x\in[1,2]$；　　(2) $\frac{dy}{dx}=y-\frac{x}{y}, y(0)=1, x\in[0,1]$；

(3) $\frac{dy}{dx}=-xy^2, y(0)=2, x\in[0,1]$；　　(4) $\frac{dy}{dx}=\frac{3y}{1+x}-y, y(0)=1$；

(5) $x^2+y+(x-2y)\frac{dy}{dx}=0, y(0)=1$。

7.3 求解常微分方程组：

(1) $\begin{cases}\frac{dx}{dt}=y\\ \frac{dy}{dt}=-x\end{cases}$；　　(2) $\begin{cases}\frac{df}{dx}=3f+4g\\ \frac{dg}{dx}=-4f+3g\end{cases}, f(0)=0, g(0)=1$。

附录A 思考与练习题部分答案或提示

第1章　MATLAB 基础

1.2

```
a1 * a2 =
    461   1212
    416   774
    641   1662
a1(:,1:2). * a2 =
    60   108
    78   615
    63   126
a1 ^2  =
    604          834          3596
    616         1849           835
    762          780          5476
a1(:).^2  =
            25
           169
            81
           144
          1681
            36
          2209
             4
          5041
```

1.3

```
b1  =
     5      12      47
```

```
    13    41     2
     9     6    71
     9    15    21
    12     6     7
c1 =
     9
c2 =
     7
b1(3:4,:) * a2 =
          641          1662
          345           747
```

1.4

```
a1 + 5a1' - E =
    29    77    92
    73   245    32
   244    16   425
a1³ - rot90(a1)² + 6E =
    43644       61919      281384
    33546       86434       90783
    62798       73320      425662
```

1.5

```
s - a1 =
       0    -7   -42
      -8   -36     3
      -4    -1   -66
s * a1 =
    25    60   235
    65   205    10
    45    30   355
s. * a1 =
    25    60   235
    65   205    10
    45    30   355
s./a1 =
    1.0000    0.4167    0.1064
    0.3846    0.1220    2.5000
    0.5556    0.8333    0.0704
a1./s =
    1.0000    2.4000    9.4000
    2.6000    8.2000    0.4000
    1.8000    1.2000   14.2000
```

1.6

```
c^-4 =
  1.0e+010 *
    0.5286   -1.7180    1.8502   -0.6608
   -1.5858    3.4359   -2.1145    0.2644
    1.5858   -1.7180   -1.3215    1.4537
   -0.5286    0.0000    1.5858   -1.0572
(c^3)^-1 =
  1.0e+012 *
   -0.3665    0.5500   -0.0005   -0.1830
    0.5498   -0.5502   -0.5490    0.5494
         0   -0.5498    1.0995   -0.5498
   -0.1833    0.5499   -0.5500    0.1834
(3c+5c^-1)/5 =
  1.0e+015 *
    3.9406   -4.5036   -2.8147    3.3777
   -4.1283    4.5036    3.3777   -3.7530
   -3.5653    4.5036    1.6888   -2.6271
    3.7530   -4.5036   -2.2518    3.00242
```

1.7

```
ans =
  1.0000                        0 + 9.0000i   7.0000
       0 + 1.0000i    2.0000 - 1.0000i   4.0000
  3.0000              8.0000             8.0000 + 1.0000i
```

1.8

```
sign(abc) =
   -1.0000              1.0000
   -1.0000              0.5029 - 0.8643i
round(abc) =
   -3.0000              9.0000
   -1.0000              3.0000 - 6.0000i
floor(abc) =
   -3.0000              8.0000
   -1.0000              3.0000 - 6.0000i
imag(abc) =
  0          0
  0    -5.5000
```

1.9

```
[x,y] = 169
```

1.10

```
a·b =
  88.4400
a×b =
  -47.5996   60.8486   -17.2157
```

1.11

```
ans =
  x^5 - 21 x^4 + 151 x^3 - 411 x^2 + 280 x
```

1.12

```
ans =
  5.5453e+008      -8.4475e+010    1.9522e+014
```

1.13

```
p1p2 =
  819 x^9 + 3465 x^8 + 338 x^7 - 746 x^6 - 4108 x^5 + 923 x^4 + 7454 x^3 - 765 x^2 - 1785 x + 945
q =
  4.8462   -20.5030
r =
  1.0e+003 *
   -0.0000     0.0000     1.1537    -0.0026    -0.3922     0.2895
```

1.14

```
   x          cosx        lnx         x^3        sqrtx
0.0100      1.0000     -4.6052     0.0000     0.1000
0.1100      0.9940     -2.2073     0.0013     0.3317
0.2100      0.9780     -1.5606     0.0093     0.4583
0.3100      0.9523     -1.1712     0.0298     0.5568
0.4100      0.9171     -0.8916     0.0689     0.6403
0.5100      0.8727     -0.6733     0.1327     0.7141
0.6100      0.8196     -0.4943     0.2270     0.7810
0.7100      0.7584     -0.3425     0.3579     0.8426
```

1.15

```
ft =
     -120.8234   145.9100    51.3375    -95.9109
```

1.16

```
a1 + a2 =
    [                  sin(x),   log(x) + 1 - log(x^2)]
    [   exp(2*x) + exp(-x),               x^2 + 5 - 2*x]
```

```
a1 * a2 =
    [ (sin(x) - cos(x)) * cos(x) + log(x) * exp( - x),     (sin(x) - cos(x)) * (1 - log(x ^ 2)) - 2 * log(x) * x]
    [exp(2 * x) * cos(x) + (x ^ 2 + 5) * exp( - x),          exp(2 * x) * (1 - log(x ^ 2)) - 2 * (x ^ 2 + 5) * x]
```

1.17

```
dz = cos(x * cos(y)) * cos(y) dx - cos(x * cos(y)) * x * sin(y) dy
```

1.18

```
ans =
    41275/12
```

1.19

```
ans =
    log(a) + 1/a * x - 1/2/a ^ 2 * x ^ 2 + 1/3/a ^ 3 * x ^ 3 - 1/4/a ^ 4 * x ^ 4 + 1/5/a ^ 5 * x ^ 5
ans =
    log(3 + a) + 1/(3 + a) * (x - 3) - 1/2/(3 + a)^2 * (x - 3)^2 + 1/3/(3 + a)^3 * (x - 3)^3 - 1/4/
(3 + a)^4 * (x - 3)^4
```

1.20

```
>> plot([ - 5 6],[0 0],[0 0],[ - 6 3])
```

1.21

```
>> fplot('[x - 4,x ^ 2)]',[ - 6 6  - 6 6])
```

1.22

```
>> t = - 10:0.01:10;x = 3 * cos(t);y = 3 * sin(t);z = 3 * t;plot3(x,y,z)
```

1.23

```
a3  =
     0     0     0
     0     1     1
     1     1     1
```

1.24

```
a5  =
       0     1     0     1     0
       0     0     1     0     1
       1     1     0     0     0
a6  =
       1     0     1     0     1
       1     1     0     1     0
       0     0     1     1     1.
```

1.25

在编辑调试器中输入：

```
clear
x = input('输入 x 的值: ');
if x<1 f = x^2;
elseif x>=1&x<10  f = 2*x^2-1;
elseif x>=10  f = 3*x^2;
end;f
```

然后以名字 ti125.m 存盘，在命令窗中输入：ti125，回车。

```
输入 x 的值: -3
f =
     9
输入 x 的值: 8
f =
   127
输入 x 的值: 54
f =
   8748
```

第 2 章　误差和 MATLAB 的计算精度

2.1　计算相对误差：

```
re(x) = 10/1991, re(y) = 0.1/1991, re(z) = 1/1991
```

可知 re(y)最小，y 精度最高。

2.2

```
>> format + 数显标识符
```

2.3

```
ans =
      [ 5.44140,   3445.17]
      [ -3.01255, 4.35517]
```

2.4　$\frac{1}{6251}-\frac{1}{6252}=\frac{1}{6251\times 6252}$

2.5　(1) $\frac{1}{1+3x}-\frac{1-x}{1+x}=\frac{x(3x-1)}{(1+3x)(1+x)}$；

(2) $\sqrt{x+\frac{1}{x}}-\sqrt{x-\frac{1}{x}}=\frac{\frac{2}{x}}{\sqrt{x-\frac{1}{x}}+\sqrt{x+\frac{1}{x}}}$

(3) $\lg x_1 - \lg x_2 = \lg \frac{x_1}{x_2}$;

(4) $\frac{1-\cos 2x}{x} = \frac{x^2}{2!} - \frac{x^4}{4!} + \frac{x^6}{6!} - \cdots$

第3章 插值和数据拟合

3.1

```
yk = interp1(x,y,xk,'nearest') = [ 7.0400     3.4000     2.5200]
yk = interp1(x,y,xk,'linear') = [ 6.6631     3.5872     2.3772]
yk = interp1(x,y,xk,'pchip') = [ 6.5453     3.5360     2.3765]
yk = interp1(x,y,xk,'spline') = [ 6.4903     3.5226     2.3845]
```

3.2

```
yk1 = interp1(x,y,xk,'linear') = [2.5379     2.8693     3.1860     3.3128]
yk2 = interp1(x,y,xk,'spline') = [ 2.4162     2.8433     3.9093     3.6254]
```

3.3

```
p1 =
   -1.6882 x + 8.0753
p2 =
  0.87283 x^2 - 2.6455 x + 1.8247
p3 =
   -0.038995 x^3 + 0.91746 x^2 - 2.263 x + 1.7692
```

3.4

```
>> x = -1:0.01:1;y = exp(-5*x.^2);p2 = poly2str(polyfit(x,y,2),'x')
p2 =
   -1.0349 x^2 - 2.5068e-017 x + 0.7422
```

第4章 非线性方程组

4.1 前两个收敛,第三个不收敛。

4.2

solve求解:

```
ans =
                  3.63199
    -.815993 + 1.12316*i
```

```
  -.815993 - 1.12316 * i
roots 求解:
ans =
    3.6320
  - 0.8160 + 1.1232i
  - 0.8160 - 1.1232i
fzero 求解:
ans =
    3.6320
```

4.3

```
ans =
  - 1.6844 + 3.4313i
  - 1.6844 - 3.4313i
  1.3688
```

4.4

```
ans =
    0.5110
```

4.5

```
ans =
    0.8767
```

4.6

```
x1 =
   - 0.7750
x2 =
  1.9619
```

4.7

```
ans =
    atan(( - 1/4 + 1/4 * 7 ^ (1/2))/(1/4 + 1/4 * 7 ^ (1/2)))
    atan(( - 1/4 - 1/4 * 7 ^ (1/2))/(1/4 - 1/4 * 7 ^ (1/2))) - pi
```

4.8

```
ans =
   - 0.2569
```

4.9

```
ans =
    0.4366   - 0.8419   1.1878
```

4.10

```
ans =
    0.6331    2.3934    1.9735
```

第5章 线性代数方程组

5.1

(1) x1 = 1.0000; x2 = 2.0000; x3 = 0.0000; x4 = −1.0000

(2) x1 = 1; x2 = −1; x3 = 1

(3) x1 = −1; x2 = 2; x3 = 0.00001

(4) x1 = 2.3590; x2 = −2.6033; x3 = 12.1086

(5) x1 = −2.6; x2 = 1; x3 = 2; x4 = 3.5

(6) x1 = -0.9629×10^{14}; x2 = -2.8260×10^{14}; x3 = 1.1581×10^{14}

(7) x1 = 0.5964; x2 = 1.6143; x3 = 1.8610; x4 = 1.8296; x5 = 1.4574

5.2

(1)

```
l =
    0.7143    0.3158    1.0000
    1.0000         0         0
    0.4286    1.0000         0
u =
    7.0000   11.0000    2.0000
         0   -2.7143    5.1429
         0         0   -0.0526
c =
    2.2361    3.1305    1.3416
         0    1.0954   -2.0083
         0         0    0.4082
```

(2)

```
l =
    1.0000         0         0
   -0.5000    1.0000         0
         0   -0.6667    1.0000
u =
   -2.0000    1.0000         0
         0   -1.5000    1.0000
         0         0   -1.3333
```

非正定矩阵,不能进行楚列斯基分解。

(3)

```
l =
    1.0000         0         0         0
    1.0000    0.3333    1.0000    1.0000
    1.0000    0.6667    1.0000         0
    1.0000    1.0000         0         0
u =

    1.0000    1.0000    1.0000    1.0000
         0    3.0000    9.0000   19.0000
         0         0   -1.0000   -3.6667
         0         0         0    0.3333
c =
     1     1     1     1
     0     1     2     3
     0     0     1     3
     0     0     0     1
```

(4)

```
l =
    1.0000         0         0         0         0         0
   -0.1000    1.0000         0         0         0         0
   -0.2000         0    1.0000         0         0         0
   -0.3000   -0.0476    0.0423    1.0000         0         0
   -0.4000   -0.0952    0.0106    0.0506    1.0000         0
   -0.5000   -0.1429   -0.0212    0.0214    0.0400    1.0000
u =
   10.0000    5.0000    4.0000    3.0000    2.0000    1.0000
         0   10.5000    5.4000    4.3000    3.2000    2.1000
         0         0   10.8000    5.6000    4.4000    3.2000
         0         0         0   10.8677    5.5661    4.2646
         0         0         0         0   10.7764    5.3502
         0         0         0         0         0   10.5624
```

非对称正定矩阵，不能进行楚列斯基分解。

5.3

(1)

```
q =
   -0.8944    0.4082    0.1506   -0.1031
   -0.4472   -0.8165   -0.3013    0.2063
         0    0.4082   -0.7532    0.5157
         0         0    0.5649    0.8251
```

```
r =
   -2.2361   -0.0000    0.4472         0
         0   -2.4495    1.6330   -0.4082
         0         0   -1.7701    1.8831
         0         0         0    1.1346
```

(2)

```
q =
   -0.3162    0.4309    0.6814   -0.5000
   -0.6325   -0.4641   -0.3669   -0.5000
    0.3162    0.5635   -0.5766   -0.5000
   -0.6325    0.5304   -0.2621    0.5000
r =
   -3.1623   -4.4272    2.2136   -4.7434    6.6408
         0    6.0332   -5.3371    4.8067   10.1770
         0         0    2.9352    2.0966    8.3863
         0         0         0    0.0000    4.0000
```

(3)

```
q =
   -0.3780    0.5071    0.5164   -0.5774
   -0.3780   -0.6761   -0.2582   -0.5774
   -0.3780    0.5071   -0.7746   -0.0000
   -0.7559   -0.1690    0.2582    0.5774
r =
   -2.6458   -3.7796   -4.5356
         0   -0.8452    1.3522
         0         0   -0.7746
         0         0         0
```

(4)

```
q =
   -0.2673    0.9449   -0.1890
   -0.5345   -0.3085   -0.7868
   -0.8018   -0.1093    0.5875
r =
   -3.7417  -11.2250   -3.4744   -1.0690  -13.6303
         0   -0.0000    1.2535    0.8356    0.4178
         0         0    0.5978    0.3986    0.1993
```

5.4

题号	行列式值	列和范数	谱范数	F-范数	行和范数
(1)	1	20	16.6622	17.4929	20
(2)	−4	4	3.4142	4	4
(3)	40	11	8.4728	10.7703	13
(4)	4	16	13.0733	14.6969	17

5.5

(1)

```
x =
   -0.7071   -0.7071
   -0.7071    0.7071
r =
     2     0
     0     4
```

(2)

```
x =
        0    0.4082    0.4082
        0    0.8165    0.8165
   1.0000   -0.4082   -0.4082
r =
     2     0     0
     0     1     0
     0     0     1
```

(3)

```
x =
  7.0711e-001   5.7735e-001   4.0825e-001
 -7.0711e-001   5.7735e-001   4.0825e-001
            0  -5.7735e-001   8.1650e-001
r =
 -1.0000e+000                 0             0
            0  -1.1102e-015             0
            0     0           9.0000e+000
```

(4)

```
x =
    0.7770    0.5425    0.3015   -0.1039    0.0140
   -0.5798    0.4298    0.6030   -0.3332    0.0666
    0.2354   -0.6318    0.3015   -0.6318    0.2354
```

```
  -0.0666    0.3332   -0.6030   -0.4298    0.5798
   0.0140   -0.1039    0.3015    0.5425    0.7770
r =

   0.2538         0         0         0         0
        0    1.7923         0         0         0
        0         0    3.0000         0         0
        0         0         0    4.2077         0
        0         0         0         0    5.7462
```

第6章 数值微积分

6.1 $f'(1.0) = -0.2470$；$f'(1.1) = -0.2170$；$f'(1.2) = -0.1870$

6.2 ans=1，节点数增加，积分结果误差减少。

6.3 (1) 2.9349；(2) 0.8319；(3) 2.6516；(4) −3.4167；(5) 3.8394；(6) 32.5306

6.4 (1) 0.3203；(2) 0.3121

6.5 (1) 0.2721；(2) 0.3835；(3) 45/8

第7章 常微分方程组

7.1

(1)

```
y = -1/2*exp(-t)+1/2*exp(t);
```

(2) 编辑调试窗输入：

```
function dy = fun712(x,y)
dy = zeros(2,1);
dy(1) = y(2);
dy(2) = 1 + (1 + x^2) * y(1);
```

以 fun712 为名存盘，在指令窗中输入：

```
[x,y] = ode23(@fun712,[0 5],[1; 3])
```

(3)、(4)、(5)求解均可参照(2)的方法。

7.2

(1) y=2*x−2+exp(−x)/exp(−1)

(2) y =1/2*(2+4*x+2*exp(2*x))^(1/2)

(3) y=2/(x^2+1)

(4) y =exp(-x) * (1+x)^3

(5) y =1/2 * x+1/6 * (9 * x^2+12 * x^3+36)^(1/2)

7.3

(1) x =-C1 * cos(t)+C2 * sin(t) ; y =C1 * sin(t)+C2 * cos(t)

(2) f =exp(3 * x) * sin(4 * x) ; g =exp(3 * x) * cos(4 * x)

附录 B

书中MATLAB指令索引

指　令	意　　义	首现页码
@	定义匿名函数	52
abs(x)	复数 x 的绝对值或模	P21,表 1-8
angle(x)	复数 x 的相角	P21,表 1-8
ans	临时变量名	P11
bar	条形图	P46,表 1-13
bank	金融数显格式	P70,表 2-1
asin(x)	反正弦 arcsin x	P21,表 1-8
atan(x)	反正切 arctan x	P21,表 1-8
axis	规定图的尺寸	P43
bar	条形图	P46,表 1-13
box	加画三维箱体轮廓线	P49
break	跳出含它的最小循环	P57,表 1-17
ceil(x)	输出 x 靠向∞的整数	P21,表 1-8
chol	矩阵的 cholesky 分解	P120
class	查验变量性质	P7
clear	清除工作空间变量	P48
clf	擦去图形窗内的内容	P47
collect	同幂次项合并	P36
colormap	图形的色彩控制	P51,表 1-14
conj	求共轭矩阵	P15
conv	多项式之积	P27
cos(x)	x 的余弦 cos x	P21,表 1-8
cosh (x)	x 的双曲余弦 ch x	P21,表 1-8
cot(x)	x 的正切 cot x	P21,表 1-8
cross	计算叉积	P23
deconv	多项式商	P27

续表

指　令	意　　义	首现页码
demos	范例与演示	P6
det	计算方阵的行列式值	P139
diag	生成对角阵	P10，表 1-3
diff	求导函数	P33
digits	控制运算精度	P70
disp	显示字符、变量	P7
dot	计算点积	P23
expm(a)	e^a	P18，表 1-6
dsolve	符号常微分方程求解	P181
eig	方阵特征值、特征向量	P140
eps	浮点数精度	P69
exp(x)	e^x	P21，表 1-8
expand	展开因式	P36
eye	生成单位阵	P10，表 1-3
ezplot	隐函数绘图	P45
ezmesh	绘制空间网线图	P49
ezsurf	绘制空间曲面图	P49
factor	因式分解	P36
factorial	阶乘	P21，表 1-8
figure	图形窗	P40
fill	填色图	P46，表 1-13
findsym	查询变量	P32
fix(x)	输出 x 靠向零的整数	P21，表 1-8
fill	填色图	P46，表 1-13
floor(x)	输出 x 靠向 $-\infty$ 的整数	P21，表 1-8
format	规定输出格式	P70，表 2-1
fplot	函数绘图	P43
fsolve	求解方程组	P102
funm	任意矩阵函数	P18，表 1-6
fzero	求函数零点	P99
global	定义全局变量	P55
grid	加画网格线	P47
help	在线帮助	P3
hex	十六进制显示	P70，表 2-1
hold	保留图线	P46
i、j	虚数单位	P11，表 1-4
imag(x)	取复数 x 的虚部	P21，表 1-8

续表

指　令	意　义	首现页码
inf 或 Inf	无穷大	P11,表 1-4
inline	定义内联函数	P51
int	符号积分	P161
interp1	一元函数插值	P85
inv	求逆阵	P34
legend	标注线型	P47
length	查验向量维数	P11
limit	求极限	P33
Linewidth	标志线宽	P41
linspace	创建等差数向量	P11
log2(x)	对数 $\log_2 x$	P21,表 1-8
log10(x)	对数 $\log_{10} x$	P21,表 1-8
loglog	绘制以 $\log_{10}$ 为坐标刻度的对数图线	P46,表 1-13
logm(a)	矩阵 a 的函数 $\ln a$	P18,表 1-6
long	定点数的显示	P70,表 2-1
lookfor	查询含关键词文件或指令	P3
lu	矩阵三角分解	P117
magic	生成魔方阵	P10,表 1-3
max(x)	找出 x 各列元素中最大者	P21,表 1-8
mean(x)	找出 x 各列元素之平均值	P21,表 1-8
median(x)	找出 x 各列元素的中间值	P21,表 1-8
NaN	不定值	P11,表 1-4
norm	求范数	P135
null	矩阵零空间	P111
ode23、45	常微分方程数值解	P173
ones	产生全 1 矩阵	P10,表 1-3
pchip	分段三次插值	P87
pi	圆周率 π	P11,表 1-4
pie	饼状图	P46,表 1-13
plot	数据绘图	P41
plot3	绘制三维图	P48
plotyy	双 y 坐标图	P46,表 1-13
polar	极坐标图	P46,表 1-13
poly	方阵、根值多项式	P24
poly2str	系数向量转成多项式	P25
polyder	多项式求导	P28
polyfit	多项式拟合	P89

续表

指　令	意　　义	首现页码
poly2str	系数向量转换成多项式	P90
polyval	求多项式值	P25
pow2 (x)	得出 2^x	P21,表 1-8
pretty	显示准印刷格式	P37
prod(m:n)	得出 $m(m+1)\cdots(n-1)n$	P21,表 1-8
qr	矩阵正交三角分解	P119
quad	低阶数值积分	P160
quadl	数值积分	P160
rand	生成随机阵	P10,表 1-3
randn	生成正态分布随机阵	P10,表 1-3
rank	查验矩阵秩	P14
rat	有理数格式显示	P70,表 2-1
real(x)	取复数 x 的实部	P21,表 1-8
rem(a, b)	输出 a 被 b 整除后所剩的余数	P21,表 1-8
mod(a, b)		
roots	代数方程求根	P99
round(x)	使数 x 四舍五入取整	P21,表 1-8
short	浮点数显示	P70,表 2-1
sphere	画球面	P39
spline	三次样条插值	P87
semilog	绘制半对数图	P46,表 1-13
sign(x)	输出 x 的正负号	P21,表 1-8
sin,cos 等	常用数组函数	P21,表 1-8
simple	化简优选	P37
size	查验矩阵维数	P14
solve	求解符号方程组	P2 ,P105
sphere	画球面图	P39
spline	三次样条插值	P87
sqrt (x)	$\sqrt{x}$	P21,表 1-8
sqrtm(a)	矩阵 a 的平方根	P18,表 1-6
stairs	绘制阶梯图	P46,表 1-13
stem	绘制脉冲图	P46,表 1-13
subplot	分割图形窗口	P40
subs	符号矩阵元素的替换	P31
sum	分量求和	P21,表 1-8
sym	定义符号量、表达式	P29
syms	定义符号变量	P28

续表

指　令	意　　义	首现页码
symsum	级数求和	P32
tan(x)	x 的正切函数 tan x	P21,表 1-8
taylor	泰勒级数展开	P35
tic,toc	秒表计时开始和结束	P161
title	加注图名	P47
trapz	梯形和	P157
tril	生成下三角阵	P10,表 1-3
triu	生成上三角阵	P10,表 1-3
type	显示文件内容	P3
vpa	符号量转换为数值量	P69
x(y)lable	加注 x(或 y)坐标轴名称	P47
zeros(m,n)	创建 $m\times n$ 阶零矩阵	P10,表 1-3
ones(m,n)	创建 $m\times n$ 阶全 1 矩阵	P10,表 1-3
%	程序中此号后为注释和说明文字,不参与运行;若为空行则起割断作用	P5

参 考 文 献

[1] 徐翠薇,孙绳武. 计算方法引论[M]. 2版. 北京：高等教育出版社,2002.

[2] 石钟慈. 第三种科学方法——计算机时代的科学计算[M]. 北京：科学出版社,2001.

[3] Shoichiro Nakamura. 科学计算引论——基于MATLAB的数值分析[M]. 2版. 梁恒,刘晓艳,译. 北京：电子工业出版社,2002.

[4] 薛定宇,陈阳泉. 高等应用数学问题的MATLAB求解[M]. 2版. 北京：清华大学出版社,2008.

[5] 白峰杉. 数值计算引论[M]. 2版. 北京：高等教育出版社,2010.

[6] 石辛民,郝整清. 基于MATLAB的实用数值计算[M]. 北京：清华大学出版社,北京交通大学出版社,2006.